Euclidean Geometry and Beyond

유클리드 기하와 그 너머

이난이 지음

KYOWOO

머리말

이 책은 U. C. Berkeley의 R. Hartshorne 교수의 학부 고학년 학생들을 대상으로 하는 《고전기하학(Classical Geometries)》 강의로부터 시작되었다. 그의 초기 강의록은 타자기로 치고 그림도 손으로 그려 그 내용만큼이나 읽기가 어려웠다. 이 강의록은 그 후 세련되게 조판되어 미국 수학회에 의해 출판되었고 최근에는 수학 전문 출판사인 Springer-Verlag에 의하여 출판되었다. 이 책에는 정17각형의 작도와 눈금이 그어진 자와 컴퍼스를 이용한 작도 등 Euclid 기하학의 영역에 속하지만 Euclid의 《원론》에 나오지 않는 주제들 뿐만 아니라 현대대수학에서 다루는 3대 작도불능문제 등 방대한 내용을 담고 있어 한 학기에 강의할 수 있는 범위를 훨씬 뛰어넘고 있다.

저자가 미국에서 귀국할 때 언젠가 이 책을 기본으로 한 강의를 해 보겠다고 생각하고 강의 노트를 한 권 구입해 왔다. 그러나 막상 대학에서 강의를 시작했을 때 대학에서 하는 기하학 강의는 《미분기하학》뿐이었다. 특히 중등교사가 되려고 하는 학생들에게는 《미분기하학》보다 이 책의 내용이 더 중요함에도 이와 관련된 강의가 개설되어있지 않았고 따라서 자연스럽게 이 Hartshorne의 역작도 관심에서 멀어졌다.

미국에서 돌아온지 10년만에 방문연구원으로 다시 모교를 방문할 기회가 있었는데 이미 Hartshorne 교수는 더 이상 이 과목을 강의하지 않고 있었다. 우연히 수학교육에도 관심을 가지고 있던 H. Wu 교수와 비 Euclid 기하와 Hilbert의 공리론적 Euclid 기하에 대하여 대화할 기회가 있었고 고맙게도 그가 강의한 《고전기하학(Classical Geometries)》의 강의록을 볼 수 있게 되었다. 그의 강의록은 한 학기에 다룰 정도의 분량이었고 내용도 매우 쉽게 서술되어 있었다.

1년의 연구년 후 드디어 《기하학 개론》이란 과목을 개설하고 이 책의 내용을 주제로 한 강의를 시작하였다. 지난 10여 년간 강의 대상 학년이 2학년, 1학년, 3학년으로 바뀌면서 수업 시간에 다루는 내용도 많이 차이나게 되었지만 오히려 저자의 강의 주제가 더 많이 쌓이게 되었다. 지난 10년간의 축적된 강의 경험으로 현재 출간되어 있는 책들과 차별화된 내용의 교재를 만들 수 있겠다는 자신감에 더하여 더 늦기 전에 위에 언급한 두 분 교수님에게 이렇게 감사의 글이나마 남겨야겠다는 생각으로 책을 본격적으로 쓰기 시작하였다.

처음에는 Euclid 기하학과 Hilbert에 의한 Euclid 기하학의 공리론적 완성만을 다루려고 하였다. 그런데 Hilbert에 의한 Euclid 기하학에 관한 책은 Hilbert 자신의 [14]나 Hartshorne 교수의 책 [12]을 넘어서는 책을 쓴다는 것이 현실적으로 불가능 할 뿐 아니라 너무 따분한 책이 되어 버릴 가능성이 있다. 그리고 따로 쌍곡기하학에 관한 책을 쓰거나 과목을 개설하는 것이 현실적으로 가능하지 않기 때문에 이에 대한 내용(제 11장 – 제 14장)을 더 추가하게 되었다. 쌍곡기하학에 관하여 해석학적인 관점에서 서술한 S. Stahl의 [17]나 기하학적인 관점에서 서술한 S. Kobayashi의 [7]이 있기 때문에 이 내용에 대한 완전함을 추구할 필요가 없지만 이 책에서 언급한 쌍곡기하학의 성질을 이해하는 데는 충분하다고 생각된다.

기원전 6세기 고대 그리스 시대에 밀레투스의 Thales는 처음으로 체계화된 기하학을 시작하였다. 그 전의 고대 문명권에서도 기하학의 흔적을 찾을 수 있으나 그 시대는 시행착오를 통하여 유추하는 귀납적 방법에 의한 결과이므로 순수한 의미의 수학으로 보기에는 무리가 있다. 그러므로 그리스에서 연역적 추론으로 정리를 증명하는 논증 기하학을 시작하였다는 것은 '그리스의 신비'라고 일컬어질 정도로 놀라운 발전이었다.

Thales에 이어 Pythagoras와 그의 학파는 '만물은 수이다'라고 하였고 기원전 5세기경의 수학자 Hippocrates (of Chios)는 《원론》을 썼다. Plato는 과학과 철학의 아카데미를 아테네에 열어 수학을 통하여 진리에 도달할 수 있다고 역설하였고 그의 제자 Eudoxus는 중요한 비례이론 등을 연구하였다.

기원전 3세기경 알렉산드리아의 Euclid는 그 당시의 모든 수학을 열 개의 기본명제로부터 증명하는 체계를 가진 총 13권으로 이루어진 《원론》을 썼다. 이때 기본으로 사용한 명제를 공리라고 하고 이러한 전개방식을 공리주의라고 한다. 《원론》에서 다루는 기하학을 Euclid 기하학이라 부르는데 여기서는 평면에 국한된 Euclid 평면기하학을 공부한다.

제 1장과 제 2장은 《원론》 제 1권의 내용으로 공리들을 사용하여 정리들을 어떻게 증명하는지를 공부할 것이다. 이때 연역적 증명과정에 필요한 논리에 대한 다섯 개의 공리와 기하학에 대한 다섯 개의 공리는 증명없이 사용한다. 《원론》 제 1권에 나오는 48 개의 정리를 증명하므로써 우리는 논리력을 향상시킬 수 있을 것이다. 아울러 그 당시의 수학 수준에서는 인식하지 못하고 그림 또는 직관에 의존한 단계들을 찾아서 해결 방법을 스스로 모색해 보자. 그리고 역사적으로 그것들이 어떻게 전개되는지 비교해 보는 것도 수학을 배우는 한 방법이 될 것이다.

19세기말 Hilbert는 《기하학의 기초(Grundlagen der Geometrie)》에서 Euclid 기하학을 위한 공리계를 발표하였다. Euclid가 직관에 의존했던 개념을 무정의 용어와 공리로 놓고 형식화하였다. 이를 형식적 공리주의라고 하고 Euclid의 공리주의는 경험적 공리주의라고 하였다. 제 3장부터 제 6장까지 우리는 Hilbert 공리계를 통하여 Euclid 평면기하학을 자세히 공부한다.

제 3장에서 점과 직선, 그것들의 포함 관계인 결합에 대한 결합공리군을 다룬다. 그리고 공리계의 일반적인 성질인 무모순성, 완비성, 범주성과 공리계의 모형을 공부한다. 공리계가 범주적이라는 것은 그 공리계의 모형이 근본적으로 하나만 존재함을 의미한다. 특별히 Descartes 평면 $\mathbb{R}^2$의 직교좌표계를 통하여 점과 직선을 해석적으로 정의하고 이들이 결합공리군을 만족하여 $\mathbb{R}^2$가 결합기하학의 모형임을 보인다.

제 4장은 한 직선 위에 있는 세 점에 대한 관계인 순서공리군을 다룬다. 이 공리군을 통하여 평면이 직선에 의하여 두 반평면으로 분리되고 직선이 한 점에 의하여 두 반직선으로 분리됨을 증명한다. 그리고 각의 내부를 정의하고 횡선 정리를 증명한다.

제 5장에서 $\mathbb{R}^2$의 직선 위의 점에 순서의 개념을 정의하고 결합기하학의 모형이었던 $\mathbb{R}^2$가 이 정의에 따라서 순서공리군도 만족함을 해석적 방법으로 증명한다.

제 6장에서 합동공리군, 평행선공리와 연속공리군을 다루어 Hilbert 공리계를 완성한다. Euclid는 '선분이나 각을 옮겼을 때 일치하면 같다'라는 의미를 은연중에 사용했으나 이때 옮기는 방법에 대한 설명은 없었다. Hilbert는 같다라는 개념을 합동이라는 무정의 용어로 받아들이고 선분이나 각을 적당한 위치로 옮길 수 있다는 것을 공리로 받아들였다.

Euclid의 평행선공리보다 좀더 직관적인 Playfair의 평행선공리를 중학교 수학 시간에 배웠다. Hilbert는 이를 약화시켜서 '주어진 직선 밖의 한 점을 지나고 그 직선에 평행인 직선은 많아야 하나 존재한다'는 평행선공리를 제시하였다. 19세기 후반에 들어와 유리수들의 집합에서 모든 구멍을 메워 만든 실수체의 완비성이 완성되었다. Hilbert는 이 완비성을 직선에 도입하여 직선과 원이 연속이라는 공리를 첨가하였다. 그럼으로써 Euclid의 원론에서 그림이나 직관에 의존한 증명 과정의 몇몇 결점들을 보완하게 되었고 Hilbert의 공리계는 범주적인 성질도 갖게 되었다.

제 7장과 제 8장에서는 Descartes 평면 $\mathbb{R}^2$가 Hilbert의 공리계의 모형이 됨을 보인다. 제 7장에서 $\mathbb{R}^2$에서의 모든 등장사상이 평행이동, 회전변환, 직선에 대한 대칭이동의 합성으로 표현됨을 증명한다. 그리고 제 8장에서는 $\mathbb{R}^2$에서 등장사상을

이용하여 합동을 정의한다. 이렇게 정의된 합동이 합동공리군을 만족하고 평행선공리와 연속공리계도 만족하여 Hilbert의 공리계의 모형이 됨을 보일 것이다. Hilbert의 공리계는 범주적이므로 Euclid 평면기하학의 모든 모형은 근본적으로 $\mathbb{R}^2$와 동형이다. 그러므로 Euclid 평면기하학과 그것의 모형인 $\mathbb{R}^2$를 때때로 동일시한다.

Hilbert의 공리계에서 평행선 공리를 뺀 기하학을 중립기하학이라 하고 이 기하학의 정리들을 제 9장과 제 10장에서는 다룬다. 이 기하학이 역사적으로 주목을 받는 이유는 Euclid의 공리계 중에서 Euclid의 평행선 공리가 다른 공리에 비하여 서술이 복잡하여 다른 네 공리들을 이용하여 증명하려는 시도가 있어 왔기 때문이다. 즉 중립기하학의 한 정리로서 Euclid의 평행선 공리를 증명하고 싶어했다. 이같은 시도는 18세기초까지 이어졌다. 중립기하학에서 중요한 정리로 엇각 정리와 외각 정리가 있고 이를 이용하여 삼각형의 세 내각의 합이 π와 같거나 작음을 증명한다. 만약 π와 같은(π보다 작은) 삼각형이 하나라도 존재한다면 모든 삼각형의 세 내각의 합이 π와 같다(π보다 작다)는 것도 보인다.

중립기하학에서 Euclid의 평행선 공리를 증명하려는 시도는 실패하였지만 평행선 공리와 동치인 명제들을 찾아냈다. 한편 평행선 공리의 부정인 쌍곡공리를 가정하고 증명하는 귀류법도 모순을 발견하지 못하고 이상한 정리들만 축적하게 되었다. 제 11장에서는 역사적으로 제시된 평행선 공리와 동치인 명제들을 살펴본다. 중립기하학에서 쌍곡공리를 가정한 기하학에서 Euclid 기하학과는 다른 성질을 갖는 평행선과 평행각이라는 개념을 공부한다.

1820년경 평행선 공리를 부정하더라도 모순이 없는 새로운 기하학을 만들 수 있다고 선언하는 수학자들이 나타났다. 러시아의 Lobachevski와 헝가리의 J. Bolyai가 그들이고 이런 기하학을 쌍곡기하학이라 한다. Gauss가 Kant와의 철학적 논쟁을 두려워하여 쌍곡기하학의 많은 내용을 알면서도 발표하지 않았다고 한다. 이 일화에서 보듯이 Euclid 기하학이 전부였던 그 당시에는 쌍곡기하학이 받아들여지지 않았다. 19세기 후반부에 Beltrami, Klein과 Poincaré가 쌍곡기하학의 모형을 발표하면서 서서히 인정받게 되었다. 제 12장에서 쌍곡기하학의 모형인 Poincaré의 원판모형을 다룬다. 이 모형에 거리를 주는 방법은 Riemann이 1854년 취임강연에서 발표한 Riemann 계량의 개념을 이용한다. 이 모형의 등장사상을 구하기 위하여 선형분수변환에 대하여 기본적인 성질을 간략히 공부한다.

제 13장에서 Poincaré 원판모형 $(\mathbb{D}^2, d_{\mathbb{D}^2})$이 쌍곡평면기하학의 모형임을 보이고 무한평행반직선과 평행각의 의미를 찾고 절대길이를 정의한다. Poincaré 원판모형, Poincaré 상반평면모형, Klein 원판모형들 사이의 등장사상을 구하여 다른 두 모형

도 쌍곡평면기하학의 모형임을 보인다. Euclid 평면기하학처럼 쌍곡평면기하학도 범주적이므로 위의 세 모형이 등장적이라는 것은 놀라운 사실이 아니다.

제 14장에서 Euclid 기하학, 쌍곡기하학, 구면기하학들의 중요한 성질들 중에서 삼각형의 넓이와 세 내각의 합, Gauss 곡률, 원의 원주율과 넓이에 대하여 비교하여 살펴본다.

독자의 편의를 위하여 증명이나 설명의 각 단계를 괄호에 숫자를 넣어 구분하였다. 증명의 각 단계를 그림을 참조하여 따라가면 누구나 쉽게 이해할 수 있도록 하였다. 정의나 정리라고 명시하기 어려운 것들은 학습의 편의를 위하여 박스를 쳐서 눈에 뜨일 수 있도록 하였다. 이 책의 내용 중에 흩어져 있는 문제는 본문의 내용을 이해하는데 필요하지만 증명들을 모두 쓸 경우 책이 너무 두꺼워져 독자의 의욕을 반감시킬 수 있기 때문에 문제로 한 것들이다. 모든 문제는 충분히 혼자 해결할 수 있는 수준의 것들이기 때문에 다 풀어 볼 것을 권한다.

인명의 모국어 발음이 잘 알려져있지 않은 경우도 있고 모국어 발음이 영어 발음과 많이 차이 나는 경우도 있기 때문에 이 책에서는 인명을 각자의 모국어 발음을 한글로 표시하는 대신 표준적인 영어로 표현하였다. 우리 말로 된 책이 더 대중화되기 위해서는 수학 용어의 한글화 뿐 아니라 고유명사를 한글로 어떻게 표현할 지에 대해서도 연구할 필요가 있다.

이 책이 나오기까지 저자의 손 그림을 그림 파일로 만들어 준 교우사 편집부원의 노고가 필수적이었다. 열악한 시장 환경에도 불구하고 전문 수학 서적을 본격적으로 출판하는 교우사 오판근 사장님과 직원 여러분들께 감사의 말을 전한다.

2018년 2월
배봉산이 보이는 연구실에서
저자 씀

차 례

제 1 장

Euclid 기하학과 원론

Euclid(기원전 330 – 275년 경)의 《원론(Elements)》은 수학 역사상 가장 중요한 책으로 꼽힌다. 이 책은 그 당시 알려진 모든 수학 지식을 총 정리한 것으로 총 13권으로 이루어졌다. 특이한 사항은 방대한 수학적 사실들 중에서 나섯 개의 명세를 골라 그것으로부터 모든 정리들을 증명하는 체계를 갖추고 있다는 것이다.

우리는 《원론》 제 1권의 내용을 제 1장과 제 2장에서 공부할 것이다. §1.1에서는 우리가 앞으로 사용할 기하학 용어들을 정의하고 §1.2에서는 정리를 증명할 때 필요한 공리들을 다룬다. 그리고 정리들을 연역적으로 증명할 때 사용하는 기본 논리 규칙도 필요하므로 Euclid 기하학에 대한 공리와 더불어 논리에 대한 공리들도 제시한다.

1.1 Euclid의 원론과 정의

Kant(1724 – 1804)가 선험적 지식이라고 한 Euclid 평면 기하학이란 무엇일까? 직관적으로 구면과는 다르게 휘지 않은 곡면인 평면으로 $\mathbb{R}^2$ 위의 기하학을 떠올릴 것이다. 기원전 3 세기경 나일강 하구 알렉산드리아의 대학 노서관상이자 수학자인 Euclid의 이름을 딴 이 기하학은 그의 유명한 저서 《원론》에서 경험적 공리주의로 설명되고 있다. 공리주의(axiomatic system)는 수학을 만드는 한 방법으로 공리(axiom) 또는 공준(postulate)이라고 하는 약속을 미리 정하고 이로부터 흥미로운 사실들을 연역하여 가는 체계를 말한다. 19세기 말 Hilbert(1862 – 1943)는 수학을 추상화, 형식화하면서 모든 분야를 공리화하였는데 이를 형식적 공리주의라고 한다.

Euclid는 그 당시의 모든 수학적 사실들을 증명할 때 필요한 최소한의 사실들을 기본적인 근거가 되는 명제로 뽑아서 이를 공리라고 하였다. 이 공리들은 증명하지 않고 사용할 수 있다. 만약 이런 공리들이 없다면 명제들을 증명할 때 결국은 순환 논리 속에 빠지게 된다. 그러므로 Euclid는 《원론》에서 사용되는 용어들을 정의하고 기하학에 관한 약속 다섯 개와 연역적 증명과정에 필요한 논리적 약속 다섯 개로 Euclid 기하학을 시작하였다.

증명 과정에 사용하는 공리처럼 용어들도 정의가 필요하지 않은 기본 용어가 필요하다. 현대수학의 모든 공리계에서는 무정의 용어(undefined term)로부터 수학을 시작한다. Hilbert 공리계에서는 점, 직선, 결합(위에 있다), 순서(사이에 있다), 합동들을 무정의 용어로 받아들이고 있다. 그러나 Euclid는 무정의 용어의 존재성을 간과하고 모든 용어들을 정의하려고 노력하였다. Euclid는 《원론》에서 점의 정의부터 시작하였다.

정의 1.1.1. 점(point)은 부분으로 분해할 수 없는 것이다.

현대수학에서 점은 무정의 용어로 어떤 정의도 없이 그냥 존재하는 것이다. 그리고 '부분으로 분해할 수 없는 것'이라는 정의는 수학이 다루는 대상이 구체적이지 않고 추상적이라는 것을 간접적으로 의미하고 있다.

정의 1.1.2. 선(line)은 길이가 있고 폭이 없는 것이다.

정의 속의 길이와 폭이 무엇인지 알 수가 없으므로 어떤 의미도 찾을 수가 없다. 여기서 선은 직선(straight line)을 포함한 곡선을 의미하는데 《원론》에서 언급하는 곡선은 직선과 원호뿐이다.

정의 1.1.3. 선의 양끝은 점이다.

이 정의에 의하여 선은 유한한 것으로 국한된다. 따라서 Euclid의 직선은 현대적 의미의 선분이다. 그러므로 선분의 양끝을 끝점이라고 정의하는 현대수학과 일치하고 있다.

정의 1.1.4. 직선은 그 위에 점이 균등하게 놓여 있는 선이다(A straight line is a line which lies evenly with the points on itself).

이 정의는 직선이 구부러지지 않은 곡선이라는 것을 직관적으로 표현하고 있을 뿐 아무 의미가 없다. Plato(기원전 427–347년 경)와 그 외의 많은 사람들이 직선에 여러 가지 해석을 시도하였는데, 모든 사람을 납득시킬 만한 설명을 발견할 수 없었다. 반세기가 지나서야 Archimedes(기원전 287 – 212년)가 '직선은 두 점을 연결하는 최소의 길이를 갖는 선이다'라고 정의했다. 그러나 직관적으로 자명해 보이는 이 정의에 곡선의 길이를 구해야 하는 복잡한 과정이 필요하다. Hilbert 공리계에서는 직선도 무정의 용어로 잡는다.

다음은 선에 대한 정의 1.1.2 – 1.1.4를 이차원화한 것이다.

정의 1.1.5. 면(surface)은 길이와 폭만 있는 것이다.

이것은 면에는 두께가 없다는 의미이다.

정의 1.1.6. 면의 끝은 선이다.

정의 1.1.3처럼 Euclid가 의미하는 면도 경계가 있는 유한한 것을 의미한다.

정의 1.1.7. 평면은 그 위에 선이 균등하게 놓여 있는 면이다(A plane surface is a surface which lies evenly with the straight lines on itself).

직선의 정의처럼 평면의 정의도 곡면과의 직관적인 차별성을 나타내고 있을 뿐 아무 의미가 없다. 우리는 평면 기하학을 다룰 것이므로 평면을 모든 점과 직선들의 집합으로 정의한다.

정의 1.1.8. 한 직선 위에 있지 않은 두 선이 만날 때 이 두 선의 상호 기울기(inclination)를 각이라고 한다.

각의 정의에 사용한 '상호 기울기'가 무엇인지 알 수가 없다. Hilbert는 '상호 기울기'를 빼고 한 점에서 시작하는 두 개의 반직선의 모임을 각이라고 정의한다. 정의 1.1.8에서 한 직선 위에 있는 두 반직선의 모임이 상호 기울기가 없다고 여겨서 각의 정의에서 제외하였다. 그러나 Hilbert의 정의를 따른다면 한 직선 위에 있는 두 반직선의 모임을 180°의 각도를 갖는 각으로 받아들일 수 있다. 현대수학에서는 이 각을 평각(straight angle)이라고 한다.

그리고 각의 정의에서 두 직선이 아니라 '두 선'이라고 했으므로 곡선이 만드는 각도 허용하고 있다. 실제로 Euclid는 《원론》에서 원호와 그 원호에 접하는 직선 사이의 각을 언급하고 있다(그림 1.1 참조). 현대수학에서도 두 곡선으로 이루어진 각을 두 곡선의 접선으로 이루어진 각으로 정의한다.

정의 1.1.9. 만나는 두 선이 직선인 경우에는 그 각을 직선각(rectilinear angle)이라고 한다.

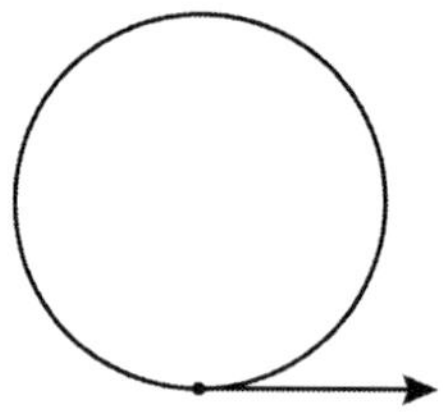

그림 1.1: 원과 접선 사이의 각

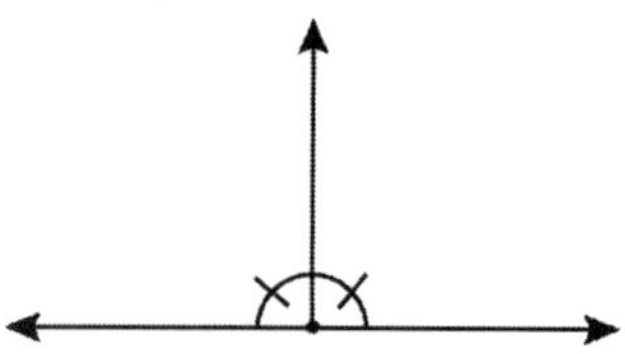

그림 1.2: 직각의 정의

직선의 길이를 측정하지 않은 것과 마찬가지로 각의 크기를 어떤 단위를 사용해 측정하지는 않았다. 그러나 직각만은 특별한 각으로 간주한다. 앞으로 직각은 $\pi/2$, 그리고 평각은 π로 표기한다.

정의 1.1.9에서 사용한 직선은 현대적 의미의 반직선에 해당된다. Euclid는 직선을 현대적 의미의 직선, 선분과 반직선을 의미했다. 이제부터 문맥상 필요할 경우 직선을 선분 또는 반직선으로 표기한다.

정의 1.1.10. 한 직선이 다른 직선과 만날 때, 이웃하는 두 각이 서로 같다면 이 각을 직각(right angle)이라 부르고 한 직선이 다른 직선과 수직이다(perpendicular)라고 한다(그림 1.2 참조).

정의 1.1.11. 직각보다 큰 각을 둔각(obtuse angle)이라 부른다(그림 1.3 참조).

정의 1.1.12. 직각보다 작은 각을 예각(acute angle)이라 부른다(그림 1.3 참조).

문제 1.1.1. 정의 1.1.10 – 1.1.12에서 두 각이 같다, 또는 어느 한 각이 다른 각보다 크다 · 작다라는 표현을 직관적으로 사용하고 있다. 이들의 의미를 수학적으로 서술할 방법을 논하시오.

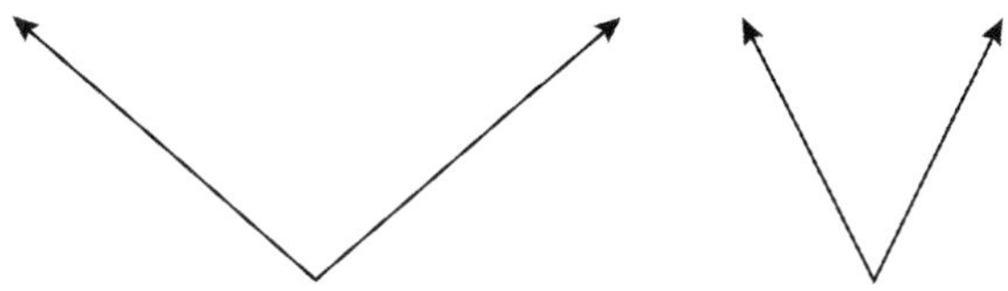

그림 1.3: 둔각과 예각

정의 1.1.13. 경계(둘레, boundary)는 어떤 것의 끝이다.

정의 1.1.14. 도형(꼴, figure)은 하나 이상의 경계로 둘러싸인 것이다.

다음은 원에 대하여 정의한다.

정의 1.1.15. 원(circle)은 원주라고 불리는 하나의 곡선에 의해 둘러싸인 평면 도형으로 어떤 한 점에서 원주까지의 선분은 모두 같다.

정의 1.1.16. 이때 이 점을 원의 중심(center of the circle)이라고 부른다.

현대수학에서 원을 어느 한 점에서 같은 거리의 점들의 집합으로 정의하는데 당시에는 거리의 개념을 사용할 수 없었다. 대신에 선분이 같다라는 개념을 쓰고 있었지만 선분이 같다라는 것의 의미가 무엇인지는 언급하지 않았다.

정의 1.1.17. 원의 지름(diameter of the circle)은 그 중심을 통과해 양끝이 원주로 끝나는 선분이며 이 선분은 원을 이등분한다.

정의 1.1.18. 반원(semicircle)은 지름과 그것에 의해 나누어진 원주에 의해 둘러싸인 도형이다.

정의 1.1.19. 다변형(rectilinear figures)은 선분으로 둘러싸인 도형이다. 삼변형(trilateral)은 세 선분으로 둘러싸인 도형, 사변형(quadrilateral)은 네 선분으로 둘러싸인 도형이다.

지금은 우리는 이들을 다각형, 삼각형, 사각형이라고 부른다. 그런데 왜 이변형은 정의하지 않았을까? 구면 위에서 북극과 남극을 연결하는 경도 0°와 90°인 두

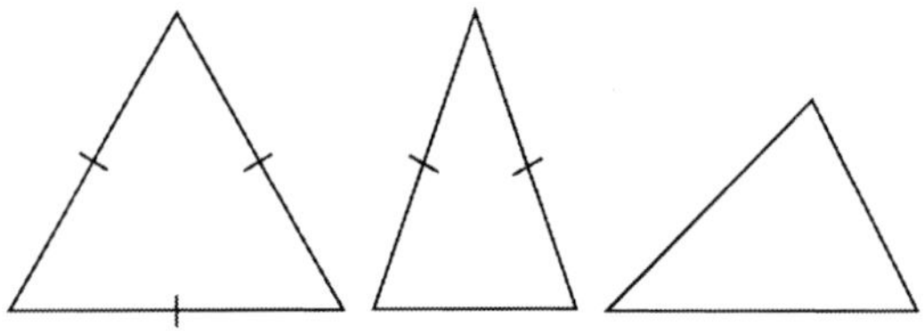

그림 1.4: 삼등변삼각형, 이등변삼각형과 부등변삼각형

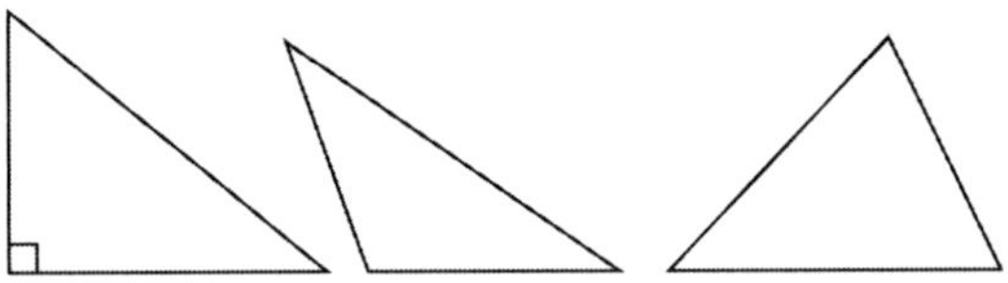

그림 1.5: 직각삼각형, 둔각삼각형과 예각삼각형

경선는 이변형을 만든다. Euclid는 이런 이변형을 허용하지 않는 명제를 공리로 받아들이고 있다. 임의의 두 점을 지나는 직선은 유일하다는 공리에 의하여 이변형을 이루는 경계가 존재하지 않는다는 것을 다음 절에서 다룰 것이다.

정의 1.1.20. 삼변형 중 세 변이 같은 삼변형을 삼등변삼각형(정삼각형, equilateral triangle), 두 변만 같은 삼변형을 이등변삼각형(isosceles triangle), 세 변이 모두 다른 삼변형을 부등변삼각형(scalene triangle)이라고 한다(그림 1.4 참조).

이 정의에 따르면 삼등변삼각형(정삼각형)은 이등변삼각형이 아니다.

정의 1.1.21. 삼변형 중 한 각이 직각인 삼변형은 직각삼각형(right-angled triangle), 한 각이 둔각인 삼변형은 둔각삼각형(obtuse-angled triangle), 그리고 세 각이 모두 예각인 삼변형은 예각삼각형(acute-angled triangle)이라고 한다(그림 1.5 참조).

정의 1.1.22. 사변형 중 네 변이 같고 네 각이 모두 직각인 것은 정사각형(square), 네 각은 모두 직각이지만 등변이 아닌 것은 직사각형(oblong)이라고 한다. 사변형 중 네 변은 같으나 각이 직각이 아닌 것은 마름모(rhombus), 마주 보는 변과 각은 같지만 네 변은 같은 것은 아니고 각도 직각이 아닌 것은 평행사변형(rhomboid)이다. 이 외의 사변형은 부등변사변형(trapezia)이다(그림 1.6 참조).

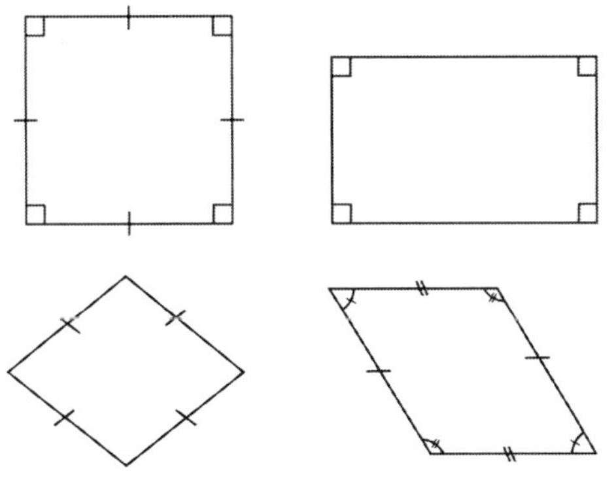

그림 1.6: 정사각형, 직사각형, 마름모와 평행사변형

정의 1.1.23. 평면 위에 있는 두 직선을 양방향으로 아무리 늘여도 만나지 않을 때 두 직선이 평행(parallel straight lines)이다라고 한다.

여기서 두 직선은 양방향으로 무한히 늘릴 수는 있지만 무한직선의 존재는 다루지 않았음을 보여준다. 고대 그리스 시대부터 19세기 말까지 무한은 신의 영역이라는 생각으로 터부시되었다. Cantor(1874 – 1918)가 처음으로 무한집합에 대하여 연구를 시작하였는데, 그 전까지는 단지 수학적 무한은 구성 절차상 무한 번 적용할 수 있다(잠재적 무한, potential infinity)는 것으로 이해했다. 그리고 무한 번의 절차가 완료된 실무한(actual infinity)은 다루지 않았다. Euclid도 선분을 무한 번 늘리는 절차상의 잠재적 무한을 공리로 받아들이고 있지만 그 과정이 완료된 무한한 직선(infinite line)은 다루지 않고 있다.

그러므로 《원론》에서 두 직선이 평행이다라는 것은 엄밀한 의미로는 알 수가 없다. 두 직선을 계속 늘려봐야 하는 절차상의 과정이 영원히 끝나지 않으므로 완성된 평행인 두 직선은 존재하지 않는 결과가 된다.

1.2 Euclid의 공리들

§1.1에서 정의된 용어들을 가지고 Euclid는 기하학에 필요한 기본적인 공리 다섯 개를 제안한다.

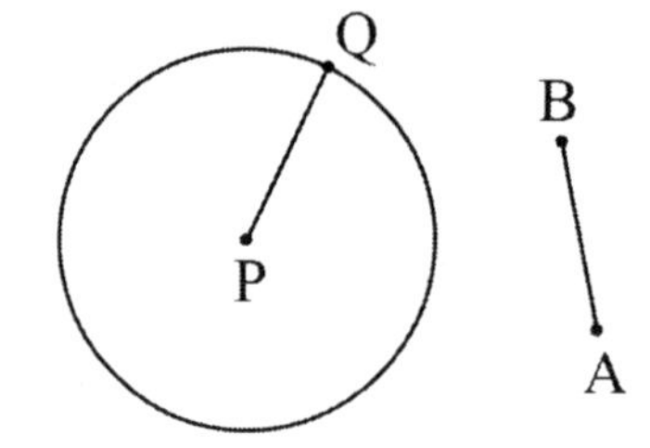

그림 1.7: Euclid의 공리 3

> **Euclid의 공리 1.** 임의의 두 점 P와 Q에 대하여 두 점을 포함하는 직선이 유일하게 존재한다.

두 점 P, Q를 포함하는 직선이 유일하므로 그 직선을 $\overleftrightarrow{PQ}$라고 표기하자. 직선 $\overleftrightarrow{PQ}$의 부분집합으로 점 P와 Q를 끝점으로 갖는 선분을 P와 Q 사이에 있는 점들의 집합으로 정의하고 $\overline{PQ}$로 표기한다. 여기서 사용한 'P와 Q 사이에 있다'라는 것의 의미는 제 3장 순서공리계에서 다룬다.

> **Euclid의 공리 2.** 임의의 선분은 양쪽으로 끝없이 늘릴 수 있다.

Euclid의 공리 1은 두 점을 지나는 자를 사용할 수 있음을 의미하고 Euclid의 공리 2는 사용되는 자를 얼마든지 늘릴 수 있음을 의미하지만 《원론》에서는 처음부터 무한한 길이의 자는 허용하지 않았다.

> **Euclid의 공리 3.** 임의의 두 점 P와 Q가 주어졌을 때 P를 중심으로 Q를 지나는 원이 유일하게 존재한다.

Euclid의 공리 3은 P를 중심으로 주어진 반지름의 원을 그릴 수 있다는 것과는 다르다. 주어진 두 점 P와 Q를 지나는 선분을 반지름으로 하고 P를 중심으로 하는

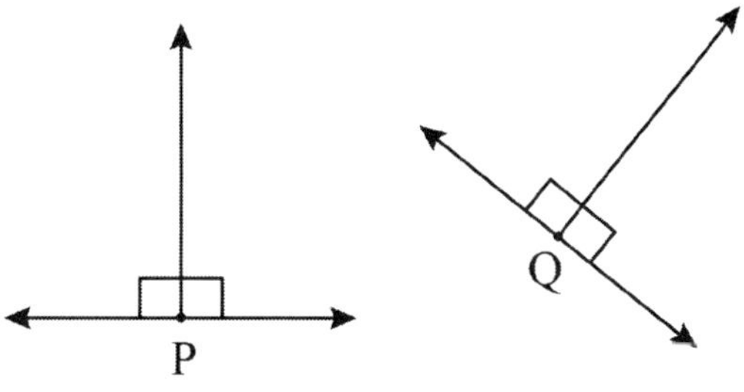

그림 1.8: Euclid의 공리 4

원을 그릴 수 있다는 것이다. 즉 반지름은 처음부터 P에서 시작하는 선분이어야 한다. 컴퍼스의 양끝을 A, B에 세우고 그 컴퍼스를 고정한 채 이동해서 P를 중심으로 반지름이 $\overline{AB}$인 원을 그릴 수 있다는 것은 아니다(그림 1.7 참조). 그러나 Euclid는 《원론》에서 명제 2.1.2에서 이것이 가능하다는 것을 증명한다. 우리는 여기서 Euclid가 최소한의 공리(element)로 기하를 시작하려 했다는 의도를 엿볼 수 있다.

Euclid의 공리 4. 모든 직각은 같다.

이 공리는 직각의 정의 1.1.10에 따라 어떤 점에서 만든 직각은 다른 점에서 만든 직각과 서로 같다는 것을 보장한다(그림 1.8 참조). 따라서 직각에 의하여 정의되는 둔각, 예각의 개념(정의 1.1.11과 정의 1.1.12)도 잘 정의된다. 직각이 서로 다르다면 어느 한 직각과 비교하면 둔각이 되고 또 다른 직각과 비교해서 예각이 되는 각이 생길지도 모른다.

다음은 다른 공리에 비하여 서술이 복잡한 Euclid의 평행선공리이다.

Euclid의 공리 5. (Euclid의 평행선공리) 두 직선이 한 직선(횡단선)과 만날 때 그 횡단선에 대하여 같은 쪽에 있는 두 내각의 합이 두 직각보다 작으면 두 직선은 그 쪽에서 만난다(그림 1.9 참조).

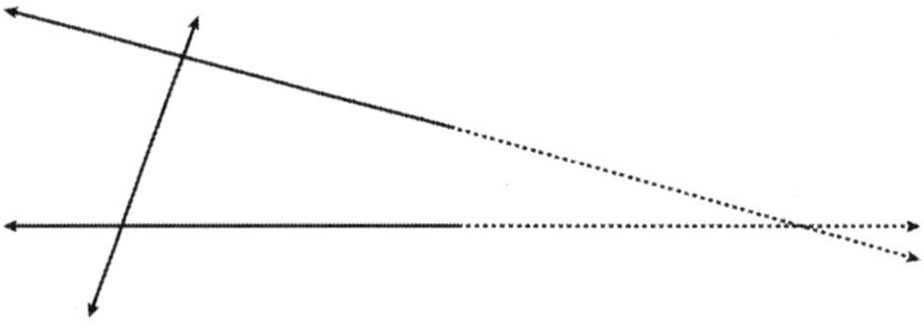

그림 1.9: Euclid의 평행선공리

주 . 직선에 대한 쪽이 무엇인지 정의하고 있지 않지만 직관적으로 사용하고 있다. 쪽은 현대적 의미의 반평면을 의미한다. Hilbert 공리계는 직선에 대하여 평면이 두 반평면으로 나누어진다는 성질을 공리로 받아들이고 있다(평면분리 공리).

Euclid의 공리 1은 두 점을 잇는 자를 사용할 수 있고 Euclid의 공리 2는 그 자의 길이를 무한정 늘릴 수 있고 Euclid의 공리 3은 컴퍼스를 사용할 수 있음을 의미하므로 Euclid의 기하학을 '자와 컴퍼스의 기하학'이라고도 한다.

참과 거짓을 판정할 수 있는 명제가 정리가 되려면 증명이 필요한데 이때 논리적 순환에 빠지지 않으려면 더 이상 증명이 필요하지 않는 논리에 대한 기본 약속들이 반드시 있어야 한다. Euclid는 이것을 보통공리(common sense)라고 하고 다섯 가지를 제안했다. 반면 위의 공리는 Euclid 기하학만을 위한 공리이므로 Euclid의 공리라고 부른다.

보통공리 1 (추이법칙)**.** 어떤 것과 같은 것은 서로 같다. 즉, $a = b$이고 $a = c$이면 $b = c$이다.

보통공리 2. 서로 같은 것에 서로 같은 것을 더하면 같다. 즉, $a = a'$ 이고 $b = b'$ 이면 $a + b = a' + b'$ 이다.

보통공리 3. 서로 같은 것으로부터 서로 같은 것을 빼면 같다. 즉, $a = a'$ 이고 $b = b'$ 이면 $a - b = a' - b'$ 이다.

보통공리 4. 서로 일치하는 것은 같다.

주 . (1) 기하학적으로 선분이나 각, 도형등이 이동하였을 때 겹치는 것을 같다라고 하였다. 이는 현대 기하에서 선분이나 각, 도형들 사이의 관계로 합동이라는 개념을 의미한다. 이제부터 '같다'라는 =의 표기보다는 '합동'의 의미로 $\simeq$의 표기법을 사용하겠다.

(2) Euclid는 은연중에 도형의 이동을 사용하여 합동의 의미를 사용했지만 구체적으로 어떤 이동을 하는지는 언급하고 있지 않다.

(3) 보통공리 1 – 보통공리 3은 대수적 표현을 하고 있지만 합동인 선분과 각에서도 성립하는 법칙이다.

보통공리 5. 전체는 부분보다 크다.

《원론》에서처럼 선분이나 각을 생각한다면 참인 명제이지만 무한집합인 경우는 거짓 명제가 된다. 19세기 말 Dedekind(1831 – 1916)는 무한집합을 진체와 일대일 대응이 되는 진부분집합이 존재하는 집합으로 정의하였다. 예를 들면 자연수 전체의 집합과 짝수의 집합은 일대일 대응이므로 자연수의 집합은 무한집합이다.

문제 1.2.1. 무한집합의 정의에 따라 무리수의 집합이 무한집합임을 보이시오.

제 2 장

원론 제 1권의 명제들

이 장에서 우리는 《원론》 제 1권에 나오는 48개의 정리를 증명한다. 제 1장에서 다룬 정의, Euclid의 공리와 보통공리들만을 사용하여 정리들을 연역적으로 증명하는 과정을 살펴본다. 정삼각형의 작도로 시작하는 명제 1에서부터 Pythagoras(기원선 582년 경 – 기원전 497년 경)의 정리의 역인 명제 48까지 빈틈이 없는 논리적 구조는 아름다울 뿐만 아니라 신비롭기까지 하다.

한편, 고대 그리스의 수학은 수학사적으로 보면 초등 수학기에 해당되는 시대적 한계를 갖고 있는 만큼 현대적 시각에서 보충이 필요한 부분들이 있는 것도 사실이지만 중 · 고등학교에서 다루는 기하학의 수준으로는 아무 문제가 없어 보인다. 그러나 공리계에 의한 연역적 증명을 한다면 모든 추론 과정에서 공리나 이미 참으로 증명된 정리만을 근거로 삼아야 하는데 우리는 《원론》의 곳곳에서 직관 또는 그림에 의존한 부분들을 찾을 수 있다. 이런 결점들을 보완하여 1899년 Hilbert는 새로운 공리계를 발표하였다.

2.1 원론 제 1권의 정리

이 절에서는 《원론》에서 공리를 사용하여 어떻게 정리를 증명하는지를 살펴본다. Euclid가 《원론》에서 증명한 첫 정리는 주어진 선분을 한 변으로 하는 정삼각형의 존재함을 보이는 것이다. 이 정리의 각 증명 단계들은 정의와 공리에 의하여 보장된다. 그러나 어느 한 단계에는 그 당시로는 해결하지 못할 결점이 숨어있다.

명제 2.1.1. 주어진 선분 $\overline{PQ}$를 한변으로 하는 정삼각형 PQR이 존재한다.

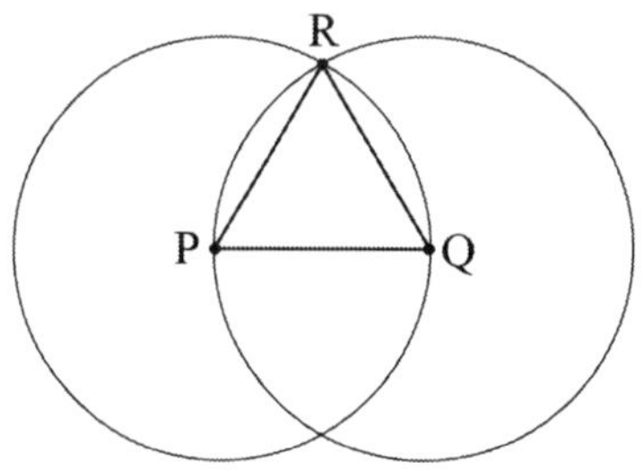

그림 2.1: 명제 2.1.1

증명 (그림 2.1 참조) (1) Euclid의 공리 3에 의하여 점 P가 중심이고 점 Q를 지나는 원 Γ_1이 존재한다.

(2) Euclid의 공리 3에 의하여 점 Q가 중심이고 점 P를 지나는 원 Γ_2가 존재한다.

(3) 두 원 Γ_1과 Γ_2의 교점을 R이라고 한다.

(4) Euclid의 공리 1에 의하여 점 P와 점 R을 지나는 선분 $\overline{PR}$이 존재한다.

(5) Euclid의 공리 1에 의하여 점 Q와 점 R을 지나는 선분 $\overline{QR}$이 존재한다.

(6) 원의 정의에 의하여 선분 $\overline{PQ}$와 선분 $\overline{PR}$은 합동이다.

(7) 원의 정의에 의하여 선분 $\overline{PQ}$와 선분 $\overline{QR}$은 합동이다.

(8) 보통공리 1에 의하여 선분 $\overline{PR}$과 선분 $\overline{QR}$이 합동이므로 삼각형 PQR는 정삼각형이다. □

주 . (1) 단계 (3)에서 두 원의 교점이 존재한다는 근거가 없는데 교점을 잡았다. 당시의 수체계로는 다루기 힘든 문제였고 19세기 말 실수의 완비성이 확립된 후에야 해결되었다. 실수처럼 모든 직선에 구멍이 없다는 Dedekind의 연속성 공리를 도입하므로써 위의 두 원이 두 개의 교점을 갖는다는 것을 보장할 수 있다.

(2) 단계 (3)의 두 원이 두 점에서 만난다는 것을 보일 수 있으므로 정삼각형이 두 개 존재함을 알 수 있다. 두 정삼각형을 $\triangle PQR, \triangle PQR'$이라고 하면 점 R과 점 R'은 직선 $\overleftrightarrow{PQ}$에 대하여 서로 반대 쪽에 있다. 이 사실은 명제 2.1.9을 증명할 때 사용한다.

명제 2.1.2. 점 P와 선분 $\overline{QR}$이 주어졌을 때 $\overline{QR}$과 합동이고 점 P를 끝점으로 갖는 선분이 존재한다.

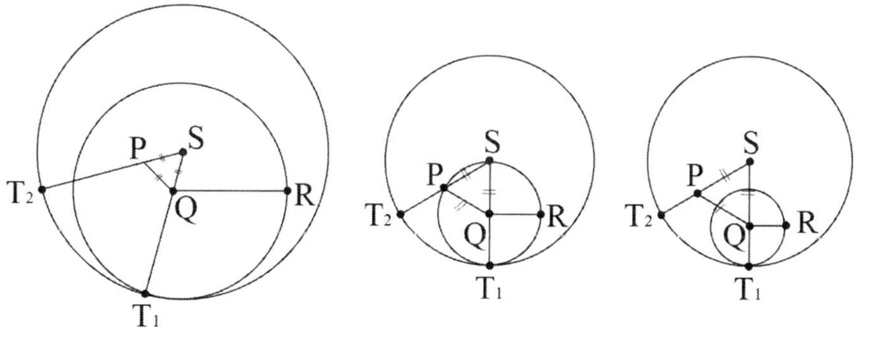

그림 2.2: 명제 2.1.2

증명 (그림 2.2 참조) (1) 명제 2.1.1에 의하여 정삼각형 PQS가 존재한다.

(2) Euclid의 공리 3에 의하여 중심이 Q이고 R을 지나는 원 Γ_{QR}이 존재한다.

(3) 반직선 $\overrightarrow{SQ}$과 원 Γ_{QR}의 교점을 T_1이라고 하자. 편의상 T_1를 선분 $\overline{SQ}$에 속하지 않는 점으로 잡자.

(4) Euclid의 공리 3에 의하여 중심이 S이고 T_1을 지나는 원 Γ_{ST_1}이 존재한다.

(5) 반직선 $\overrightarrow{SP}$과 원 Γ_{ST_1}의 교점을 T_2라고 하자.

(6) 원의 정의에 의하여 $\overline{QT_1} \simeq \overline{QR}$이고 $\overline{ST_1} \simeq \overline{ST_2}$이다.

(7) 정삼각형의 정의에 의하여 $\overline{SP} \simeq \overline{SQ}$이다.

(8) 보통공리 3에 의하여 같은 것 $\overline{ST_1}$과 $\overline{ST_2}$에서 같은 것 $\overline{SP}$과 $\overline{SQ}$를 빼면 $\overline{QT_1} \simeq \overline{PT_2}$이다.

(9) 보통공리 1에 의하여 $\overline{QR} \simeq \overline{PT_2}$이다. □

주 . (1) 단계 (2)의 원 Γ_{QR}이 점 P를 내부에 포함하는 경우(경우 1)와 원호에 포함하는 경우(경우 2)와 외부에 포함하는 경우(경우 3)로 나뉜다. Euclid는 《원론》에서는 (경우 1)만 다루었다. 이때 단계 (3)의 교점 T_1이 유일하지만 다른 경우에는 교점이 두 개 존재한다. 그러므로 선분 $\overline{SQ}$에 속하지 않는 교점을 T_1으로 지정한다. 그러면 세 경우 모두에 해당하는 증명이 완성된다.

(2) 단계 (3)과 (4)에서 반직선과 원과의 교점의 존재성은 증명하지 않고 사용되었다. 명제 2.1.1에서의 결점과 마찬가지로 연속성 공리가 필요하다.

(3) 단계 (8)에서 선분의 뺄셈에 보통공리 3을 사용하였다. 이때 주의할 사항은 점 P, Q가 선분 $\overline{ST_2}$와 $\overline{ST_1}$에 속하는 점인지를 확인하는 것이다.

명제 2.1.3. 점 P로 시작되는 반직선 $\overrightarrow{PP'}$에 대하여 임의의 선분 $\overline{QR}$과 합동인 선분 $\overline{PT}$가 반직선 $\overrightarrow{PP'}$ 위에 존재한다.

증명 (1) 명제 2.1.2에 의하여 $\overline{PS} \simeq \overline{QR}$인 점 S가 존재한다.

(2) Euclid의 공리 3에 의하여 중심이 P이고 S를 지나는 원 Γ_{PS}가 존재한다.

(3) 반직선 $\overrightarrow{PP'}$과 원 Γ_{PS}와의 교점을 T라고 하자.

(4) 원의 정의에 의하여 $\overline{PS} \simeq \overline{PT}$이다.

(5) 보통공리 1에 의하여, 단계 (1)과 단계 (4)는 $\overline{QR} \simeq \overline{PT}$를 함의한다. □

Euclid는 《원론》에서 $\overrightarrow{PP'}$를 반직선이라고 하지 않고 $\overline{QR}$보다 충분히 큰 선분이라고만 하였다. 제 3장에서 한 직선 위의 점들 사이의 순서라는 무정의 용어를 이용하여 선분과 반직선을 정의할 것이다.

주 . Euclid의 공리 1, 2, 3은 Euclid 기하가 자와 컴퍼스의 기하학을 형식화하면서 자연스럽게 만들어진 공리들이다. Hilbert는 공리 3을 포함하지 않고 명제 2.1.3을 다음과 같이 공리화하였다.

> (합동공리 C-1) 임의의 선분 $\overline{QR}$과 점 P를 꼭지점으로 하는 반직선 r에 대하여 $\overline{QR} \simeq \overline{PT}$인 점 T가 r 위에 유일하게 존재한다.

다음은 삼각형이 두 변과 그 사이의 낀 각에 의하여 결정된다는 정리이다.

명제 2.1.4 (SAS 합동정리)**.** 삼각형 PQR과 삼각형 $P'Q'R'$에 대하여

$$\overline{PQ} \simeq \overline{P'Q'}, \quad \angle P \simeq \angle P', \quad \overline{PR} \simeq \overline{P'R'}$$

이면 $\overline{QR} \simeq \overline{Q'R'}$이고 $\angle Q \simeq \angle Q'$이고 $\angle R \simeq \angle R'$이다.

증명 (1) 선분 $\overline{PQ}$을 선분 $\overline{P'Q'}$로, 선분 $\overline{PR}$을 선분 $\overline{P'R'}$로 옮겼을 때 $Q = Q'$이고 $R = R'$이다.

(2) Euclid의 공리 1에 의하여 선분 $\overline{QR}$과 $\overline{Q'R'}$이 일치한다.

(3) 그러므로 삼각형 PQR과 삼각형 $P'Q'R'$이 일치하므로 대응변과 대응각이 같다. □

이 명제의 증명에서 두 도형을 겹치기 위하여 이동을 사용하는데, 이것은 증명이라기보다는 그림에 의존한 직관적 표현일 뿐이다. 실제로 Hilbert 공리계에서는 이 정리를 (SAS 합동)공리로서 받아들인다.

이등변삼각형의 두 밑각이 합동이라는 다음 정리를 Euclid는 《원론》에서 명제 2.1.4를 두 번 사용하여 증명하였다.

명제 2.1.5. 삼각형 PQR에 대하여 $\overline{PQ} \simeq \overline{PR}$이면 $\angle Q \simeq \angle R$이다.

증명 (1) 선분 $\overline{PQ}$를 Q쪽으로 연장하여 점 S를 잡는다.

(2) 선분 $\overline{PR}$를 R쪽으로 연장하여 $\overline{PS} \simeq \overline{PT}$인 점 T를 잡으면 보통공리 3에 의하여 $\overline{QS} \simeq \overline{RT}$이다.

(3) 명제 2.1.4에 의하여 $\triangle PSR \simeq \triangle PTQ$이므로

$$\overline{SR} \simeq \overline{TQ}, \qquad \angle PSR \simeq \angle PTQ, \quad \angle PQT \simeq \angle PRS$$

이다.

(4) 명제 2.1.4에 의하여 $\triangle QSR \simeq \triangle RTQ$이므로 $\angle SRQ \simeq \angle TQR$이다.

(5) $\angle PQT \simeq \angle PRS$이므로 보통공리 3에 의하여 $\angle PQR \simeq \angle PRQ$이다. □

Pappus(290 – 350)는 명제 2.1.4를 한 번만 사용하여 간단하게 증명하였다.

Pappus의 증명 (1) 삼각형 PQR과 삼각형 PRQ를 두 개의 삼각형으로 간주하자.

(2) 꼭지점 사이의 대응 $P \leftrightarrow P, Q \leftrightarrow R, R \leftrightarrow Q$를 생각하자.

(3) 대응변 $\overline{PQ} \simeq \overline{PR}, \overline{PR} \simeq \overline{PQ}$이고 그 사잇각 $\angle P \simeq \angle P$이므로 명제 2.1.4에 의하여 $\triangle PQR \simeq \triangle PRQ$이다. (4) 두 삼각형의 대응각 $\angle Q$와 $\angle R$이 합동이므로 이등변삼각형의 밑각이 같다. □

다음은 명제 2.1.5의 역으로 두 각이 합동이면 이등변삼각형이라는 것을 보인다.

명제 2.1.6. 삼각형 PQR에 대하여 두 각 $\angle Q$와 $\angle R$이 합동이면 두 변 $\overline{PQ}$와 $\overline{PR}$이 합동이다.

증명 (1) (귀류법가정) $\overline{PQ} \not\simeq \overline{PR}$이라고 하고 일반성을 잃지 않고 $\overline{PQ}$가 $\overline{PR}$보다 크다고 놓자.

(2) 명제 2.1.3과 보통공리 5에 의하여 $\overline{PR} \simeq \overline{QS}$인 점 S가 $\overline{PQ}$에 존재한다.

(3) 명제 2.1.4에 의하여 삼각형 SQR과 삼각형 PRQ은 합동이다.

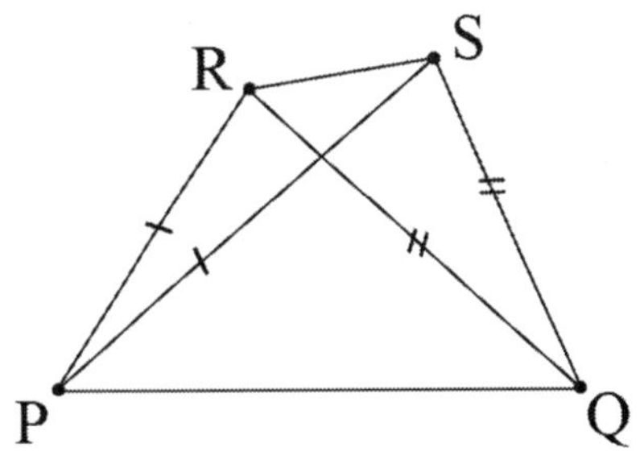

그림 2.3: 명제 2.1.7

(4) 그러나 보통공리 5에 의하여 삼각형 SQR은 삼각형 PRQ의 부분이므로 합동일 수가 없다(모순). □

주 . Euclid는 단계 (2)에서 $\overline{PQ}$가 $\overline{PR}$보다 크므로 $\overline{PR} \simeq \overline{QS}$인 점 S가 $\overline{PQ}$ 위에 존재한다고 했는데 Hilbert는 이를 선분의 크기에 대한 정의로 받아들이고 있다.

명제 2.1.7. 직선 $\overleftrightarrow{PQ}$의 같은 쪽에 있는 두 점 R과 S에 대하여 $\overline{PR}$과 $\overline{PS}$가 합동이고 $\overline{QR}$과 $\overline{QS}$도 합동이면 $R = S$이다.

증명 (그림 2.3 참조) (1) (귀류법 가정) $R \neq S$라고 하자.

(2) 세 점 P, R, S가 한 직선 상에 존재한다면 R과 S가 직선 $\overleftrightarrow{PQ}$에 대하여 같은 쪽이므로 $\overline{PS} \simeq \overline{PR}$은 $R = S$를 함의한다.

(3) 그러므로 이등변삼각형 PRS가 존재하고 마찬가지로 이등변삼각형 QRS도 존재한다.

(4) 명제 2.1.5에 의하여 $\angle PRS \simeq \angle PSR$이고 $\angle QRS \simeq \angle QSR$이다.

(5) 보통공리 4에 의하여 $\angle QRS$는 $\angle PRS$의 부분이므로 $\angle QRS < \angle PRS \simeq \angle PSR$이다.

(6) 마찬가지로 $\angle PSR < \angle QSR \simeq \angle QRS$이다.

(7) 단계 (5)와 (6)에 의하여 $\angle QRS < \angle QRS$이다(모순).

(8) 그러므로 $R = S$이다. □

주 . 《원론》에서 단계 (2), 단계 (5)와 단계 (6)의 증명을 그림에 의존하여 하고 있는데, 제 4장에서 평면분리 공리, 직선분리의 성질과 각의 내부점에 의한 각의 대소관계를 통하여 그림에 의존하지 않는 증명을 한다.

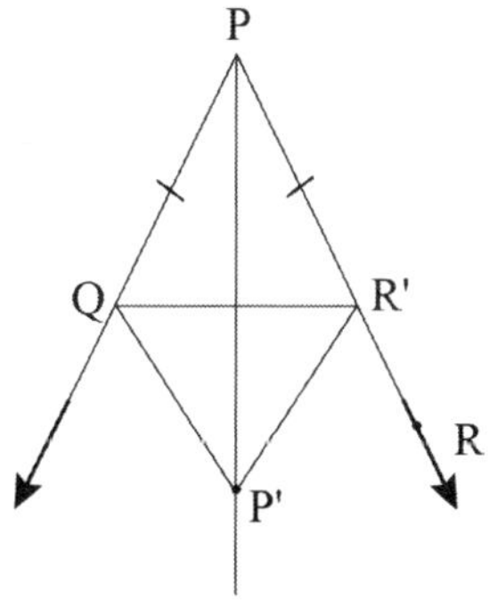

그림 2.4: 명제 2.1.9

명제 2.1.8. (SSS 합동정리) 삼각형 PQR과 삼각형 $P'Q'R'$에 대하여

$$\overline{PQ} \simeq \overline{P'Q'}, \quad \overline{QR} \simeq \overline{Q'R'}, \quad \overline{RP} \simeq \overline{R'P'}$$

이면 $\angle P \simeq \angle P'$이고 $\angle Q \simeq \angle Q'$이고 $\angle R \simeq \angle R'$이다.

증명 (5) 명제 2.1.3에 의하여 선분 $\overline{QR}$을 반직선 $\overrightarrow{Q'R'}$으로 옮겨서 $\overline{QR} \simeq \overline{Q'R_1}$인 R_1이 $\overrightarrow{Q'R'}$에 유일하게 존재한다. 이때 P는 P_1으로 옮겨진다고 하자.

(2) $\overline{QR} \simeq \overline{Q'R'}$이므로 $R_1 = R'$이다.

(3) 옮겨서 일치하는 것은 같으므로 $\overline{Q'P_1} \simeq \overline{Q'P'}$이고 $\overline{R'P_1} \simeq \overline{R'P'}$이다.

(4) P_1과 P'이 직선 $\overleftrightarrow{QR}$에 대하여 같은 쪽에 있다면 명제 2.1.7에 의하여 $P_1 = P'$이다. 즉 두 삼각형 PQR과 삼각형 $P'Q'R'$이 일치한다.

(5) 만약 P_1과 P'이 직선 $\overleftrightarrow{Q'R'}$에 대하여 반대 쪽에 있다면 삼각형 $P_1Q'R'$을 직선 $\overleftrightarrow{Q'R'}$에 대하여 대칭이동을 하여 단계 (4)처럼 두 삼각형을 일치시킨다. □

주 . 증명 과정에서 대칭이동을 정확한 정의없이 사용하고 있다. 우리는 대칭이동을 제 7장에서 자세히 다룬다.

명제 2.1.9. 임의의 각 $\angle QPR$을 이등분할 수 있다.

증명 (그림 2.4 참조) (1) 명제 2.1.3에 의하여 $\overline{PQ} \simeq \overline{PR'}$인 점 R'이 반직선 $\overrightarrow{PR}$에 유일하게 존재한다.

(2) 명제 2.1.1에 의하여 선분 $\overline{QR'}$을 한 변으로 하는 두 개의 정삼각형 중 직선 $\overleftrightarrow{QR}$에 대하여 P와 반대쪽에 있는 점 P'을 꼭지점으로 갖는 정삼각형 $P'QR'$이 존재한다.

(3) $\overline{P'Q} \simeq \overline{P'R'}$이므로 명제 2.1.8에 의하여 삼각형 PQP'과 삼각형 $PR'P'$이 합동이다.

(4) 대응각 $\angle QPP' \simeq \angle R'PP'$이므로 $\overrightarrow{PP'}$은 각 $\angle QPR$의 이등분선이다. □

명제 2.1.10. 임의의 선분 $\overline{PQ}$를 이등분할 수 있다.

증명 (1) 명제 2.1.1에 의하여 정삼각형 PQR이 존재한다.

(2) 명제 2.1.9에 의하여 $\angle PRQ$의 이등분선 $\overrightarrow{RS}$가 존재한다.

(3) 반직선 $\overrightarrow{RS}$와 R의 대변 $\overline{PQ}$와의 교점을 M이라고 놓는다.

(4) 명제 2.1.4에 의하여 삼각형 PRM와 삼각형 QRM은 합동이다.

(5) 그러므로 대응변 $\overline{PM}$과 $\overline{MQ}$는 합동이고 점 M은 선분 $\overline{PQ}$를 이등분한다.

□

주 . 단계 (3)에서 교점의 존재성을 보장받지 않고 M이라고 하였다. 점 S가 각 $\angle PRQ$의 내부에 있는 경우 반직선 $\overrightarrow{RS}$와 R의 대변 $\overline{PQ}$이 만난다는 횡선 정리를 제 4장에서 증명한다.

명제 2.1.11. 임의의 직선 $\overleftrightarrow{PQ}$와 그 위에 있는 임의의 점 R에 대하여 R에서 직선 $\overleftrightarrow{PQ}$의 수선이 존재한다.

증명 (1) 명제 2.1.3에 의하여 직선 $\overleftrightarrow{PQ}$ 위에 $\overline{SR} \simeq \overline{RT}$가 되는 두 점 S와 T가 존재한다.

(2) 명제 2.1.1에 의하여 선분 $\overline{ST}$를 한 변으로 하는 정삼각형 STU가 존재한다.

(3) 명제 2.1.8(SSS 합동정리)에 의하여 삼각형 SRU과 삼각형 TRU는 합동이다.

(4) 대응각인 $\angle SRU$과 $\angle TRU$는 합동이고 이웃한 각이다.

(5) 직각의 정의에 의하여 $\angle SRU$는 직각이고 직선 $\overleftrightarrow{RU}$는 직선 $\overleftrightarrow{PQ}$의 수선이다. □

명제 2.1.12. 임의의 직선 $\overleftrightarrow{PQ}$와 그 위에 있지 않는 임의의 점 R에 대하여 R에서 직선 $\overleftrightarrow{PQ}$로의 수선이 존재한다.

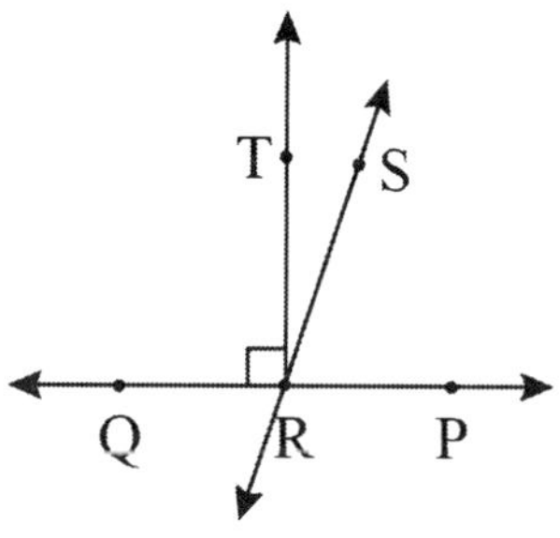

그림 2.5: 명제 2.1.13

증명 (1) Euclid의 공리 2에 의하여 선분 $\overline{PR}$을 점 P쪽으로 연장하여 점 S가 존재한다고 하자.

(2) Euclid의 공리 3에 의하여 R를 중심으로 점 S를 지나는 원 Γ가 존재한다.

(3) 원 Γ와 $\overleftrightarrow{PQ}$가 만나는 두 점을 T와 U라고 하자.

(4) 명제 2.1.10에 의하여 선분 $\overline{TU}$를 이등분하는 중점 M이 존재한다.

(5) 명제 2.1.8(SSS 합동정리)에 의하여 삼각형 TMR과 삼각형 UMR은 합동이다.

(6) 대응각인 $\angle TMR$과 $\angle UMR$는 합동이고 이웃한 각이다.

(7) 직각의 정의에 의하여 $\angle TMR$는 직각이고 직선 $\overleftrightarrow{RM}$는 직선 $\overleftrightarrow{PQ}$의 수선이다. □

명제 2.1.13. 두 직선 $\overleftrightarrow{PQ}$와 $\overleftrightarrow{RS}$에 대하여 점 R이 선분 $\overline{PQ}$에 속한다면 각 $\angle PRS$와 $\angle QRS$의 합은 π이다.

증명 (그림 2.5 참조) (1) $\overleftrightarrow{RS}$가 $\overleftrightarrow{PQ}$의 수선이라면 각 $\angle PRS$ 와 $\angle QRS$이 각각 직각인 $\pi/2$이므로 두 각의 합이 π이다.

(2) $\overleftrightarrow{RS}$가 $\overleftrightarrow{PQ}$의 수선이 아니라면 명제 2.1.11에 의하여 수선 $\overleftrightarrow{RT}$가 존재한다.

(3) 일반성을 잃지 않고 선분 $\overrightarrow{RS}$가 $\overrightarrow{RP}$과 $\overrightarrow{RT}$ 사이에 있다고 하자.

(4) 각 $\angle PRS$와 $\angle SRT$의 합은 $\angle PRT$이다.

(5) 단계 (3)에 의하여 선분 $\overrightarrow{RT}$가 $\overrightarrow{RQ}$과 $\overrightarrow{RS}$ 사이에 있게 된다.

(6) 각 $\angle QRT$와 $\angle SRT$의 합은 $\angle QRS$이다.

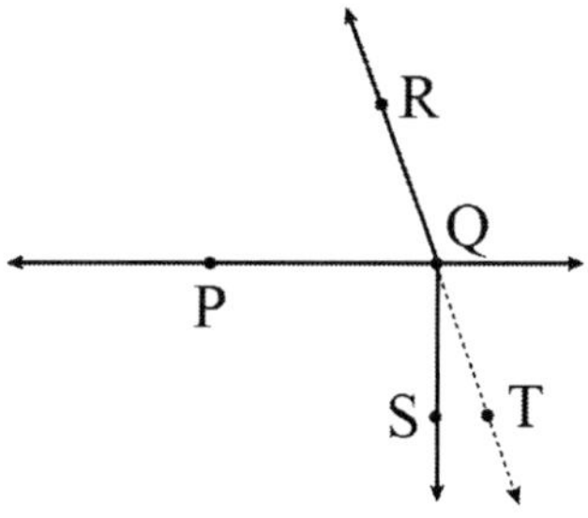

그림 2.6: 명제 2.1.14

(7) 단계 (4)와 (6)에 의하여

$$\begin{aligned}\angle PRS + \angle QRS &= (\angle PRT - \angle SRT) + (\angle QRT + \angle SRT)\\ &= \angle PRT + \angle QRT\\ &= \pi\end{aligned}$$

이므로 각 $\angle PRS$ 와 $\angle QRS$의 합은 π이다. □

주 . '반직선 $\overrightarrow{RS}$가 $\overrightarrow{RP}$와 $\overrightarrow{RT}$ 사이에 있다'라는 표현은 '점 S가 각 $\angle PRT$의 내부에 있다'라는 것과 같다. 그러므로 각의 덧셈이 가능하다.

한 직선과 직선 위의 점을 꼭지점으로 하는 또 다른 반직선이 만드는 두 각의 합이 π임을 보였다. 역으로 각의 한 변을 공통으로 갖고 이웃한 두 각의 합이 π라면 공통이 아닌 다른 변의 합집합이 직선이 된다는 것을 다음 명제에서 보인다.

명제 2.1.14. 직선 $\overleftrightarrow{PQ}$에 대하여 반대쪽에 있는 두 점 R, S에 대하여 두 각 $\angle PQR$과 $\angle PQS$의 합이 π가 된다면 세 점 R, Q, S는 한 직선 위에 있다.

증명 (그림 2.6 참조) (1) (귀류법 가정) 점 S가 직선 $\overleftrightarrow{QR}$에 있지 않다고 가정하자.

(2) 선분 $\overline{QR}$을 점 Q쪽으로 연장하여 점 T가 존재한다고 하자.

(3) 명제 2.1.13에 의하여 각 $\angle SQR + \angle SQT = \pi$이다.

(4) 한편 가정에 의하여 $\angle SQR = \angle SQP + \angle PQR = \pi$이다.

(5) 단계 (3)과 (4)에 의하여 $\angle SQT = 0$이 되어 $\overrightarrow{QS} = \overrightarrow{QT}$이고 $S \in \overleftrightarrow{QT} = \overleftrightarrow{QR}$이다(모순). □

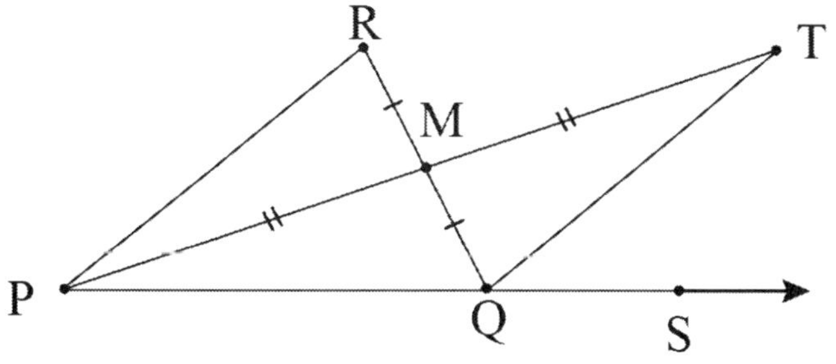

그림 2.7: 명제 2.1.16과 명제 2.1.17

명제 2.1.15 (맞꼭지각 정리). 직선 $\overleftrightarrow{PQ}$와 $\overleftrightarrow{RS}$가 점 T에서 만날 때 맞꼭지각 $\angle PTR$과 $\angle QTS$는 같다.

증명 (1) 명제 2.1.13에 의하여

$$\angle PTR + \angle PTS = \pi \quad \angle PTS + \angle QTS = \pi$$

이다.

(2) 그러므로 보통공리 3에 의하여 $\angle PTR \simeq \angle QTS$이다. □

주 . 두 각 $\angle PTR$와 $\angle QTS$이 맞꼭지각이 되려면 점 T가 선분 $\overline{QR}$와 $\overline{QR}$ 사이에 있어야 한다. 《원론》에서는 그림에 의존하여 이 조건을 암묵적으로 가정하고 있다.

명제 2.1.16 (외각 정리). 삼각형 PQR의 변 $\overline{PQ}$를 Q쪽으로 연장하여 그 위의 점 S를 잡았을 때 외각 $\angle RQS$는 내각 $\angle QPR(\angle PRQ)$보다 크다.

증명 (그림 2.7 참조) (1) 변 $\overline{QR}$의 중점을 M이라 하고 $\overline{PM} \simeq \overline{MT}$인 점 T를 $\overline{PM}$를 M쪽으로 연장하여 잡는다.

(2) 맞꼭지각이 합동이므로 명제 2.1.4(SAS 합동정리)에 의하여 삼각형 MPR과 삼각형 MTQ는 합동이다.

(3) 대응각 $\angle PRQ \simeq \angle MQT$이다.

(4) 각 $\angle MQT < \angle MQS$이므로 꼭지점 Q의 외각 $\angle MQS$은 내각 $\angle PRQ$보다 크다.

(5) 변 $\overline{PQ}$의 중점을 가지고 위의 단계를 따라 가면 외각 $\angle RQS$은 내각 $\angle QPR$보다 크다는 것을 증명할 수 있다. □

외각 $\angle RQS$는 두 개의 내각 $\angle P$와 $\angle R$의 합과 같다는 것을 증명하려면 평행선공리가 필요하다. Euclid는 《원론》에서 평행선공리의 사용을 불가피할 때까지 미루고 있다. 그래서 평행선공리와 동치인 명제 29의 증명에서 처음으로 사용하였다.

명제 2.1.17. 삼각형의 두 내각의 합은 π보다 작다.

증명 (그림 2.7 참조) (1) 명제 2.1.16의 증명 단계 (3)과 (4)에 의하여 $\angle PRQ \simeq \angle MQT$이고 $\angle MQT < \angle MQS$이다.

(2) 명제 2.1.13에 의하여 $\angle PQM + \angle MQS = \pi$이다.

(3) 그러므로

$$\begin{aligned}\angle PQM + \angle PRQ &= \angle PQM + \angle MQT \\ &< \angle PQM + \angle MQS \\ &= \pi\end{aligned}$$

이다. □

삼각형 PQR의 두 내각 $\angle Q$와 $\angle R$의 합에 $\angle TQS$를 더하면 π이다. 그리고 각 $\angle P$가 $\angle TQS$와 같아서 삼각형의 세 내각의 합이 π가 된다는 것을 증명하는 데는 평행선공리이 필요하다.

명제 2.1.18. 삼각형 PQR에 대하여 긴 변 $\overline{PR}$에 대응하는 내각 $\angle Q$가 짧은 변 $\overline{PQ}$에 대응하는 내각 $\angle R$보다 크다.

증명 (1) 삼각형 PQR에서 $\overline{PQ} < \overline{PR}$라고 하자.

(2) 선분 $\overline{PR}$ 위의 $\overline{PQ} \simeq \overline{PS}$인 점 S가 존재한다.

(3) 삼각형 PQS는 이등변삼각형이므로 $\angle PQS \simeq \angle PSQ$이다.

(4) 삼각형 QRS에 대하여 명제 2.1.16(외각 정리)를 적용하면 내각 $\angle R$은 외각 $\angle PSQ$보다 작다.

(5) 그러므로 $\angle R = \angle PRQ < \angle PSQ \simeq \angle PQS < \angle PQR = \angle Q$이다. □

명제 2.1.19. 삼각형의 큰 내각에 대응하는 변이 길다.

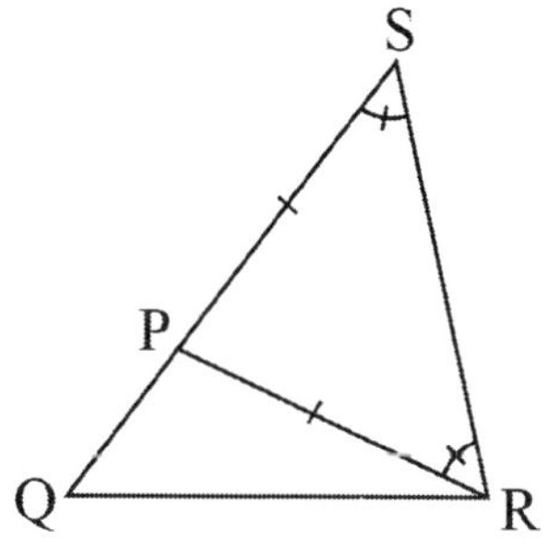

그림 2.8: 명제 2.1.20

증명 (1) 삼각형 PQR에서 $\angle R < \angle Q$이면 $\overline{PQ} < \overline{PR}$임을 증명하자.

(2) (귀류법 가정 1) $\overline{PR} \simeq \overline{PQ}$라면 삼각형 PQR이 이등변삼각형이므로 두 밑각이 $\angle Q \simeq \angle R$이다(모순).

(3) (귀류법 가정 2) $\overline{PR} < \overline{PQ}$라면 명제 2.1.18에 의하여 $\angle Q < \angle R$이다(모순). □

명제 2.1.20. 삼각형의 두 변의 합은 나머지 한 변보다 길다.

증명 (그림 2.8 참조) (1) 삼각형 PQR의 변 $\overline{PQ}$를 점 P쪽으로 연장하여 $\overline{PR} \simeq \overline{PS}$가 되는 점 S가 존재한다.

(2) 이등변삼각형 PRS의 두 밑각이 $\angle PRS \simeq \angle PSR$이다.

(3) 삼각형 QRS에서 $\angle QSR < \angle QRS$이므로 명제 2.1.19에 의하여 $\overline{QR} < \overline{QS}$이다,

(4) $\overline{QS} \simeq \overline{PQ} + \overline{PS} \simeq \overline{PQ} + \overline{PR}$이므로 $\overline{QR} < \overline{PQ} + \overline{PR}$이다. □

명제 2.1.21. 삼각형 PQR의 내부에 있는 점 S에 대하여 $\overline{QS} + \overline{SR} < \overline{QP} + \overline{PR}$이고 $\angle QPR < \angle QSR$이다.

증명 (그림 2.9 참조) (1) 선분 $\overline{QS}$를 점 S쪽으로 연장해서 $\overline{PR}$와 만나는 점을 T라고 하자.

(2) 명제 2.1.20에 의하여 삼각형 PQT에서 $\overline{QT} < QP + PT$이다.

(3) 양변에 $\overline{TR}$를 더하면 $\overline{QT} + \overline{TR} < \overline{QP} + \overline{PR}$이다.

(4) 명제 2.1.20에 의하여 삼각형 RST에서 $\overline{SR} < \overline{ST} + \overline{TR}$이다.

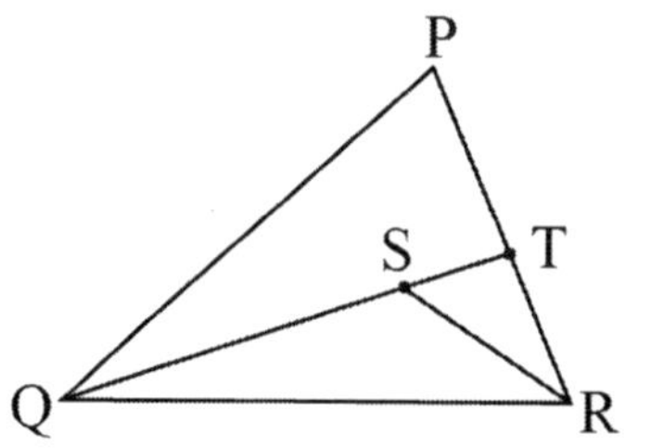

그림 2.9: 명제 2.1.21

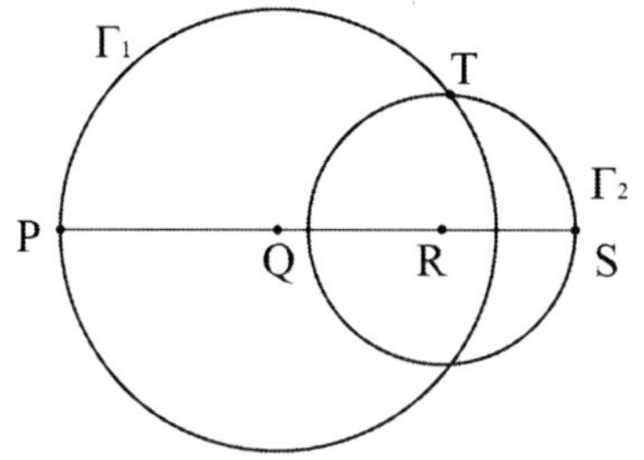

그림 2.10: 명제 2.1.22

(5) 양변에 $\overline{QS}$를 더하면 $\overline{QS}+\overline{SR}<\overline{QT}+\overline{TR}$이다.

(6) 단계 (3)과 (5)에 의하여 $\overline{QS}+\overline{SR}<\overline{QP}+\overline{PR}$이다.

(7) 명제 2.1.16(외각 정리)에 의하여 삼각형 RST에서 $\angle QTR<\angle QSR$이고 삼각형 PQT에서 $\angle QPR<\angle QTR$이므로 $\angle QPR<\angle QSR$이다. □

주 . 삼각형의 내부의 점을 그림에 의존하지 않고 정의하는 방법에 대하여 생각해 보자. 제 4장에서 각의 내부를 먼저 정의하고 이를 이용하여 정의한다.

다음은 정리 2.1.20의 역이다.

명제 2.1.22. 임의의 세 선분에 대하여 어느 두 선분의 길이의 합이 나머지 한 선분의 길이보다 길면 이 세 선분을 변으로 갖는 삼각형이 존재한다.

증명 (그림 2.10 참조) (1) 주어진 세 선분과 합동인 세 선분을 $\overline{PQ}\geq\overline{QR}\geq\overline{RS}$라고 가정하고 한 직선 위에 $\overline{PQ}$, $\overline{QR}$, $\overline{RS}$의 순서로 늘어 세운다.

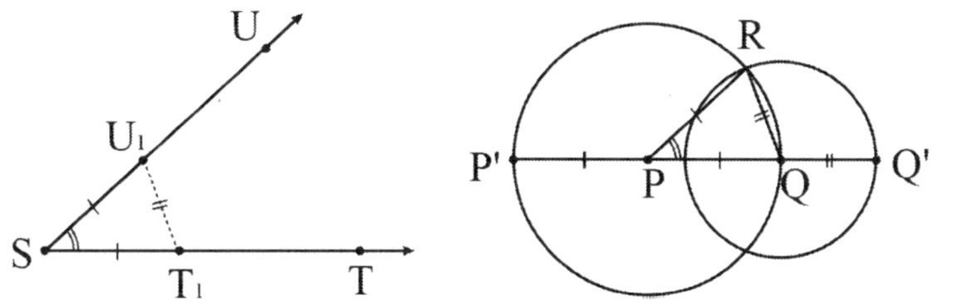

그림 2.11: 명제 2.1.23

(2) Euclid의 공리 3에 의하여 Q를 중심으로 점 P를 지나는 원 Γ_1과 R을 중심으로 점 S를 지나는 원 Γ_2가 존재한다.

(3) 두 원 Γ_1과 Γ_2가 만나는 점을 T라고 하자.

(4) 원의 정의에 의하여 삼각형 TQR이 우리가 원하는 삼각형이다. □

주 . (1) 단계 (3)에서 두 원의 교점의 존재성에 대하여 아무런 설명이 없다. 중학교 수학에서 두 원의 중심 사이의 거리 $\overline{QR}$이 두 원의 반지름의 합 $\overline{PQ}+\overline{RS}$보다 작을 때 교점이 있다고 배웠다. 이는 명제 2.1.22의 가정이다.

(2) $\overline{QR} \geq \overline{RS}$이므로 $\overline{RS'} \simeq \overline{RS}$ 인 점 S'이 $\overline{QR}$에 존재한다. 즉 원 Γ_1의 내부에 Γ_2의 점 S'를 포함하고 Γ_2의 점 S가 원 Γ_1의 외부에 존재한다. 이때 원에 직선처럼 구멍이 없다는 것을 가정한다면 Γ_1과 Γ_2는 두 점에서 만난다. 이를 원의 연속원리라고 하고 제 6장에서 자세히 다룬다.

명제 2.1.23. 선분 $\overline{PQ}$와 각 $\angle TSU$에 대하여 $\angle TSU$와 합동인 각 $\angle QPR$이 존재한다.

증명 (그림 2.11참조) (1) 명제 2.1.3에 의하여 $\overline{PQ} \simeq \overline{ST_1} \simeq \overline{SU_1}$가 되는 두 점 $T_1 \in \overrightarrow{ST}$와 $U_1 \in \overrightarrow{SU}$이 존재한다.

(2) 명제 2.1.20에 의하여 삼각형 ST_1U_1의 세 변이 명제 2.1.22의 가정을 만족한다.

(3) 선분 $\overline{PQ}$를 점 P쪽으로 연장하여 $\overline{SU_1} \simeq \overline{P'P}$를 만족하는 P'이 존재한다.

(4) 선분 $\overline{PQ}$를 점 Q쪽으로 연장하여 $\overline{T_1U_1} \simeq \overline{QQ'}$를 만족하는 Q'을 잡는다.

(5) 명제 2.1.22에 의하여 삼각형 PQR이 존재하고 이는 삼각형 ST_1U_1과 세 변이 합동이다.

(6) 명제 2.1.8(SSS 합동정리)에 의하여 삼각형 PQR과 삼각형 ST_1U_1는 합동이고 대응각 $\angle QPR$과 $\angle TSU$는 합동이다. □

주 . (1) 명제 2.1.22의 증명에는 Euclid의 공리 3이 중요하게 쓰였다. 그러므로 이를 이용하여 증명한 명제 2.1.23의 증명에도 컴퍼스의 사용이 필요하다. Hilbert 공리계에서는 컴퍼스의 사용을 허용되지 않으므로 명제 2.1.23을 증명하지 못한다. 대신에 다음과 같은 공리를 채택하고 있다.

(Hilbert의 합동공리 C-4) 주어진 각 $\angle QPR$, 반직선 $\overrightarrow{P'Q'}$, 직선 $\overleftrightarrow{P'Q'}$에 대한 반평면 $\mathbb{H}$에 대하여 $\angle QPR \simeq \angle Q'P'R'$인 반직선 $\overrightarrow{P'R'}$이 반평면 $\mathbb{H}$에 유일하게 존재한다.

(2) Hilbert 공리계에서 알 수 있듯이 양쪽 반평면에서 주어진 각과 합동인 각이 각각 존재한다. 명제 2.1.22의 증명과정에서 두 원의 교점이 두 개가 존재하여 쉽게 증명할 수 있다.

명제 2.1.24. 두 삼각형 PQR과 삼각형 $P'Q'R'$에 대하여 $\overline{PQ} \simeq \overline{P'Q'}$, $\overline{PR} \simeq \overline{P'R'}$이고 $\angle P' < \angle P$이면 $\overline{Q'R'} < \overline{QR}$이다.

증명 (1) 명제 2.1.23에 의하여 각 $\angle P'$과 합동인 각 $\angle QPS$가 존재한다. 점 S는 $\overleftrightarrow{PQ}$에 대하여 점 R과 같은 쪽에 있다고 하자.

(2) $\angle P' \simeq \angle QPS < \angle P$이므로 반직선 $\overrightarrow{PS}$는 $\overrightarrow{PQ}$와 $\overrightarrow{PR}$ 사이에 있다.

(3) 일반성을 잃지 않고 $\overline{PS} \simeq \overline{P'R'}$이라고 가정하면 명제 2.1.4(SAS 합동정리)에 의하여 삼각형 PQS와 삼각형 $P'Q'R'$은 합동이다.

(4) 한편 삼각형 PRS는 이등변삼각형이므로 $\angle PRS \simeq \angle PSR$이다.

(5) 삼각형 QRS에서 $\angle QRS < \angle PRS \simeq \angle PSR < \angle QSR$이므로 명제 2.1.19에 의하여 $\overline{QS} \simeq \overline{Q'R'} < \overline{QR}$이다. □

명제 2.1.25. 두 삼각형 PQR과 삼각형 $P'Q'R'$에 대하여 $\overline{PQ} \simeq \overline{P'Q'}$, $\overline{PR} \simeq \overline{P'R'}$, $\overline{Q'R'} < \overline{QR}$이면 $\angle P' < \angle P$이다.

증명 (1) (귀류법 가정 1) $\angle P \simeq \angle P'$라면 명제 2.1.4(SAS 합동정리)에 의하여 삼각형 PQR와 삼각형 $P'Q'R'$는 합동이므로 $\overline{QR} \simeq \overline{Q'R'}$이다(모순).

(2) (귀류법 가정 2) $\angle P < \angle P'$라면 명제 2.1.24에 의하여 $\overline{QR} < \overline{Q'R'}$이다(모순).

(3) 그러므로 $\angle P' > \angle P$이다. □

명제 2.1.26. 두 삼각형 PQR과 삼각형 $P'Q'R'$에 대하여

(I) (ASA 합동정리) $\angle Q \simeq \angle Q'$, $\overline{QR} \simeq \overline{Q'R'}$, $\angle R \simeq \angle R'$이면 $\overline{PQ} \simeq \overline{P'Q'}$, $\overline{PR} \simeq \overline{P'R'}$, $\angle P \simeq \angle P'$이다.

(II) (AAS 합동정리) $\angle P \simeq \angle P'$, $\angle Q \simeq \angle Q'$, $\overline{QR} \simeq \overline{Q'R'}$이면 $\overline{PQ} \simeq \overline{P'Q'}$, $\overline{PR} \simeq \overline{P'R'}$, $\angle R \simeq \angle R'$이다.

증명 ((I)의 증명)

(1) (귀류법 가정) $\overline{PQ} \not\simeq \overline{P'Q'}$이면 일반성을 잃지 않고 $\overline{P'Q'} < \overline{PQ}$라고 가정하자.

(2) 선분 $\overline{PQ}$ 위에서 $\overline{SQ} \simeq \overline{P'Q'}$이 되는 점 S가 존재하여 삼각형 $P'Q'R'$과 삼각형 SQR는 합동이다. 따라서 대응각이 $\angle R' \simeq \angle QRS$이다.

(3) 점 S이 각 $\angle R = \angle QRP$의 내부점이므로

$$\angle QRS < \angle QRP \simeq \angle R' \simeq \angle QRS$$

이다(모순).

(4) 그러므로 $\overline{PQ} \simeq \overline{P'Q'}$이다. 그리고 $\overline{QR} \simeq \overline{Q'R'}$, $\angle Q \simeq \angle Q'$ 이므로 명제 2.1.4(SAS 합동정리)에 의하여 삼각형 PQR와 삼각형 $P'Q'R'$는 합동이다.

((II)의 증명)

(1) (귀류법 가정) 만약 $\overline{PQ} \not\simeq \overline{P'Q'}$이면 일반성을 잃지 않고 $\overline{P'Q'} < \overline{PQ}$라고 가정하자.

(2) 위의 단계 (2)처럼 삼각형 $P'Q'R'$과 삼각형 SQR는 합동이고 대응각이 $\angle P' \simeq \angle QSR$이다.

(3) 삼각형 PRS에서 명제 2.1.16(외각 정리)에 의하여 $\angle P < \angle QSR \simeq \angle P' \simeq \angle P$ 이다(모순).

(4) 그러므로 $\overline{PQ} \simeq \overline{P'Q'}$이고 명제 2.1.4(SAS 합동정리)에 의하여 삼각형 PQR와 삼각형 $P'Q'R'$는 합동이다. □

삼각형의 세 내각의 합이 π임을 알고 있으면 두 번째 경우는 첫 번째 경우가 되는데, Euclid는 아직도 평행선공리을 사용하지 않고 있다.

이제 삼각형의 합동에 관한 결과를 정리해 보자.

(1) (SSS 합동정리) 대응하는 변이 합동이면 두 삼각형은 합동이다(명제 2.1.8).

$$\overline{PQ} \simeq \overline{P'Q'}, \overline{PR} \simeq \overline{P'R'}, \overline{QR} \simeq \overline{Q'R'} \Longrightarrow \triangle PQR \simeq \triangle P'Q'R'$$

(2) 대응하는 한 변과 두 각이 합동이면 두 삼각형은 합동이다(명제 2.1.26).

(I) (ASA 합동정리) $\angle Q \simeq \angle Q'$, $\overline{QR} \simeq \overline{Q'R'}$, $\angle R \simeq \angle R' \Longrightarrow \triangle PQR \simeq \triangle P'Q'R'$

(II) (AAS 합동정리) $\angle P \simeq \angle P'$, $\angle Q \simeq \angle Q'$, $\overline{QR} \simeq \overline{Q'R'} \Longrightarrow \triangle PQR \simeq \triangle P'Q'R'$.

(3) (SAS 합동정리) 대응하는 두 변과 낀 각이 합동이면 두 삼각형은 합동이다(명제 2.1.4).

$$\overline{PQ} \simeq \overline{P'Q'}, \quad \angle P \simeq \angle P', \quad \overline{PR} \simeq \overline{P'R'} \Longrightarrow \triangle PQR \simeq \triangle P'Q'R'$$

위에서 빠진 경우는 AAA 삼각형과 SSA 삼각형인데 두 경우 모두 합동조건이 안된다.

(4) (AAA 삼각형인 경우) 두 삼각형의 대응하는 세 각이 합동(AAA 삼각형)인 경우 두 삼각형을 닮음 삼각형이라고 한다. 닮음 삼각형이지만 합동 삼각형이 아닌 예를 들어 보자.

(a) 명제 2.1.1에 의하여 한 변이 $\overline{PQ}$인 정삼각형과 한 변이 $2 \cdot \overline{PQ}$인 정삼각형이 존재한다.

(b) 명제 2.1.5에 의하여 각 삼각형의 세 각이 합동이다.

(c) 명제 2.1.32에 의하여 각 삼각형의 세 각의 합이 π이므로 두 삼각형의 모든 각들은 $\pi/3$로 합동이다.

(d) 그러므로 두 정삼각형은 AAA 삼각형으로 닮음 삼각형이지만 합동은 아니다.

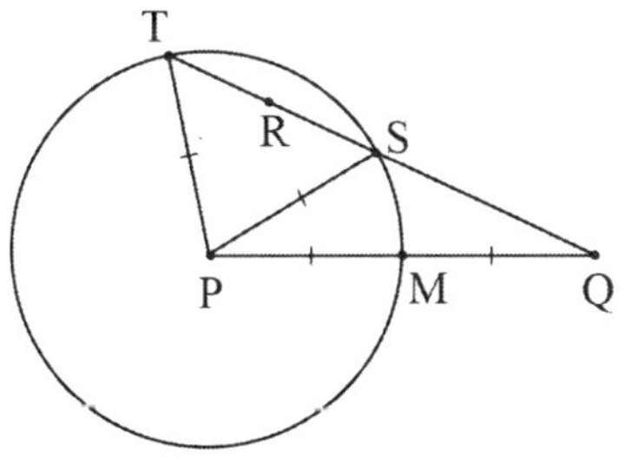

그림 2.12: 합동이 아닌 SSA 삼각형

(e) 이때 합동이 아닌 닮은 삼각형의 존재를 보이기 위하여 단계 (c)에서 삼각형의 세 내각의 합이 π임을 사용하였다. 그러므로 삼각형의 세 내각의 합이 π가 아닌 경우에는 닮은 삼각형이 존재하지 않을 수도 있다. 이는 제 11장에서 자세히 다룬다.

(5) SSA 삼각형인 두 삼각형이 합동이 아닌 예를 들어 보자(그림 2.12 참조).

(a) 선분 $\overline{PQ}$의 중점을 M이라 하고 점 P를 중심으로 하고 점 M을 지나는 원을 Γ라고 하자.

(b) 직선 $\overleftrightarrow{PQ}$에 속하지 않는 원 Γ의 내부의 점을 R을 잡는다.

(c) 이때 원 Γ의 내부의 점 R과 외부의 점 Q를 지나는 직선 $\overleftrightarrow{QR}$은 원 Γ와 두 점에서 만난다.

(d) 두 점을 S, T라고 하면 삼각형 PQS와 삼각형 PQT는 SSA 삼각형이지만 합동은 아니다.

다음 명제 2.1.27과 명제 2.1.28은 평행선에 관한 명제이지만 증명 과정에서 평행신공리를 사용하지 않는다.

명제 2.1.27 (엇각 정리). 두 직선 $\overleftrightarrow{PQ}$와 $\overleftrightarrow{P'Q'}$이 직선 $\overleftrightarrow{TU}$와 점 R와 R'에서 각각 만난다고 하자. 이때 $\angle PRR' \simeq \angle Q'R'R$이면 $\overleftrightarrow{PQ}$와 $\overleftrightarrow{P'Q'}$은 평행이다.

증명 (그림 2.13 참조) (1) (귀류법 가정) $\overleftrightarrow{PQ}$와 $\overleftrightarrow{P'Q'}$은 평행하지 않다고 가정하자.

(2) $\overleftrightarrow{PQ}$와 $\overleftrightarrow{P'Q'}$가 점 S에서 만난다고 하고 편의상 $\overleftrightarrow{TU}$에 대하여 Q와 Q'쪽에 S가 있다고 하자.

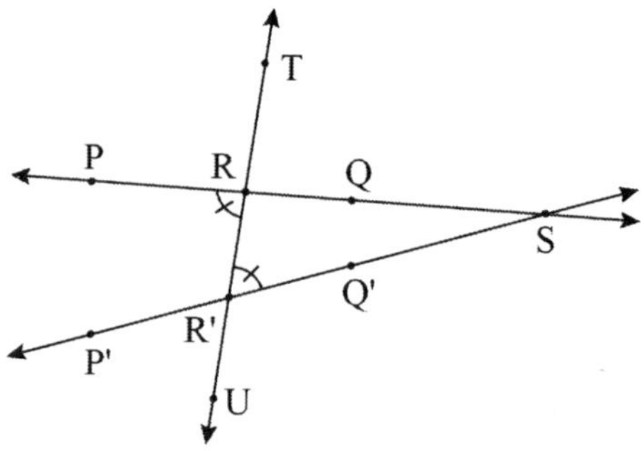

그림 2.13: 명제 2.1.27

(3) 삼각형 $RR'S$에 대하여 명제 2.1.16(외각 정리)를 고려하면 외각 $\angle PRR'$은 내대각 $\angle Q'R'R$보다 크다(모순). □

명제 2.1.28. 두 직선 $\overleftrightarrow{PQ}$와 $\overleftrightarrow{P'Q'}$에 직선 $\overleftrightarrow{TU}$가 점 R와 R'에서 만난다고 하자. (I) (동위각 정리) $\angle TRQ \simeq \angle RR'Q'$이면 $\overleftrightarrow{PQ}$와 $\overleftrightarrow{P'Q'}$은 평행하다.

(II) $\angle QRR' + \angle Q'R'R = \pi$이면 $\overleftrightarrow{PQ}$와 $\overleftrightarrow{P'Q'}$은 평행이다.

증명 ((I)의 증명)

(1) 명제 2.1.15(맞꼭지각 정리)에 의하여 $\angle TRQ$와 $\angle PRR'$은 합동이다.

(2) 명제 2.1.27(엇각 정리)에 의하여 $\overleftrightarrow{PQ}$와 $\overleftrightarrow{P'Q'}$는 평행이다.

((II)의 증명)

(1) 명제 2.1.13에 의하여 $\angle QRR' + \angle PRR' = \pi$이고 $\angle PRR' = \pi - \angle QRR'$이다.

(2) 가정에 의하여 $\angle Q'R'R = \pi - \angle QRR'$이다.

(3) $\angle PRP' \simeq \angle Q'R'R$이므로 명제 2.1.27(엇각 정리)에 의하여 $\overleftrightarrow{PQ}$와 $\overleftrightarrow{P'Q'}$는 평행이다. □

엇각 정리의 역인 다음 정리를 증명하는데 처음으로 평행선공리를 사용한다. 평행한 두 직선에 대한 횡단선의 엇각과 동위각이 합동이고 횡단선에 대하여 같은 쪽에 있는 두 내각의 합이 π임을 보인다. 평행선 공리를 빼고 Euclid의 공리 1 – Euclid의 공리 4만을 가정한 기하를 중립기하학이라고 한다. 그러므로 명제 2.1.1 – 명제 2.1.28은 중립기하학의 정리들이다.

명제 2.1.29. 평행한 두 직선 $\overleftrightarrow{PQ}$와 $\overleftrightarrow{P'Q'}$이 직선 $\overleftrightarrow{TU}$와 점 R과 R'에서 각각 만난다고 하자. 그러면 $\angle PRR' \simeq \angle Q'R'R$이고 $\angle TRQ \simeq \angle Q'R'R$이며 $\angle QRR' + \angle Q'R'R = \pi$이다.

증명 (1) $\angle PRR' \not\simeq \angle Q'R'R$라고 가정하고 편의상 $\angle Q'R'R < \angle PRR'$라고 하자.

(2) 양변에 $\angle QRR'$를 더해서 $\angle Q'R'R + \angle QRR' < \angle PRR' + \angle QRR'$이고 명제 2.1.13에 의하여 우변은 π이다.

(3) $\angle Q'R'R + \angle QRR' < \pi$이므로 Euclid의 평행선공리에 의하여 $\overleftrightarrow{PQ}$와 $\overleftrightarrow{P'Q'}$은 $\overleftrightarrow{TU}$에 대하여 R과 R'이 있는 쪽에서 만난다(모순).

(4) 그러므로 엇각 $\angle PRR'$과 $\angle Q'R'R$이 합동이다.

(5) $\angle TRQ$와 $\angle PRR'$는 맞꼭지각으로 합동이기 때문에 $\angle TRQ \simeq \angle PRR' \simeq \angle Q'R'R$이다.

(6) $\angle PRR' \simeq \angle Q'R'R$이므로 $\angle QRR' + \angle Q'R'R \simeq \angle QRR' + \angle PRR' = \pi$이다. □

주 . Euclid의 평행선공리로부터 명제 2.1.29(엇각 정리의 역)을 증명하였는데 사실 이 두 명제는 서로 동치이다. 그러므로 Euclid는 이 명제를 증명할 때 평행선공리를 불가피하게 처음으로 사용하였다.

> Euclid의 평행선공리와 엇각 정리의 역(명제 2.1.29)은 동치이다.

증명 (엇각 정리의 역 $\Rightarrow$ Euclid의 평행선공리)

(1) 두 직선 $\overleftrightarrow{PQ}$와 $\overleftrightarrow{P'Q'}$이 직선 $\overleftrightarrow{TU}$와 R과 R'에서 만나고 $\angle Q'R'R + \angle QRR' < \pi$라고 하자. 즉, $\angle QRR' < \pi - \angle Q'R'R$이다.

(2) (귀류법 가정) 두 직선 $\overleftrightarrow{PQ}$와 $\overleftrightarrow{P'Q'}$이 평행하다고 가정하자.

(3) 엇각 정리의 역에 의하여 엇각인 두 각이 $\angle QRR' \simeq \angle P'R'R$이어야 한다.

(4) 명제 2.1.13에 의하여 $\angle P'R'R = \pi - \angle Q'R'R$이고 단계 (1)로부터 $\angle QRR' < \angle P'R'R$이다(모순).

(5) 그러므로 $\overleftrightarrow{PQ}$와 $\overleftrightarrow{P'Q'}$은 평행이 아니다. 이때 만나는 점을 S라고 하자.

(6) (귀류법 가정) S가 직선 $\overleftrightarrow{RR'}$에 대하여 Q와 Q'과 같은 쪽이 아니라고 하자.

(7) 명제 2.1.16(외각 정리)에 의하여 $\angle SR'R$은 외각 $\angle QRR'$보다 작다.

(8) 그러나 단계 (3)에 의하여 $\angle SR'R \simeq \angle P'R'R \simeq \angle QRR'$이다(모순).

(9) 그러므로 점 S는 직선 $\overleftrightarrow{RR'}$에 대하여 Q와 Q'쪽에서 만난다. □

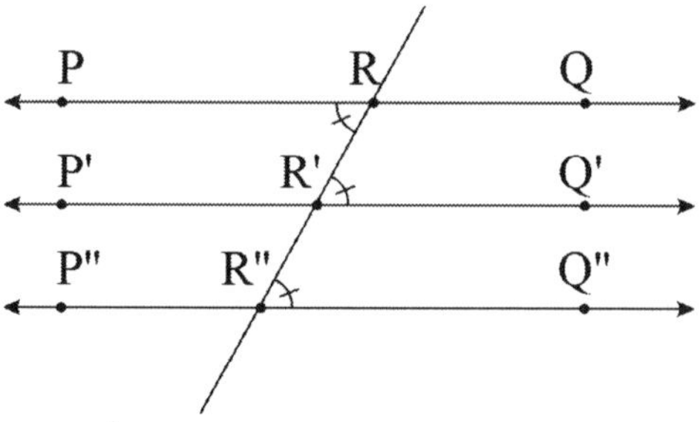

그림 2.14: 명제 2.1.30

명제 2.1.30. 직선 $\overleftrightarrow{PQ}$와 $\overleftrightarrow{P'Q'}$이 평행이고 $\overleftrightarrow{P'Q'}$과 $\overleftrightarrow{P''Q''}$이 평행이면 $\overleftrightarrow{PQ}$와 $\overleftrightarrow{P''Q''}$도 평행이다.

증명 (그림 2.14 참조) (1) 세 직선과 만나도록 직선 $\overleftrightarrow{TU}$를 긋고 만나는 점을 R, R', R''이라고 하자.

(2) 명제 2.1.29에 의하여 $\angle PRR' \simeq \angle Q'R'R \simeq \angle Q''R''R'$이다.

(3) 명제 2.1.27(엇각 정리)에 의하여 $\overleftrightarrow{PQ}$와 $\overleftrightarrow{P''Q''}$도 평행이다. □

주 . 단계 (1)에서 세 직선과 만나는 직선 $\overleftrightarrow{TU}$의 존재성에 대한 설명이 없다. 이를 증명하려면 Proclus(412 – 485)의 평행선공리가 필요한데 이는 Euclid의 평행선공리와 동치이다. 제 9장에서 Euclid의 평행선공리와 동치인 명제들에 대하여 자세히 공부한다.

(Proclus의 평행선공리) 평행인 두 직선 L과 L'에 대하여 직선 T가 직선 L과 만나면 직선 T는 반드시 직선 L'과도 만난다.

명제 2.1.31. 직선 $\overleftrightarrow{QR}$과 그 위에 있지 않는 점 P에 대하여 P를 지나고 $\overleftrightarrow{QR}$에 평행인 직선이 존재한다.

증명 (그림 2.15 참조) (1) 명제 2.1.23에 의하여 $\angle PQR \simeq \angle QPS$인 반직선 $\overrightarrow{PS}$가 존재한다.

(2) 명제 2.1.27(엇각 정리)에 의하여 $\overleftrightarrow{PS}$와 $\overleftrightarrow{QR}$은 평행이다. □

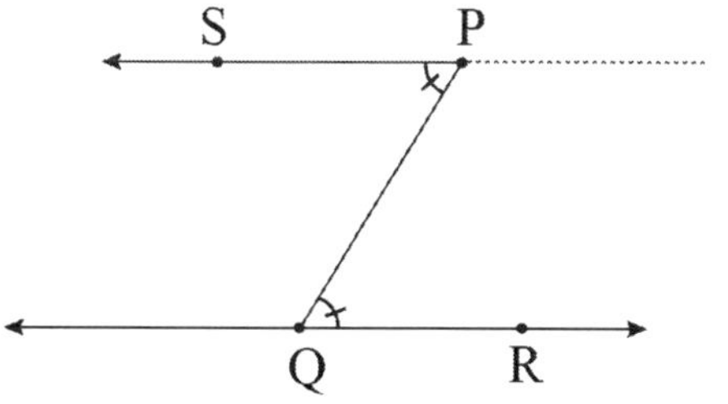

그림 2.15: 명제 2.1.31

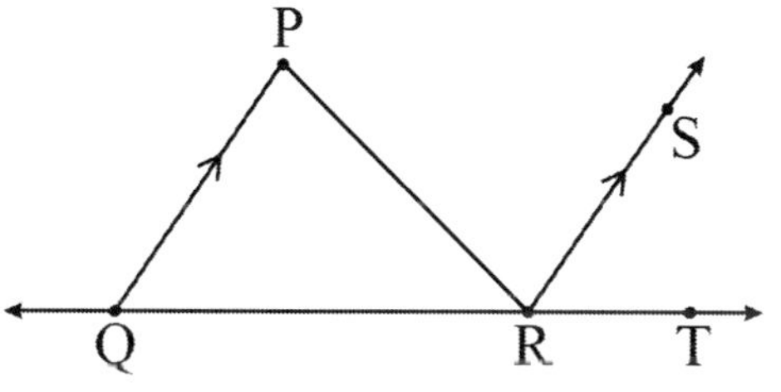

그림 2.16: 명제 2.1.32

주 . 이 명제는 엇각 정리와 마찬가지로 평행선공리를 사용하지 않고 증명하였다. 평행선공리를 가정하지 않고도 평행선이 적어도 하나가 존재함을 의미한다. 그러나 평행선공리를 가정한다면 이런 평행선이 유일함을 보일 수 있다. 다음은 Playfair(1748 – 1819)와 Hilbert가 제안한 평행선공리와 동치인 명제들이다.

(Playfair의 평행선공리) 임의의 직선 L과 L 위에 있지 않은 점 P에 대하여 P를 지나고 L과 평행인 직선 L'이 유일하게 존재한다.

(Hilbert의 평행선공리) 임의의 직선 L과 L 위에 있지 않은 점 P에 대하여 P를 지나고 L과 평행인 직선이 많아야 하나 존재한다.

명제 2.1.32. 삼각형 PQR의 한 꼭지점에서의 외각은 다른 두 꼭지점에서의 내각의 합과 같다. 그러므로 모든 삼각형의 세 내각의 합은 π이다.

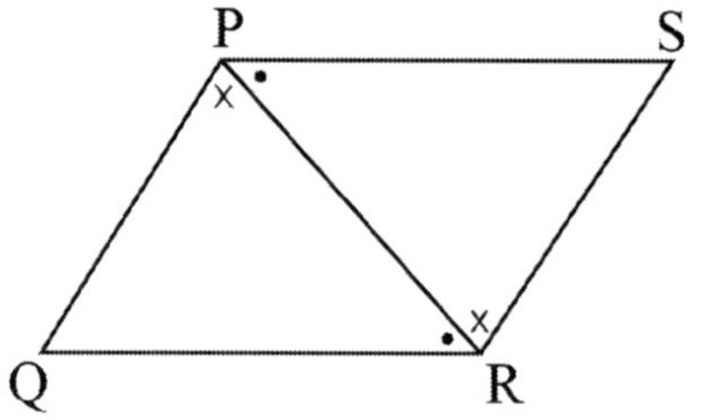

그림 2.17: 명제 2.1.33

증명 (그림 2.16 참조) (1) 명제 2.1.31에 의하여 점 R을 지나고 직선 $\overleftrightarrow{PQ}$와 평행인 직선 $\overleftrightarrow{RS}$가 존재한다. 이때 직선 $\overleftrightarrow{QR}$에 대하여 P와 S가 같은 쪽에 있다고 하자.

(2) 선분 $\overline{QR}$을 R쪽으로 연장하여 점 T를 잡는다면 명제 2.1.29에 의하여 $\angle PQR \simeq \angle SRT$이고 $\angle QPR \simeq \angle PRS$이다.

(3) 따라서 $\angle PQR + \angle QPR \simeq \angle PRT$이다.

(4) 양변에 $\angle PRQ$를 더하면 명제 2.1.13에 의해 세 내각의 합이 π이다. □

다음 명제 2.1.33 – 명제 2.1.48는 평행사변형에 대한 정리들이고 마지막 두 명제는 Pythagoras 정리와 이것의 역이다.

명제 2.1.33. 선분 $\overline{PS}$와 $\overline{QR}$가 같은 방향으로 평행이고 합동이면 $\overline{PQ}$와 $\overline{RS}$도 평행이고 합동이다.

증명 (그림 2.17 참조) (1) 명제 2.1.29에 의해 $\angle PRQ \simeq \angle RPS$이다.

(2) 명제 2.1.4(SAS 합동정리)에 의하여 삼각형 PRQ와 삼각형 RPS는 합동이다. 따라서 $\overline{PQ} \simeq \overline{RS}$이고 $\angle QPR \simeq \angle PRS$이다.

(3) 명제 2.1.27(엇각 정리)에 의해 $\overline{PQ}$와 $\overline{RS}$는 평행이다. □

주 . 선분 $\overline{PQ}$와 $\overline{RS}$가 같은 방향이라는 것는 직선 $\overleftrightarrow{PQ}$에 대하여 두 점 R과 S가 같은 쪽에 있다는 사실을 암묵적으로 의미하고 있다. 이는 순서에 대한 무정의 용어를 이용하여 제 3장에서 자세히 다룬다.

명제 2.1.34. 임의의 사변형의 두 쌍의 대변이 서로 평행이면 두 쌍의 대변과 두 쌍의 대각이 합동이다. 그리고 대각선은 사변형을 이등분한다.

증명 (1) 사변형 $PQRS$에 대하여 두 쌍의 대변 $\overleftrightarrow{PQ}$와 $\overleftrightarrow{RS}$, $\overleftrightarrow{PS}$와 $\overleftrightarrow{QR}$이 서로 평행이라고 하자.

(2) 명제 2.1.29에 의하여 $\angle QPR \simeq \angle PRS$와 $\angle QRP \simeq \angle RPS$이다.

(3) 명제 2.1.26(ASA 합동정리)에 의하여 삼각형 PRQ와 삼각형 RPS는 합동이므로 대각선 $\overline{PR}$은 사변형 $PQRS$를 합동인 두 삼각형으로 이등분한다.

(4) 합동인 두 삼각형 PRQ와 삼각형 RPS의 대응각과 대응변이 합동이므로 대변과 대각들이 합동이다. □

> 사변형 $PQSR$에 대하여 다음 명제들이 동치이다.
>
> (I) 대변 $\overline{PS}$와 $\overline{QR}$이 같은 방향으로 평행이고 합동이다.
>
> (II) 두 쌍의 대변 $\overleftrightarrow{PQ}$와 $\overleftrightarrow{RS}$, $\overleftrightarrow{PS}$과 $\overleftrightarrow{QR}$이 서로 평행이다.
>
> (III) 두 쌍의 대변이 합동이다.
>
> (IV) 두 쌍의 대각이 합동이다.

증명 ((I) ⇒ (II)의 증명)

명제 2.1.33에 의하여 다른 대변 $\overleftrightarrow{PQ}$와 $\overleftrightarrow{RS}$도 평행이다.

((II) ⇒ (III)의 증명)

명제 2.1.34에 의하여 두 쌍의 대변이 합동이다.

((III) ⇒ (IV)의 증명)

명제 2.1.8(SSS 합동정리)에 의하여 삼각형 PRQ와 삼각형 RPS는 합동이므로 대응각인 대각들이 합동이다.

((IV) ⇒ (I)의 증명)

(1) 두 쌍의 대각이 $\angle P \simeq \angle R$, $\angle Q \simeq \angle S$이므로 명제 2.1.32에 의하여 $2(\angle P + \angle Q) = 2\pi$이고 $\angle P + \angle Q = \pi$이다. 마찬가지로 $\angle Q + \angle R = \pi$이다.

(2) 따라서 명제 2.1.28의 (II)에 의하여 대변 $\overline{PS}$와 $\overline{QR}$, $\overline{PQ}$와 $\overline{RS}$가 평행이다.

(3) 단계 (II) ⇒ (III)에 의하여 PS와 QR이 합동이다. 그러므로 $\overline{PS}$와 $\overline{QR}$이 합동이고 평행이다. □

정의 1.1.22에서 평행사변형은 마주 보는 변과 각이 같은 사변형이라고 하였는데 위의 동치 명제 중 어느 하나를 만족하는 사변형은 평행사변형이 된다.

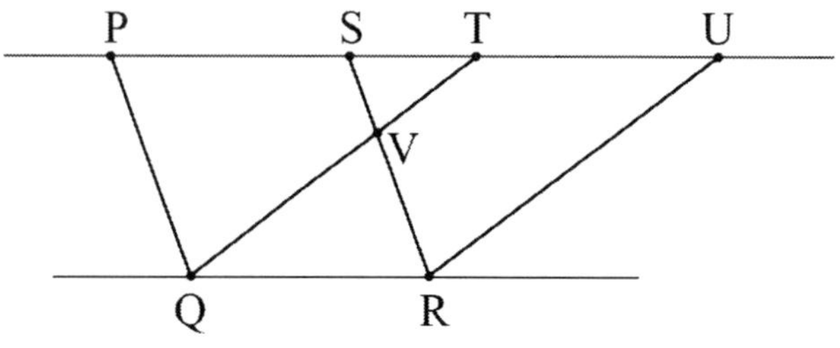

그림 2.18: 명제 2.1.35

명제 2.1.35. 두 평행사변형의 밑변이 같고 윗변이 한 직선 위에 있으면 두 평행사변형의 넓이는 같다.

증명 (그림 2.18 참조) (1) 평행사변형 $PQRS$와 평행사변형 $TQRU$를 생각한다.

$$\square PQRS \simeq \triangle PQT + \triangle QRV - \triangle SVT$$
$$\square TQRU \simeq \triangle SRU + \triangle QRV - \triangle SVT$$

이므로 삼각형 PQT와 삼각형 SRU가 합동임을 보이면 된다.

(2) 명제 2.1.34에 의하여 $\overline{PQ} \simeq \overline{SR}$이고 $\overline{QT} \simeq \overline{RU}$이다.

(3) 한편 $\overline{PS} \simeq \overline{QR} \simeq \overline{TU}$이므로 $\overline{PT} \simeq \overline{QR} + \overline{ST} \simeq \overline{TU} + \overline{ST} \simeq \overline{SU}$이다.

(4) 그러므로 명제 2.1.8(SSS 합동정리)에 의하여 삼각형 PQT와 삼각형 SRU가 합동이다. □

문제 2.1.1. 《원론》에서는 명제 2.1.35의 증명을 두 평행사변형의 윗변이 만나지 않는 경우만을 다루었다. 그러므로 두 윗변이 한 점에서 만나는 경우와 (두 점이상) 겹쳐서 만나는 경우도 증명하여야 한다. 명제 2.1.35의 증명을 완성하시오.

명제 2.1.36. 윗변과 밑변이 평행한 두 직선 위에 있는 두 평행사변형의 밑변이 합동이면 두 평행사변형의 넓이도 같다.

증명 (그림 2.19 참조) (1) 평행사변형 $PQRS$와 평행사변형 $TUVW$를 비교하자.

(2) 밑변 $\overline{QR}$과 $\overline{UV}$가 일치한다면 명제 2.1.35에 의하여 두 평행사변형의 넓이가 같다.

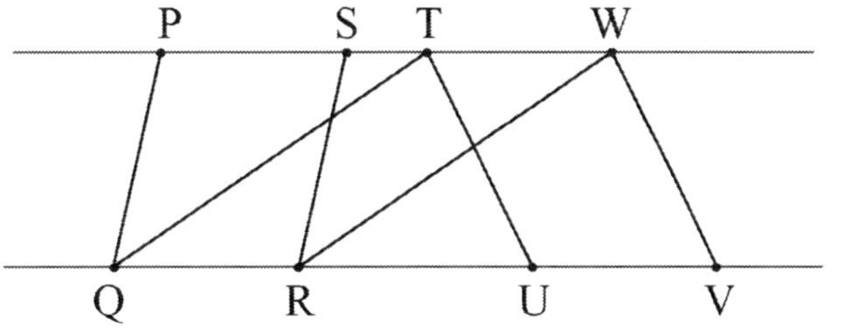

그림 2.19: 명제 2.1.36

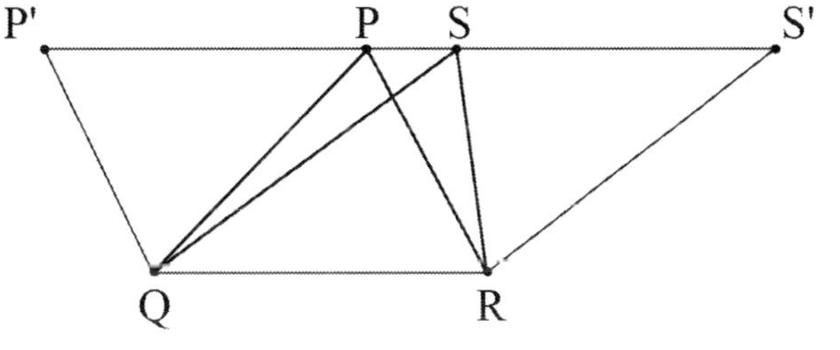

그림 2.20: 명제 2.1.37

(3) 두 밑변이 다르면 새로운 평행사변형인 $TQRW$를 생각하자.

(4) 평행사변형 $PQRS$와 평행사변형 $TQRW$는 밑변이 $\overline{QR}$로 일치하므로 명제 2.1.35에 의하여 두 평행사변형의 넓이가 같다.

(5) 평행사변형 $TQRW$와 평행사변형 $TUVW$의 윗변 $\overline{TW}$가 일치하므로 마찬가지 논리로 명제 2.1.35에 의하여 두 평행사변형의 넓이가 같다.

(6) 그러므로 평행사변형 $PQRS$와 평행사변형 $TUVW$의 넓이가 같다. □

명제 2.1.37. 밑변이 같은 두 삼각형의 꼭지점이 밑변에 평행한 한 직선 위에 있으면 삼각형의 넓이가 같다.

증명 (그림 2.20 참조) (1) 밑변이 $\overline{QR}$인 두 삼각형 $\triangle PQR$과 $\triangle SQR$에 대하여 직선 $\overleftrightarrow{QR}$에 평행한 직선 L 위에 P와 S가 있다고 하자.

(2) 삼각형 PQR을 포함하는 평행사변형 $P'QRP$와 삼각형 SQR을 포함하는 평행사변형 $SQRS'$을 생각하자.

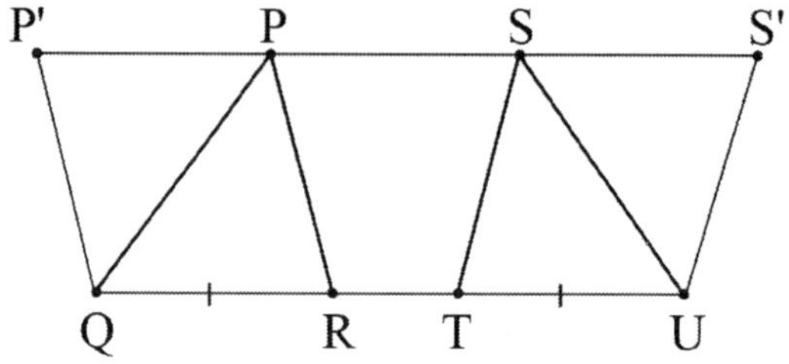

그림 2.21: 명제 2.1.38

(3) 두 평행사변형의 윗변이 직선 L 위에 있으므로 명제 2.1.35에 의하여 두 평행사변형은 같은 넓이를 갖는다.

(4) 명제 2.1.34에 의하여 두 삼각형 $\triangle PQR$과 $\triangle SQR$의 넓이는 두 평행사변형의 넓이의 반이므로 두 삼각형은 같은 넓이를 갖는다. □

명제 2.1.38. 두 삼각형 $\triangle PQR$과 $\triangle STU$의 밑변 $\overline{QR}$과 $\overline{TU}$가 합동이고 한 직선 위에 있다고 하자. 만약 꼭지점 P와 S가 밑변에 평행한 한 직선 위에 있으면 두 삼각형의 넓이는 같다.

증명 (그림 2.21 참조) (1) 삼각형 PQR을 포함하는 평행사변형 $P'QRP$와 삼각형 STU을 포함하는 평행사변형 $STUS'$을 만드는 P'과 S'을 직선 $\overleftrightarrow{PS}$ 위에서 잡는다.

(2) 명제 2.1.35에 의하여 두 평행사변형의 넓이가 같으므로 두 삼각형의 넓이도 같다. □

다음 명제는 명제 2.1.37의 역이다.

명제 2.1.39. 밑변이 같은 삼각형 PQR과 삼각형 SQR의 넓이가 같다고 하자. 만약 꼭지점 P와 S가 직선 $\overleftrightarrow{QR}$에 대하여 같은 쪽에 있으면 P와 S는 $\overleftrightarrow{QR}$에 평행한 직선 위에 있다.

증명 (그림 2.22 참조) (1) (귀류법 가정) $\overleftrightarrow{PS}$가 $\overleftrightarrow{QR}$에 평행하지 않다고 가정하자.

(2) 명제 2.1.31에 의하여 P를 지나고 직선 $\overleftrightarrow{QR}$에 평행한 직선 $\overleftrightarrow{PT}$가 존재한다.

(3) 직선 $\overleftrightarrow{PT}$와 직선 $\overleftrightarrow{QS}$가 U에서 만난다고 하자.

(4) 명제 2.1.37에 의하여 삼각형 PQR와 삼각형 UQR의 넓이가 같다.

(5) $\overleftrightarrow{QR}$에 대하여 점 U가 P, S와 같은 쪽에 있으므로 $U \in \overrightarrow{QS}$이다.

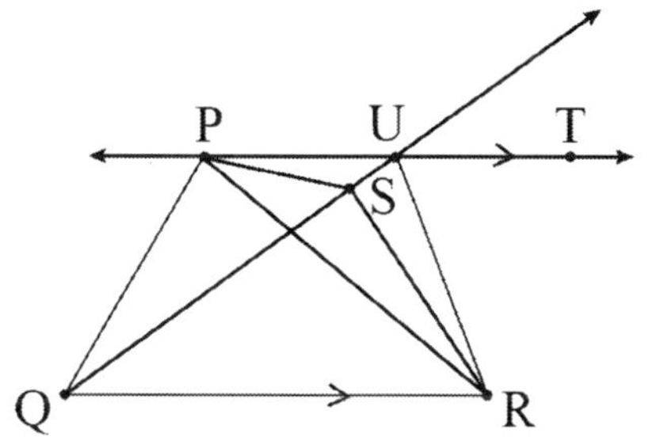

그림 2.22: 명제 2.1.39

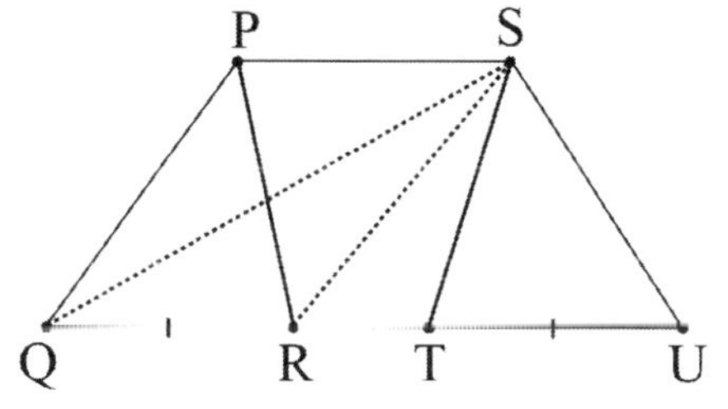

그림 2.23: 명제 2.1.40

(6) $U \in \overline{QS}$이거나 $S \in \overline{QU}$이므로 어느 경우든 삼각형 UQR과 삼각형 SQR의 넓이는 같지 않다.

(7) 따라서 삼각형 PQR과 삼각형 SQR의 넓이도 같지 않다(모순).

(8) 그러므로 P와 S는 $\overleftrightarrow{QR}$에 평행한 직선 위에 있다. □

주 . 단계 (3)에서 직선 $\overleftrightarrow{PT}$와 직선 $\overleftrightarrow{QS}$의 교점 U의 존재성에 대한 설명이 없다. 이는 Euclid의 평행선공리에 의하여 Playfair의 평행선공리를 증명하면 설명이 가능하다. 만약 $\overleftrightarrow{PT}$와 $\overleftrightarrow{QS}$가 평행하다면 Q를 지나고 $\overleftrightarrow{PT}$와 평행한 직선이 $\overleftrightarrow{QR}$과 $\overleftrightarrow{QS}$ 두 개가 존재하므로 이는 Playfair의 평행선공리에 모순이다.

다음 명제는 명제 2.1.38의 역이다.

명제 2.1.40. 넓이가 같은 삼각형 PQR과 삼각형 STU에 대하여 밑변 $\overline{QR}$와 $\overline{TU}$가 한 직선 위에 있고 합동이라고 하자. 이때 꼭지점 P와 S가 직선 $\overleftrightarrow{QR}$에 대하여 같은 쪽에 있으면 P와 S는 밑변에 평행인 한 직선 위에 있다.

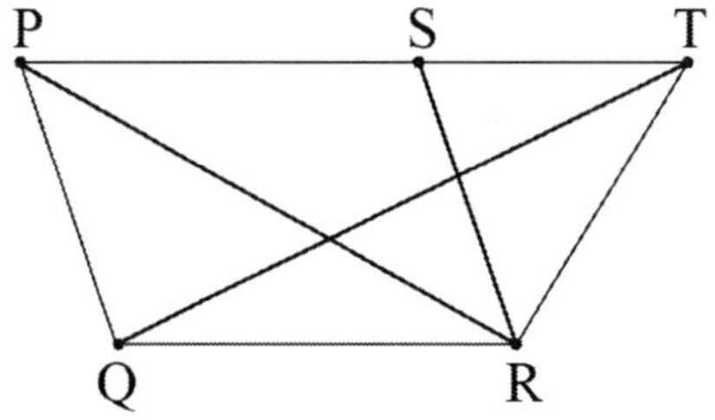

그림 2.24: 명제 2.1.41

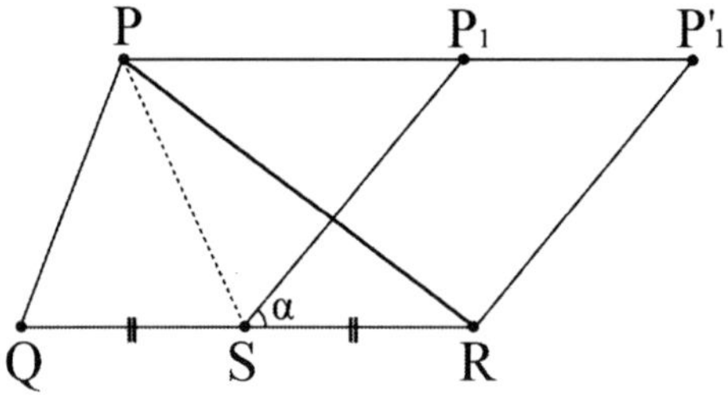

그림 2.25: 명제 2.1.42

증명 (그림 2.23 참조) (1) 삼각형 SQR와 삼각형 STU에 대하여 꼭지점이 일치하는 특별한 경우로서 명제 2.1.38를 적용하면 두 삼각형의 넓이가 같다.

(2) 가정에 의하여 삼각형 PQR과 삼각형 SQR의 넓이가 같다.

(3) 그러므로 삼각형 PQR과 삼각형 SQR의 밑변 $\overline{QR}$이 같고 넓이가 같으므로 명제 2.1.39에 의하여 직선 $\overleftrightarrow{PS}$와 직선 $\overleftrightarrow{QR}$이 평행이다. □

명제 2.1.41. 평행사변형 $PQRS$와 삼각형 TQR에 대하여 꼭지점 T가 $\overleftrightarrow{PS}$ 위에 있다면 평행사변형 $PQRS$의 넓이는 삼각형 TQR의 넓이의 두 배다.

증명 (그림 2.24 참조) (1) $\overleftrightarrow{PS}$와 $\overleftrightarrow{QR}$이 평행이므로 명제 2.1.37에 의하여 삼각형 PQR과 삼각형 TQR의 넓이가 같다.

(2) 명제 2.1.34에 의하여 평행사변형 $PQRS$는 삼각형 PQR의 넓이의 2배이므로 삼각형 TQR의 넓이의 2배이기도 하다. □

명제 2.1.42. 임의의 각 α와 임의의 삼각형 PQR에 대하여 삼각형 PQR과 넓이가 같고 각 α를 한 각으로 갖는 평행사변형이 존재한다.

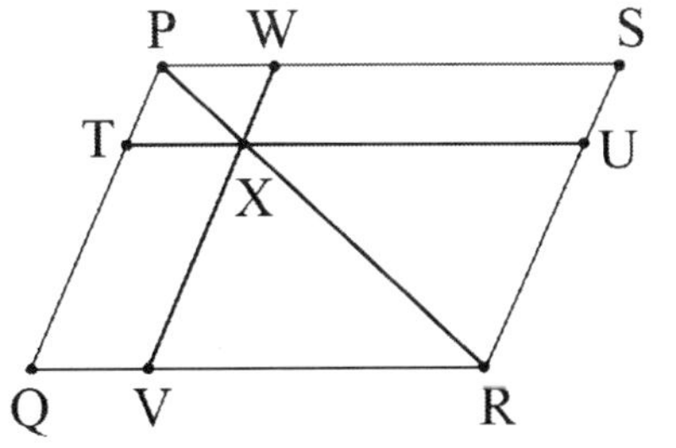

그림 2.26: 명제 2.1.43

증명 (그림 2.25 참조) (1) 밑변 $\overline{QR}$의 중점을 S라 하면 명제 2.1.38에 의하여 삼각형 PQS과 삼각형 PSR의 넓이가 같다. 그러므로 삼각형 PQR의 넓이는 삼각형 PSR의 넓이의 두 배이다.

(2) 명제 2.1.23에 의하여 $\angle P_1SR \simeq \alpha$인 점 P_1이 직선 $\overleftrightarrow{QR}$에 대하여 P와 같은 쪽에 있다.

(3) 명제 2.1.31에 의하여 점 P를 지나고 직선 $\overleftrightarrow{QR}$과 평행한 직선 L이 존재한다. 일반성을 잃지 않고 점 P_1이 L 위에 있다고 하자.

(4) 삼각형 P_1SR을 포함하는 평행사변형 $P_1SRP_1{}'$이 존재한다. 이때 윗변 $\overline{P_1P_1{}'}$은 직선 L에 존재한다.

(5) 명제 2.1.41에 의하여 평행사변형 $P_1SRP_1{}'$의 넓이는 삼각형 PSR의 넓이의 두 배이다.

(6) 단계 (1)와 (5)에 의하여 평행사변형 $P_1SRP_1{}'$의 넓이는 주어진 삼각형 PQR의 넓이와 같다.

(7) 단계 (2)에 의하여 평행사변형 $P_1SRP_1{}'$의 한 각 $\angle P_1SR$이 주어진 각 α와 합동이므로 평행사변형 $P_1SRP_1{}'$은 우리가 구하는 평행사변형이다. □

명제 2.1.43. 평행사변형 $PQRS$의 대각선 $\overline{PR}$ 위의 한 점 X에 대하여 $\overleftrightarrow{PS}$와 평행하고 X를 지나는 직선을 $\overleftrightarrow{TU}$라 하고 $\overleftrightarrow{PQ}$와 평행하고 X를 지나는 직선을 $\overleftrightarrow{VW}$라 하자. 일반성을 잃지 않고 점 T, U, V, W가 그림 2.26처럼 평행사변형의 변에 있다고 하자. 그러면 평행사변형 $TQVX$와 평행사변형 $WXUS$의 넓이는 같다.

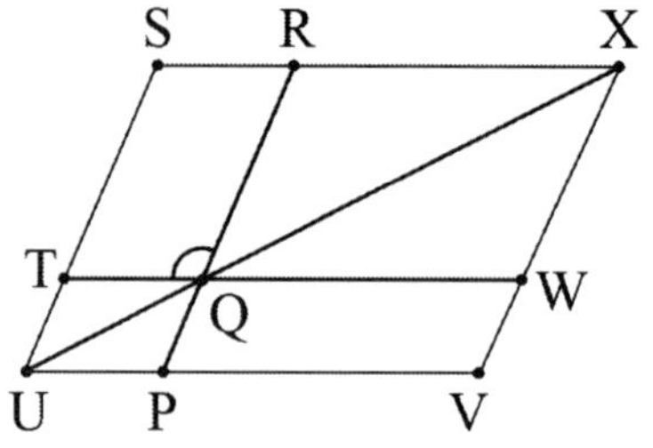

그림 2.27: 명제 2.1.44

증명 (1) 평행사변형의 넓이를 삼각형들의 넓이로 표현하면

$$\square TQVX = \triangle PRQ - \triangle PXT - \triangle XRV$$
$$\square WXUS = \triangle PRS - \triangle PXW - \triangle XRU$$

이다.

(2) 명제 2.1.34에 의하여 $\triangle PRQ \simeq \triangle PRS$이고 $\triangle PXT \simeq \triangle PXW$이고 $\triangle XRV \simeq \triangle XRU$이다.

(3) 그러므로 평행사변형 $TQVX$와 평행사변형 $WXUS$의 넓이는 같다. □

명제 2.1.44. 임의의 선분 $\overline{PQ}$와 임의의 각 α와 임의의 삼각형에 대하여 이 삼각형과 넓이가 같고 $\overline{PQ}$와 각 α를 한 변과 한 각으로 갖는 평행사변형이 존재한다.

증명 (그림 2.27 참조) (1) 명제 2.1.42에 의하여 주어진 각 α와 주어진 삼각형의 넓이와 같은 평행사변형이 존재한다. 이때 일반성을 잃지 않고 주어진 선분 $\overline{PQ}$를 점 Q쪽으로 연장하여 그 위에 점 R이 있고 각 $\angle RQT$가 주어진 각 α가 되도록 평행사변형 $QRST$를 만든다.

(2) 직선 $\overleftrightarrow{QT}$와 평행하고 점 P를 지나는 직선이 $\overleftrightarrow{ST}$와 점 U에서 만난다고 하자.

(3) 선분 $\overline{UQ}$를 Q쪽으로 연장하여 직선 $\overleftrightarrow{RS}$와 만나는 점을 X라고 하자.

(4) $\overleftrightarrow{QR}$과 평행하고 점 X를 지나는 직선이 $\overleftrightarrow{PU}$와 점 V에서 만난다고 하자.

(5) $\overleftrightarrow{QT}$와 $\overleftrightarrow{VX}$의 교점을 W라고 하자.

(6) 명제 2.1.43에 의하여 평행사변형 $QPVW$는 평행사변형 $QRST$와 같은 넓이이고 맞꼭지각으로 $\angle PQW$가 주어진 각 α이므로 평행사변형 $QPVW$는 우리가 구하는 평행사변형이다. □

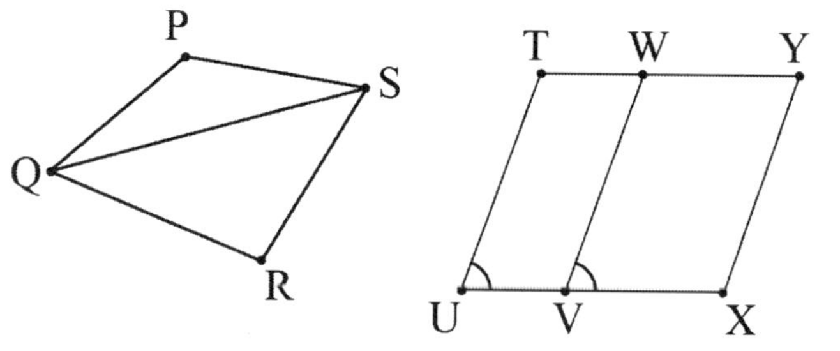

그림 2.28: 명제 2.1.45

명제 2.1.45. 임의의 각 α와 임의의 사변형 $PQRS$에 대하여 이 사변형과 넓이가 같고 각 α를 한 각으로 갖는 평행사변형이 존재한다.

증명 (그림 2.28 참조) (1) 주어진 사변형 $PQRS$를 두 삼각형 $\triangle PQS$와 $\triangle QRS$로 나눈다.

(2) 명제 2.1.42에 의하여 삼각형 PQS와 같은 넓이를 갖고 $\angle TUV \simeq \alpha$인 평행사변형 $TUVW$를 만든다.

(3) 명제 2.1.44에 의하여 삼각형 QRS와 같은 넓이를 갖고 선분 $\overline{WV}$를 한 변으로 하고 $\angle WVX \simeq \alpha$인 평행사변형 $WVXY$가 존재한다.

(4) $\angle TUV \simeq \angle WVX$의 양변에 $\angle WVU$를 더하면 명제 2.1.29에 의하여 $\angle TUV + \angle WVU = \pi$이므로 $\angle WVX + \angle WVU = \pi$이다.

(5) 명제 2.1.14에 의하여 $\angle WVX + \angle WVU = \pi$이므로 세 점 U, V, X가 한 직선 위에 있다.

(6) 명제 2.1.29에 의하여 두 평행선 $\overleftrightarrow{TW}$와 $\overleftrightarrow{UX}$에 대한 횡단선 $\overleftrightarrow{WV}$의 엇각으로 $\angle TWV \simeq \angle WVX$이다.

(7) $\angle TWV \simeq \angle WVX$의 양변에 $\angle VWY$를 더하면 명제 2.1.29에 의하여 우변의 합이 π이다.

(8) 그러므로 $\angle TWV + \angle VWY = \pi$이다. 명제 2.1.14에 의하여 세 점 T, W, Y가 한 직선 위에 있다.

(9) 단계 (5)와 (8)에 의하여 사변형 $TUXY$는 두 평행사변형 $TUVW$와 평행사변형 $WVTY$의 합이다. 다음은 사변형 $TUXY$가 평행사변형임을 보이자.

(10) 명제 2.1.34에 의하여 대변 $\overline{TU}$와 $\overline{WV}$가 합동이고 평행이다. 그리고 $\overline{WV}$와 $\overline{YX}$도 합동이고 평행이다.

(11) 명제 2.1.30에 의하여 $\overline{TU}$와 $\overline{YX}$가 평행이고 합동이다.

(12) 명제 2.1.33에 의하여 $\overline{TY}$와 $\overline{UX}$도 합동이고 평행이다.

(13) 그러므로 사변형 $TUXY$는 평행사변형이고 이것은 삼각형 PQS와 같은 넓이를 갖고 $\angle TUX \simeq \alpha$이므로 우리가 원하는 평행사변형이다. □

명제 2.1.46. 주어진 선분을 한 변으로 하는 정사각형을 만들 수 있다.

증명 (1) $\overline{PQ}$를 주어진 선분이라고 하자.

(2) 명제 2.1.11에 의하여 점 P에서 $\overleftrightarrow{PQ}$에 수선 L이 존재한다.

(3) 명제 2.1.3에 의하여 $\overline{PQ} \simeq \overline{PS}$인 점 S가 직선 L 위에 존재한다.

(4) 명제 2.1.31에 의하여 점 S를 지나고 직선 $\overleftrightarrow{PQ}$와 평행한 직선 L'이 존재한다.

(5) 명제 2.1.3에 의하여 $\overline{PQ} \simeq \overline{SR}$이고 직선 $\overleftrightarrow{PS}$에 대하여 Q와 같은 쪽에 있는 점 R을 L'에서 잡는다.

(6) 명제 2.1.33에 의하여 $\overline{PS} \simeq \overline{QR}$이고 평행이므로 사변형 $PQRS$는 평행사변형이다.

(7) 명제 2.1.29에 의하여 $\angle QPS + \angle PSR = \pi$이므로 $\angle PSR = \frac{\pi}{2}$이다.

(8) 명제 2.1.34에 의하여 평행사변형은 대변과 대각이 같으므로 $\angle P \simeq \angle R = \frac{\pi}{2}$이고 $\angle S \simeq \angle Q = \frac{\pi}{2}$이고 $\overline{QR} \simeq \overline{PS}$이다.

(9) 그러므로 네 변과 네 각이 합동이므로 평행사변형 $PQRS$는 정사각형이다. □

명제 2.1.47. 삼각형 PQR의 각 $\angle P$가 직각이면 변 $\overline{PQ}$를 한 변으로 하는 정사각형과 변 $\overline{PR}$를 한 변으로 하는 정사각형의 넓이의 합이 빗변 $\overline{QR}$를 한 변으로 하는 정사각형의 넓이와 같다. 즉, $\overline{PQ}^2 + \overline{PR}^2 = \overline{QR}^2$이다.

증명 (1) 주어진 직각삼각형 PQR에서 $\angle P$가 직각이라고 하자.

(2) 명제 2.1.46에 의해서 선분 $\overline{QR}$를 한 변으로 하는 정사각형 $QRTS$, 선분 $\overline{PQ}$로 정사각형 $PQUV$, 선분 $\overline{PR}$로 정사각형 $PRXW$이 존재한다. 정사각형 $QRTS$의 넓이가 두 정사각형 $PQUV$와 정사각형 $PRXW$의 넓이의 합과 같음을 보이자.

(3) 점 P를 지나고 직선 $\overleftrightarrow{QS}$와 평행인 직선 L이 존재하고 L이 선분 $\overline{QR}$과 만나는 점을 Y, 선분 $\overline{ST}$와 만나는 점을 Z라고 놓자.

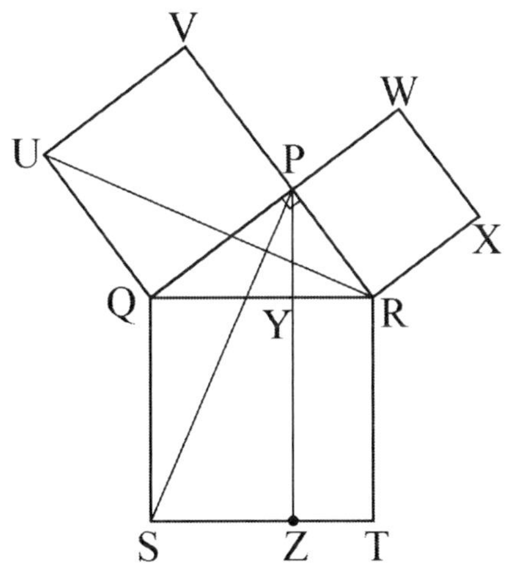

그림 2.29: 명제 2.1.47

(4) $\angle QPR \simeq \angle QPV$가 각각 직각으로 $\angle QPR + \angle QPV = \pi$이므로 명제 2.1.14에 의하여 R, P, V가 일직선 상에 있다. 특히 $\overleftrightarrow{QU}$와 $\overleftrightarrow{PR}$이 평행이다.

(5) 명제 2.1.37에 의하여 삼각형 UQP와 삼각형 UQR의 넓이가 같다. 마찬가지로 삼각형 PQS와 삼각형 YQS의 넓이도 같다.

(6) $\angle PQU \simeq \angle RQS \simeq \frac{\pi}{2}$이고 양변에 $\angle PQR$을 더하면 보통공리 2에 의하여 $\angle UQR \simeq \angle PQS$이다.

(7) $\overline{UQ} \simeq \overline{PQ}, \overline{QR} \simeq \overline{QS}$이므로 명제 2.1.4(SAS 합동정리)에 의하여 삼각형 UQR과 삼각형 PQS는 합동이다.

(8) 단계 (5)과 (7)에 의하여 삼각형 UQP와 삼각형 YQS의 넓이가 같다.

(9) 명제 2.1.34에 의하여 정사각형 $PQUV$는 삼각형 UQP의 두 배의 넓이를 갖고 정사각형 $QSZY$는 삼각형 YQS의 두 배의 넓이를 갖는다.

(10) 그러므로 정사각형 $PQUV$와 직사각형 $QSZY$는 같은 넓이를 갖는다.

(11) 같은 논리로 정사각형 $PRXW$와 직사각형 $RTZY$는 같은 넓이를 갖는다.

(12) 따라서 정사각형 $QRTS$의 넓이는 정사각형 $PRXW$의 넓이와 정사각형 $PQUV$의 넓이의 합과 같다. □

주. 단계 (3)에서 직선 $\overleftrightarrow{QS}$의 평행선 L이 선분 $\overline{QR}$과 만난다고 했는데 근거가 제시되지 않았다. 만약 직선 L이 직선 $\overleftrightarrow{QR}$과 만나지 않는다면 Q를 지나고 L과 평행인 직선이 $\overleftrightarrow{QS}$와 $\overleftrightarrow{QR}$ 두 개가 존재하므로 Playfair의 평행선공리에 의하여 모순이다.

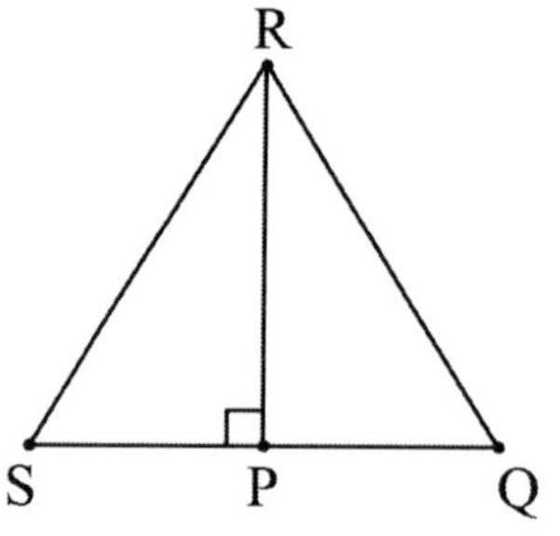

그림 2.30: 명제 2.1.48

그리고 $\overleftrightarrow{QR}$과 L의 교점이 존재하더라도 선분 $\overline{QR}$에 있어야 하는 것을 증명하지 않고 그림에 의존하고 있다. 이는 제 4장에서 횡선 정리(crossbar theorem)를 통하여 증명한다.

다음은 명제 2.1.47의 역도 성립함을 보인다.

명제 2.1.48. 삼각형 PQR에서 $\overline{PQ}^2 + \overline{PR}^2 = \overline{QR}^2$이면 각 $\angle P$는 직각이다.

증명 (그림 2.30 참조) (1) $\angle RPS$가 직각이 되도록 점 S를 직선 $\overleftrightarrow{PR}$에 대하여 Q와 반대쪽에서 잡는다.

(2) 일반성을 잃지 않고 점 S가 $\overline{PS} \simeq \overline{PQ}$이라고 가정하자.

(3) 삼각형 PQS가 직각삼각형이므로 명제 2.1.47(Pythagoras 정리)에 의하여 $\overline{RS}^2 = \overline{PS}^2 + \overline{PR}^2$이다.

(4) 한편 가정에 의해 $\overline{QR}^2 = \overline{PQ}^2 + \overline{PR}^2$이고 $\overline{PS} = \overline{PQ}$이므로 $\overline{RS}^2 = \overline{QR}^2$이고 따라서 $\overline{RS} \simeq \overline{QR}$이다.

(5) 그러므로 명제 2.1.8(SSS 합동정리)에 의하여 삼각형 PQR와 삼각형 PSR는 합동이고 각 $\angle QPR$은 각 $\angle SPR$과 합동이므로 직각이다. □

제 3 장

결합기하학과 모형

1899년 Hilbert는 《기하학의 기초(Grundlagen der Geometrie)》를 통하여 Euclid 평면기하를 위한 새로운 공리계를 다음과 같이 제시하였다. 이를 Hilbert 공리계라고 부른다.

- 무정의 용어
  - (1) 점(point)
  - (2) 직선(line)
  - (3) 결합(incidence): ∼ 위에 있다
  - (4) 순서(betweeness): ∼와 ∼ 사이에 있다
  - (5) 합동(congruence): ∼와 같다
- 결합공리군
  - (1) (결합공리 I-1) 임의의 서로 다른 두 점에 대하여 그 두 점을 지나는 직선이 유일하게 존재한다.
  - (2) (결합공리 I-2) 임의의 직선 위에 적어도 두 개의 점이 존재한다.
  - (3) (결합공리 I-3) 어떠한 직선도 동시에 모두 지날 수 없는 서로 다른 세 점이 존재한다.
- 순서공리군
  - (1) (순서공리 B-1) $P*Q*R$이면, 점 P, Q, R은 한 직선 위에 있는 서로 다른 세 점이고 $R*Q*P$이다.

(2) (순서공리 B-2) 서로 다른 두 점 P와 Q에 대하여 직선 $\overleftrightarrow{PQ}$ 위에

$$A * P * Q, \quad P * B * Q, \qquad P * Q * C$$

인 점 A, B, C가 존재한다.

(3) (순서공리 B-3, 삼분법) 한 직선 위에 서로 다른 세 점 P, Q, R에 대하여

$$P * Q * R, \quad P * R * Q, \quad Q * P * R$$

중 오직 한 가지만 성립한다.

(4) (순서공리 B-4, 평면분리 공리) 직선 L 위에 있지 않는 임의의 세 점을 P, Q, R이라고 하자.

(I) 점 P와 점 Q가 직선 L에 대하여 같은 쪽에 있고 점 Q와 점 R이 직선 L에 대하여 같은 쪽에 있으면, 점 P와 점 R이 직선 L에 대하여 같은 쪽에 있다.

(II) 점 P와 점 Q가 직선 L에 대하여 반대쪽에 있고 점 Q와 점 R이 직선 L에 대하여 반대쪽에 있으면, 점 P와 점 R이 직선 L에 대하여 같은 쪽에 있다.

• 합동공리군

(1) (합동공리 C-1) 임의의 선분 $\overline{PQ}$와 반직선 $\overrightarrow{P'R'}$에 대하여 $\overline{PQ} \simeq \overline{P'Q'}$인 점 $Q' \neq P'$이 $\overrightarrow{P'R'}$ 위에 유일하게 존재한다.

(2) (합동공리 C-2)

(I) 임의의 선분은 자기 자신과 합동이다.

(II) $\overline{PQ} \simeq \overline{P'Q'}$이고 $\overline{PQ} \simeq \overline{P''Q''}$이면 $\overline{P'Q'} \simeq \overline{P''Q''}$이다.

(3) (합동공리 C-3, 선분의 덧셈) $P * Q * R$이고 $P' * Q' * R'$이고 $\overline{PQ} \simeq \overline{P'Q'}, \overline{QR} \simeq \overline{Q'R'}$이면 $\overline{PR} \simeq \overline{P'R'}$이다.

(4) (합동공리 C-4) 주어진 각 $\angle QPR$, 반직선 $\overrightarrow{P'Q'}$, 직선 $\overleftrightarrow{P'Q'}$에 대한 반평면 $\mathbb{H}$에 대하여 $\angle QPR \simeq \angle Q'P'R'$인 반직선 $\overrightarrow{P'R'}$이 반평면 $\mathbb{H}$ 쪽으로 유일하게 존재한다.

(5) (합동공리 C-5)

(I) 임의의 각은 자기 자신과 합동이다.

(II) $\angle QPR \simeq \angle Q'P'R'$이고 $\angle QPR \simeq \angle Q''P''R''$이면 $\angle Q'P'R' \simeq \angle Q''P''R''$이다.

(6) (SAS 합동공리 C-6) 두 삼각형의 대응하는 두 변과 그 사이각이 각각 합동이면 두 삼각형은 합동이다.

- (Hilbert의 평행선공리) 임의의 직선 L과 L 위에 있지 않은 점 P에 대하여 P를 지나고 L과 평행인 직선은 많아야 하나 존재한다.

- 연속공리군

(1) (Archimedes의 공리) 두 선분 $\overline{PQ}$와 $\overline{AB}$에 대하여, $n \cdot \overline{AB} \simeq \overline{PR}, P * Q * R$을 만족하는 자연수 n과 점 R이 존재한다.

(2) (직선의 완비성공리, axiom of line completeness) 결합 · 순서관계와 결합 · 순서 · 합동공리군과 Archimedes 공리로부터 유도되는 순서와 합동의 기본성질을 보존하면서 직선 위의 점들을 확장시키는것이 불가능하다.

이제부터 각 공리군들을 자세히 살펴보고 Descartes 평면 $\mathbb{R}^2$가 이 공리계를 만족하는 모형이 됨을 밝힌다. Descartes(1596 – 1650)가 제시한 직교좌표 (x, y)를 갖는 $\mathbb{R}^2$는 내적이 주어진 벡터 공간이 되고 이를 이용하여 $\mathbb{R}^2$ 위에 해석적 기하학을 도입하는 과정을 보게 될 것이다.

여기서 평행선공리를 뺀 공리계로 이루어진 기하학을 중립기하학(neutral geometry)라 하며 평행선공리없이 증명할 수 있는 정리들을 제 9장에서 다룬다. 중립기하학에 평행선공리를 첨가하면 Euclid 기하가 되고 평행선공리를 부정한 명제인 쌍곡공리를 첨가하면 쌍곡기하학(hyperbolic geomtry)이 되는 과정도 공부한다.

역사적으로 중립기하학에서 평행선공리를 정리로서 증명을 하려는 시도가 2000년 이상 있어 왔다. 특히 귀류법으로 증명하려는 시도는 성공하지 못하고 대신 평행선공리를 부정했을 때 얻을 수 있는 많은 결과물들을 남겼고 이것들이 쌍곡기하학의 초석이 된다. 결국 1820 – 1830년 무렵 드디어 중립기하학에서 평행선공리를 부정한다하여도 모순이 없는 새로운 기하학이 된다고 선언하는 수학자가 나타난다.

그림 3.1: 명제 1

3.1 결합공리계

이 절에서는 점, 직선, 결합이라는 무정의 용어와 이들의 성질을 규정하는 세 개의 공리로 이루어진 결합공리계를 살펴보자. 무정의 관계라고도 불리는 결합은 점과 직선 사이의 관계로 공리 속에서 '점 P가 직선 L 위에 있다' 또는 '직선 L이 점 P를 지난다'로 표현된다. 이때 주의할 점은 무정의 용어에는 공리에서 제시된 사실 외에는 어떤 의미도 가정해서는 안된다는 것이다.

(결합기하학의 공리계)

- 무정의 용어 : 점, 직선, 결합.
- (결합공리 I-1) 임의의 서로 다른 두 점에 대하여 두 점을 지나는 직선이 유일하게 존재한다.
- (결합공리 I-2) 임의의 직선 위에 적어도 두 개의 점이 존재한다.
- (결합공리 I-3) 어떠한 직선도 동시에 모두 지날 수 없는 서로 다른 세 점이 존재한다.

결합공리 I-2와 I-3이 필요한 이유는 우리가 다루고자 하는 기하가 너무 단순한 것(예를 들면 공집합)을 제외시키고자 함이다. 우리는 적어도 세 개의 점과 세 개의 직선이 존재하는 기하를 다룬다. 일반적인 논리 법칙과 결합 공리 I-1, I-2, I-3만을 이용하여 다음의 명제를 증명할 수 있다.

명제 3.1.1. 평행이 아닌 서로 다른 두 직선은 오직 한 점에서 만난다(그림 3.1 참조).

증명 (1) (귀류법 가정) 두 직선이 두 점에서 만난다고 가정하자.

(2) 결합공리 I-1에 의하여 두 직선은 같은 직선이 된다(모순). □

명제 3.1.2. 임의의 직선에 대하여 이 직선 위에 있지 않는 점이 적어도 하나 존재한다.

증명 (1) (귀류법 가정) 모든 점을 다 포함하는 직선이 존재한다고 가정하고 그 직선을 L_0라고 하자.

(2) 결합공리 I-3에 의하여 어떠한 직선도 동시에 모두 지날 수 없는 서로 다른 세 점 P, Q, R이 존재한다.

(3) 단계 (1)에 의하여 직선 L_0는 세 점 P, Q, R를 모두 지나야 한다.

(4) 이는 단계 (2)과 (3)는 서로 모순이므로 모든 점을 다 포함하는 직선은 존재하지 않는다.

(5) 그러므로 모든 직선은 그 직선 위에 있지 않는 점이 적어도 하나는 존재한다. □

명제 3.1.3. 임의의 점에 대하여 이 점을 지나지 않는 직선이 적어도 하나 존재한다.

증명 (1) 주어진 점을 P라고 하자.

(2) (귀류법 가정) 모든 직선이 P를 지난다고 가정하자.

(3) 공리 I-3에 의하여 적어도 한 직선은 존재한다. 이 직선을 L이라고 하자.

(4) 단계 (2)에 의하여 P는 L위에 있다.

(5) 공리 I-2에 의하여 P와 다른 점 Q가 L위에 있다.

(6) 단계 (4)와 (5)에 의하여 $L = \overleftrightarrow{PQ}$이다.

(7) 명제 3.1.2에 의하여 L 위에 있지 않은 점 R이 존재한다.

(8) 단계 (5)와 (7)에 의하여 Q와 R은 서로 다른 점이다.

(9) 공리 I-1에 의하여 Q와 R을 지나는 직선 $\overleftrightarrow{QR}$이 존재한다.

(10) 단계 (2)의 가정에 의하여 $P \in \overleftrightarrow{QR}$이고, $\overleftrightarrow{QR}$은 P와 Q를 지나는 직선이다.

(11) 공리 I-1에 의하여, P와 Q를 지나는 직선 $\overleftrightarrow{PQ}$는 유일하므로 $\overleftrightarrow{PQ} = \overleftrightarrow{QR}$이다.

(12) 단계 (7)에서 $R \notin \overleftrightarrow{QR}$이므로 단계 (11)에 위배된다.

(13) 그러므로 P를 지나지 않는 직선이 존재한다. □

명제 3.1.4. 임의의 점에 대하여 그 점을 지나는 직선이 적어도 두 개 존재한다.

명제 3.1.5. 한 점에서 만나지 않는 서로 다른 세 직선이 존재한다.

문제 3.1.1. 명제 3.1.4와 명제 3.1.5를 증명하시오.

3.2 결합공리계의 모형

지금까지 우리는 결합공리계를 공부하였고 이 절에서는 일반적으로 공리계에 대한 여러 성질들과 결합공리계의 중요한 모형에 대하여 알아보자. 공리계는 무정의 용어와 공리들로 이루어져 있으며 이로부터 연역적 증명을 통하여 정리들을 이끌어 내는 체계이다. 먼저 공리계가 가져야 할 중요한 성질들을 정의해 보자.

정의 3.2.1. 공리계의 공리들로부터 명제 P와 이것의 부정명제 $\sim P$가 동시에 증명되는 일이 발생하지 않을 때 이 공리계가 무모순적(consistency)이라고 한다.

만약 명제 P와 이것의 부정명제 $\sim P$가 동시에 참이라면 $P \wedge \sim P$가 참인 명제가 된다. 그러나 일반적인 논리율에서 $P \wedge \sim P$는 항위명제 또는 모순(contradiction)이라고 한다. 따라서 공리계가 의미가 있기 위하여 무모순성은 공리계의 필수조건이다.

1899년 Hilbert는 《기하학의 기초》에서 산술에 모순이 없다면 기하학에도 모순이 없다는 상대적 무모순성을 증명하였다. 그리고 그의 제자 Gentzen(1909 – 1945)이 초한귀납법(transfinite induction)을 사용하여 산술의 무모순성을 증명하였다.

정의 3.2.2. 공리계의 임의의 공리가 다른 공리들로부터 유도되지 않을 때 이 공리계가 독립적(independent)이라고 한다.

독립적인 공리들로 구성된 최소한의 공리를 가지고 공리계를 만드는 것이 이상적이지만 필수조건은 아니다. 증명이 어려운 경우 교육적인 측면에서 종속적인 공리를 첨가하여 사용하기도 한다.

정의 3.2.3. 공리계의 용어로 표현되는 모든 진술에 대하여 참 · 거짓을 판정할 수 있을 때 이 공리계가 완비적(complete)이라고 한다.

Hilbert는 수학을 잘 형식화한다면 무모순적이고 완비적인 공리계를 만들 수 있다는 Hilbert 프로그램을 주창하였다. 이에 반하여 1930년 쾨니스버그 회의에서 24

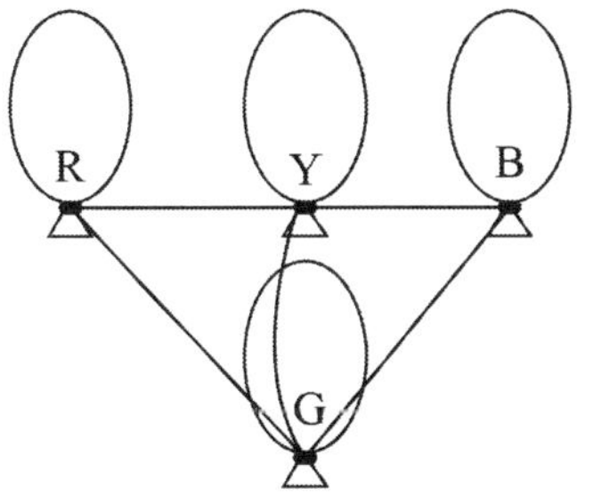

그림 3.2: 보기 3.2.1(결합기하학의 실제 모형)

세의 청년 Gödel(1906 – 1978)은 불완전성 정리(incompleteness theorem)를 발표하여 Hilbert 프로그램이 불가능하다고 정면으로 부딪혔다. Gödel의 불완전성 정리는 산술을 포함하는 어떠한 공리계도 무모순인 동시에 완전할 수 없다는 것을 증명하고 있다.

정의 3.2.4. 주어진 공리계의 무정의 용어가 의미를 갖고 그 의미들이 공리들을 만족하는 집합을 공리계의 모형이라고 한다.

주 . (1) 공리계에서 참인 명제는 공리계의 모든 모형에서도 항상 참이다. 왜냐하면 공리들만을 이용하여 명제를 증명하였으므로 모형에서도 똑같이 성립하기 때문이다.

(2) 모형들은 공리계의 성질들을 규명하는 실험실과 같은 역할을 한다. 예를 들면, 어떤 공리계가 추상 모형(abstract model)이 아니고 실제 세계에 있는 구체적인 모형(concret model)을 갖는다면 그 공리계는 무모순적임을 보장받는다.

보기 3.2.1. 빨강, 노랑, 파랑, 초록 풍선을 점이라고 하자. 빨강, 노랑, 파랑 풍선을 연결한 1번 끈, 빨강과 초록 풍선을 연결한 2번 끈, 노랑과 초록 풍선을 연결한 3번 끈 , 파랑과 초록 풍선을 연결한 4번 끈을 직선이라고 하자(그림 3.2 참조). 풍선이 끈에 묶여 있는 때 이 직선은 이 점을 포함한다고 하자. 이렇게 무정의 용어의 의미를 부여하면 이 의미들이 결합공리 I-1, I-2, I-3를 만족하는 것을 쉽게 보일 수 있다. 이 모형은 구체적인 모형이므로 결합공리계는 모순이 없는 공리계임을 알 수 있다.

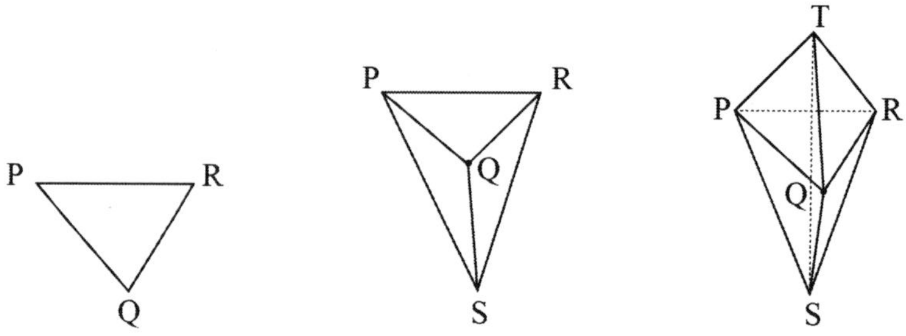

그림 3.3: 결합기하학 M_k $(k = 3, 4, 5)$

보기 3.2.2. (모형 M_3) 3점 기하학 M_3을 다음과 같이 정의하자. P, Q, R를 점이라 하고 집합 $\{P, Q\}, \{Q, R\}, \{P, R\}$를 직선이라 하자. 그리고 점 A가 직선 L의 원소일 때, 직선 L이 점 A를 지난다고 하면, 결합공리 I-1, I-2, I-3이 참인 명제임을 증명할 수 있다. 그러므로 모형 M_3은 결합공리계의 모형이 된다.

보기 3.2.3. (모형 M_k) k점 기하학 M_k에서 점들의 집합은 $N_k = \{P_1, P_2, P_3, \cdots P_k\}$이라 하고 직선들의 집합은 $\{L \subseteq N_k \mid |L| = 2\}$이라 하자. $P \in L$일 때 직선 L이 점 P를 지난다고 하면 모형 M_k도 결합공리계의 모형임을 쉽게 보일 수 있다(그림 3.3 참조).

정의 3.2.5. 임의의 직선 L과 임의의 점 $P \notin L$에 대하여 P를 지나고 L과 평행인 직선이

(1) 존재하지 않을 때, 그 기하는 타원 평행선성질을 가진다고 한다.

(2) 유일하게 존재할 때, 그 기하는 Euclid 평행선성질을 가진다고 한다.

(3) 두 개 이상 존재할 때, 그 기하는 쌍곡 평행선성질을 가진다고 한다.

보기 3.2.4. M_3은 타원 평행선성질, M_4는 Euclid 평행선성질, M_5는 쌍곡 평행선성질을 가짐을 알 수 있다(그림 3.3 참조).

주 . 모형의 또 다른 역할은 공리계의 완비성을 판정할 수 있는 방법을 제시하는 것이다.

(1) 공리계 A의 모형 M이 있다고 하자. 명제 S가 모형 M에서 거짓이라면, 공리계 A에서 명제 S의 증명이 불가능하다. 왜냐하면 만일 증명가능하다면 모형에서도 참인 명제가 되어야 하기 때문이다.

(2) 명제 S가 모형 M에서 참일 때 공리계에서 명제 S를 반증할 수 없다. 만약 공리계에서 S가 거짓으로 증명되었다면, $\sim S$가 참이므로 $\sim S$가 모형에서도 참이고 S는 거짓이 되어야 한다. 그러므로 공리계에서 S는 반증을 할 수 없다. 그리고 공리계에서 명제 S가 참이라는 보장도 할 수 없다.

(3) 그러므로 공리계 A의 모형 M_1에서 명제 S가 참인 명제이고 또 다른 모형 M_2에서 명제 S가 거짓인 명제라면 공리계 A에서 명제 S는 증명도 반증도 할 수 없게 된다. 그러므로 공리계 A는 완비적이지 않다.

보기 3.2.5. 명제 S를 '결합 공리계에서 Euclid 평행선성질을 가진다'라고 하자. 명제 S는 모형 M_3에서 거짓이므로 결합공리계에서 명제 S의 증명은 불가능하다. 그러나 명제 S는 모형 M_4에서 참이므로 공리계에서 반증도 불가능하다. 결론적으로 결합공리계에서 명제 S는 증명도 반증도 안되는 명제이다. 그러므로 결합공리계는 완비적이지 않다.

마찬가지로 공리계 A의 어떤 공리 P가 다른 공리들과 독립적인지 확인하는 방법으로 모형을 이용할 수 있다. 공리계 A의 모형 M_P가 존재하고 공리 P를 제외한 공리들과 $\sim P$를 만족하는 모형 $M_{\sim P}$도 존재한다고 하자. 공리 P는 다른 공리로부터 증명도 반증도 불가능하므로 다른 공리로부터 독립적이다. 예를 들면 결합공리계의 공리 I-1, I-2로부터 I-3가 독립적임을 다음과 같이 보일 수 있다.

보기 3.2.6. (모형 M_2) 2점 기하학 M_2에서 점은 P와 Q이고 직선은 집합 $\{P, Q\}$라고 하고 결합은 집합과 원소의 포함 관계로 정하면 이 모형은 결합공리 I-1과 I-2는 만족하지만 I-3은 만족하지 않는다. 그러므로 공리계에서 I-3의 증명은 불가능하다. 그리고 3점기하학 모형 M_3에 의하여 반증도 불가능하므로 결합공리 I-3는 다른 공리 I-1과 I-2들로부터 독립적이다.

보기 3.2.7. 구면 $\{(x, y, z) \mid x^2 + y^2 + z^2 = 1\}$ 위의 (x, y, z)를 점이라 하고 구면 위의 대원은 직선, 결합은 집합과 원소의 포함 관계라고 하자(그림 3.4 참조). 이때 이 모형은 결합공리 I-2, I-3은 만족하지만 I-1은 만족하지 못하므로 결합공리 I-1는 다른 공리들과 독립적이다.

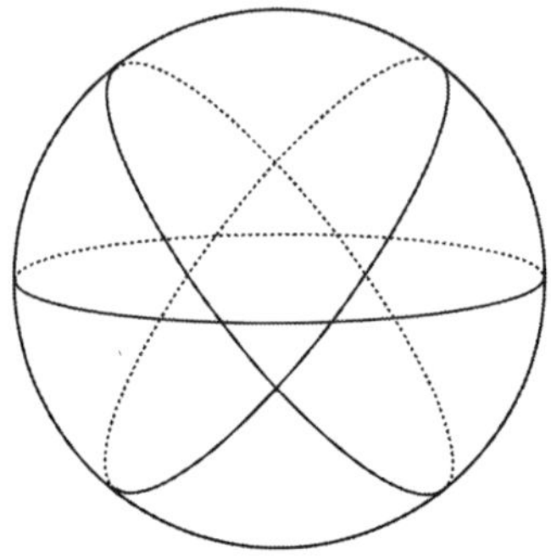

그림 3.4: 보기 3.2.7(구면 기하학의 직선)

문제 3.2.1. 결합공리 I-1, I-2, I-3가 서로 독립적이라는 증명을 완성하시오.

정의 3.2.6. 공리계의 두 모형 사이에 무정의 용어들의 일대일 대응이 있고 이 대응이 무정의 관계를 보존할 때 두 모형이 동형이라고 한다.

문제 3.2.2. 4점 기하학의 모형 M_4과 동형이 아닌 네 개의 점을 가진 결합기하학의 모형을 구하시오.

정의 3.2.7. 어느 공리계의 모든 모형이 서로 동형이라면 그 공리계는 범주적(categorical)이라고 한다.

문제 3.2.3. 결합기하학에 '점은 많아야 세 개 존재한다'라는 네 번째 공리를 첨가하여 새로운 결합공리계를 만들면 이 공리계가 범주적임을 보이시오.

범주적인 공리계는 모든 모형은 근본적으로 같으므로 무모순적, 완비적, 범주적인 공리계의 모형에서 유도되는 모든 정리는 공리계에서도 정리가 된다. Hilbert 공리계와 쌍곡공리계가 범주적이라는 사실은 잘 알려져 있다([12] 참고). 그러므로 이들 공리계가 무모순적, 완비적이라고 인정하고선 이들 공리계의 모형과 그 기하학을 동일시하기도 한다. 예를 들면 Euclid 평면기하학을 위한 Hilbert 공리계의 모형인 $\mathbb{R}^2$를 Euclid 평면기하학이라고도 한다.

정의 3.2.8. 한 공리계 A_1의 모형이 다른 공리계 A_2의 모형 속에 존재한다고 하자. 즉, A_1의 무정의 용어들이 A_2의 모형 속에서 의미를 갖고 A_1의 공리들이 A_2의 정리로서 증명된다. 이때 공리계 A_2가 무모순이라면 A_1의 무모순성을 보장받는다. 이를 상대적 무모순성이라고 한다.

예를 들어 쌍곡평면기하학의 모형을 Euclid 평면기하의 모형인 $\mathbb{R}^2$ 속에서 유도할 수 있으므로 Euclid 기하학이 무모순적이라면 쌍곡기하학도 무모순적이라고 할 수 있다.

3.3 결합공리계의 모형 $\mathbb{R}^2$

이제부터 벡터공간 $\mathbb{R}^2 = \{(x,y) \mid x,y \in \mathbb{R}\}$에 무정의 용어인 점, 선, 결합의 의미를 부여하고 이 의미들이 결합공리군을 만족함을 보일 것이다.

- 점 P는 $\mathbb{R}^2$의 원소이다.
- 직선 L은 $\mathbb{R}^2$의 부분집합 $\{(x,y) \mid ax+by=c\}$이고 일차식 $ax+by=c$를 직선 L의 표현식이라고 한다. 여기서 a와 b가 동시에 0은 아니다.
- 결합의 의미는 다음과 같다.
  $P=(x,y)$가 $L=\{(x,y) \mid ax+by=c\}$의 원소일 때, 점 P가 직선 L 위에 있다고 한다.

이렇게 정의한 모든 직선 위에 적어도 두 개 이상의 점이 있음을 보이자.

(결합공리 I-2) 임의의 직선 위에 적어도 두 개의 점이 존재한다.

증명 (1) 임의의 직선을 $L=\{(x,y) \mid ax+by=c\}$라고 하자.

(2) 만일 $a \neq 0$라면 점 $(c/a, 0)$ 와 점 $((c-b)/a, 1)$이 $ax+by=c$를 만족하여 직선 L 위에 있다.

(3) 마찬가지로 $b \neq 0$ 라면 점 $(0, c/b)$와 점 $(1, (c-a)/b)$이 직선 L 위에 있다. □

주어진 직선은 표현식이 유일하지 않다. 예를 들면, 두 집합

$$\{(x,y) \mid x+y=1\} \text{과} \quad \{(x,y) \mid 2x+2y=2\}$$

는 같은 직선을 나타낸다. 같은 직선을 나타내는 표현식의 계수들의 관계를 살펴보자.

보조정리 3.3.1. 주어진 직선 L이 두 가지 표현식

$$ax + by = c \text{ 와 } \quad a'x + b'y = c'$$

을 가진다고 하면, $(a, b, c) = \lambda(a', b', c')$ 인 $\lambda \neq 0$이 존재한다.

증명 (1) $a = 0$이라면 $b \neq 0$이고 $(1, c/b)$와 $(2, c/b)$는 L 위에 존재하므로

$$a' + \frac{b'}{b}c = c', \quad 2a' + \frac{b'}{b}c = c'$$

를 만족한다. 이로부터 $a' = 0$이고 $b' \neq 0$이다.

(2) $c = 0$이라면 $(0, 0)$이 L에 속하므로 $c' = 0$이고 $b/b' = \lambda \neq 0$이다.

(3) 만일 $c \neq 0$이면 단계 (1)의 식으로부터 $c' \neq 0$이고 $b/b' = c/c' = \lambda \neq 0$이다.

(4) 마찬가지로 $b = 0$일 때도 성립하므로 $a{\cdot}b \neq 0$이라고 가정하자. 이때 $a'{\cdot}b' \neq 0$도 성립한다.

(5) $c = 0$라면 $(0, 0) \in L$이므로 $c' = 0$이고 $(-b, a) \in L$에 의하여 $a/a' = b/b' = \lambda$이다.

(6) $c \neq 0$라면 $c' \neq 0$이다. 결합공리 I-2에 의하여 L 위의 임의의 두 점을 $P = (p_1, p_2), Q = (q_1, q_2)$ 라 놓으면

$$ap_1 + bp_2 = c, \quad aq_1 + bq_2 = c$$

$$a(p_1 - q_1) + b(p_2 - q_2) = 0$$

이다.

(7) $p_1 = q_1$이라면 $b \neq 0$이므로, $p_2 = q_2$이고 $P = Q$가 되어 모순이다.

(8) 따라서 $p_1 - q_1 \neq 0$이므로 $a/b = -(p_2 - q_2)/(p_1 - q_1)$이다.

(9) 마찬가지로

$$\frac{a'}{b'} = \frac{-(p_2 - q_2)}{(p_1 - q_1)} \text{ 이고 } \quad \frac{a}{b} = \frac{a'}{b'}, \ \frac{a}{a'} = \frac{b}{b'} = \lambda \neq 0$$

이다.

(10) 따라서

$$\frac{c}{c'} = \frac{ap_1 + bp_2}{a'p_1 + b'p_2} = \frac{\lambda(a'p_1 + b'p_2)}{a'p_1 + b'p_2} = \lambda$$

이다.

(11) 그러므로 $(a, b, c) = \lambda(a', b', c'),\ \lambda \neq 0$ 이다. □

정의 3.3.1. 직선 $L = \{(x, y)|ax + by = c\}$에 대하여 a가 0 일 때, 직선 L를 수평 직선이라 하고 b가 0 일 때 직선 L 를 수직 직선이라 한다.

주 . 보조정리 3.3.1에 의하여 직선의 표현식을 어떻게 선택하든 무관하게 수평 직선과 수직 직선이 잘 정의된다.

주 . 수직 직선이 아닌 임의의 직선 $L = \{(x, y)|ax + by = c\}$에 대하여 L의 기울기를 $-a/b$로 정의한다. 이때 L의 또 다른 표현식 $a'x + b'y = c'$에 의하여 기울기 $-a'/b'$도 $-a/b$와 같은 값을 가지므로 잘 정의되었다. 직선 L 위의 임의의 두 점을 $P = (p_1, p_2), Q = (q_1, q_2)$라고 하면 L의 기울기는 $(q_2 - p_2)/(q_1 - p_1)$이다.

다음으로 직선의 기울기의 식과 보조정리 3.3.1를 이용하여 결합공리 I-1을 만족함을 증명하자.

> (결합공리 I-1) 임의의 서로 다른 두 점에 대하여 두 점을 지나는 직선이 유일하게 존재한다.

증명 (1) 임의의 두 점을 $P = (p_1, p_2), Q = (q_1, q_2)$라고 하고 $p_1 \neq q_1$이라고 가정하자. 즉 $b \neq 0$이다.

(2) (존재성) L의 기울기는 $-a/b = (q_2 - p_2)/(q_1 - p_1)$이므로 $(q_2 - p_2)x - (q_1 - p_1)y = c$ 라고 하자.

(3) $(x, y) = (p_1, p_2)$를 대입하면

$$(q_2 - p_2)x - (q_1 - p_1)y = p_1q_2 - p_2q_1 \tag{3.1}$$

이다. 즉, 이 식은 P와 Q를 포함하는 직선의 식이다.

(4) (유일성) 직선 $L' = \{a'x + b'y = c'\}$도 P, Q를 지나는 직선이라고 하면 L'의 기울기는 $-a'/b' = (q_2 - p_2)/(q_1 - p_1) = -a/b$이다.

(5) $a = 0$ 이라면 $q_2 = p_2$이고 $a' = 0$ 이다. 따라서 $p_2 = c/b,\ q_2 = c'b'$이므로 $L = \{y = p_2\} = L'$이다.

(6) $a \neq 0$ 이라면 $a' \neq 0$ 이고 기울기의 식으로부터 $a/a' = b/b' = \lambda \neq 0$ 이다.

(7) 따라서 $c = ap_1 + bp_2 = \lambda a'p_1 + \lambda b'p_2 = \lambda c'$이므로

$$(a, b, c) = \lambda(a', b', c')$$

이고 $L = L'$이다.

(8) $p_1 = q_1$인 경우도 $L = \{x = p_1\}$이 P와 Q를 포함하는 유일한 직선임을 보일 수 있다. □

이제 모형 $\mathbb{R}^2$에서 결합공리 I-3가 만족함을 보이자.

> (결합공리 I-3) 어떠한 직선도 동시에 모두 지날 수 없는 서로 다른 세 점이 존재한다.

증명 세 점 $P = (0, 0), Q = (0, 1), R = (1, 0)$을 지나는 직선 L이 존재한다고 하자. 그때 두 점 P, Q를 지나는 직선은 유일하게 $x = 0$이므로 $L = \{x = 0\}$이다. 그러나 점 R은 L에 속하지 않으므로 모순이다. □

지금까지 우리는 $\mathbb{R}^2$ 위에 점, 직선, 결합을 정의하고 결합공리 I-1 – 결합공리 I-3이 만족함을 보였다. 그런데 명제 3.1.1 – 명제 3.1.5는 무정의 용어인 점, 직선, 결합과 결합공리 I-1 – 결합공리 I-3만을 가지고 증명한 명제들이므로 $\mathbb{R}^2$ 위에서 명제 3.1.1 – 명제 3.1.5가 모두 참임을 알 수 있다. 이때 주의할 점은 역은 성립하지 않는다는 것이다. 모형 $\mathbb{R}^2$에서 참으로 증명된 어떤 명제도 공리계에서 참이라고 보장할 수는 없다. 그리고 모형에서 거짓 명제는 공리계에서 어떤 증명도 가능하지 않다. 명제 3.1.2와 명제 3.1.3은 모형 $\mathbb{R}^2$에서도 참인데 모형에서는 공리계에서보다 쉽게 증명할 수 있다.

> (명제 3.1.2) 임의의 직선에 대하여 이 직선 위에 있지 않는 점이 적어도 하나 존재한다.

증명 임의의 직선 $L = \{(x, y)|ax + by = c\}$에 대하여 점 $P = (p_1, p_2)$가 직선 L 위의 점이라고 하자. 이때

$$a(p_1 + a) + b(p_2 + b) = c + a^2 + b^2 \neq c$$

이므로 $(p_1 + a, p_2 + b)$는 직선 L 위의 점이 아니다. □

> (명제 3.1.3) 임의의 점에 대하여 이 점을 지나지 않는 직선이 적어도 하나 존재한다.

증명 임의의 점 $P = (p_1, p_2)$에 대하여, $y = p_2 + 1$은 P를 지나지 않는 직선임을 알 수 있다. □

이제 모형 $\mathbb{R}^2$가 Euclid의 평행선공리를 만족함을 증명하자.

> (Euclid의 평행선공리) 주어진 직선 $L = \{ax + by = c\}$와 점 $P = (p_1, p_2) \notin L$에 대하여 P를 지나고 L과 평행인 직선 L'이 유일하게 존재한다.

증명 (1) L과 평행인 직선 L'을 $\{a'x + b'y = c'\}$이라고 하면

$$\begin{pmatrix} a & b \\ a' & b' \end{pmatrix}\begin{pmatrix} x \\ y \end{pmatrix} = \begin{pmatrix} c \\ c' \end{pmatrix} \tag{3.2}$$

의 근 (x, y)는 존재하지 않는다.

(2) 행렬 $\begin{pmatrix} a & b \\ a' & b' \end{pmatrix}$의 행렬식 $ab' - a'b$이 영일 때 식 (3.2)의 근이 존재하지 않는다.

(3) a'이 0이면 $ab' = 0$이고 $b' \neq 0$이므로 $a = 0$이다. 마찬가지로 $b' = 0$이면 $b = 0$이다.

(4) 그러므로 $\frac{a'}{a} = \frac{b'}{b} = \lambda$인 $\lambda \neq 0$가 존재한다. $\frac{0}{0}$은 형식적 표현으로 무시한다.

(5) L의 평행선은 $L' = \{\lambda ax + \lambda by = c'\}$이므로 두 평행선의 기울기가 같다.

(6) $P \in L'$이고 $P \notin L$이므로

$$c' = \lambda ap_1 + \lambda bp_2, \quad c \neq ap_1 + bp_2$$

이다.

(7) 따라서 $c' = \lambda(ap_1 + \lambda bp_2) \neq \lambda c$이다.

(8) 그러므로 우리가 구하는 평행선은 유일하게 $L' = \{ax + by = ap_1 + bp_2\}$으로 결정된다. □

문제 3.3.1. (1) 평행인 두 직선은 항상 기울기가 같음을 보이시오.

(2) 두 직선의 기울기가 같고 한 점을 공유하면 두 직선은 같은 직선임을 보이시오.

제 4 장

순서공리군

Euclid는 《원론》에서 한 직선 위의 세 점에 대하여 어떤 두 점 사이에 나머지 한 점이 있다는 개념을 형식화하지 않고 그림 또는 직관에 의존하였다. 이 장에서는 이 개념을 순서라는 무정의 용어로 받아들인다.

§4.1에서 네 개의 순서공리군을 자세히 다루고 직선에 의하여 평면이 두 개의 반평면으로 나뉘어짐을 공리를 이용하여 §4.2에서 증명한다. 제 3장에서 다룬 결합공리군과 함께 결합 · 순서공리계에서 유도되는 중요한 정리인 Pasch의 정리와 횡선 정리를 §4.3에서 다룬다.

4.1 순서공리군

직선 $\overleftrightarrow{PQ}$의 부분집합으로서 점 P와 Q를 끝점으로 하는 선분을 어떻게 정의할 수 있을까? 이 질문에 답하기 위하여 순서라는 무정의 용어를 도입해야 한다. 순서(betweenness)는 한 직선 위에 있는 세 점 사이의 관계로 '점 R이 두 점 P와 Q 사이에 있다'라는 표현을 쓰고 $P * R * Q$로 표기한다. 이 절에서는 이 무정의 관계가 만족해야 하는 순서공리군을 공부한다.

(순서공리군)

- 무정의 용어 : 순서
- (순서공리 B-1) $P * Q * R$이면, 점 P, Q, R은 한 직선 위에 있는 서로 다른 세 점이고 $R * Q * P$이다.

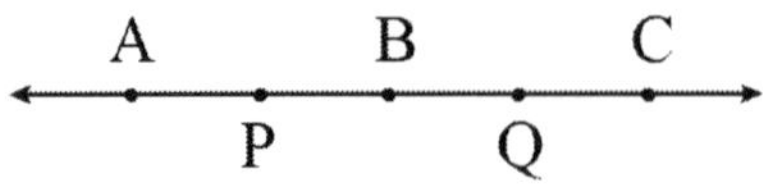

그림 4.1: 순서공리 B-2

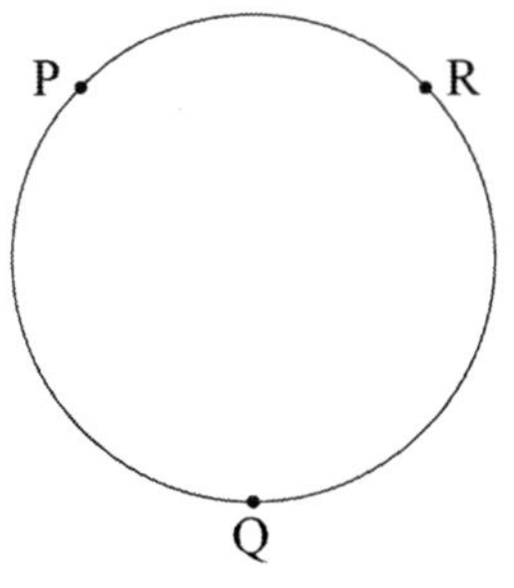

그림 4.2: 원에서의 순서

- (순서공리 B-2) 서로 다른 두 점 P와 Q에 대하여, 직선 $\overleftrightarrow{PQ}$ 위에

$$A * P * Q, \quad P * B * Q, \qquad P * Q * C$$

인 점 A, B, C가 존재한다(그림 4.1 참조).

- (순서공리 B-3) 한 직선 위에 서로 다른 세 점 P, Q, R에 대하여,

$$P * Q * R, \quad P * R * Q, \quad Q * P * R$$

중 오직 한 가지만 성립한다.

주 . (1) 순서공리 B-1에 의하여 Q가 P와 R 사이에 있다는 것과 R과 P 사이에 있다는 것은 같다.

(2) 순서공리 B-2는 Euclid 공리 2처럼 직선을 양쪽으로 끝없이 연장할 수 있고 직선 위에 무수히 많은 점들이 존재함을 보장한다.

(3) 순서공리 B-3는 직선이 원처럼 순환하지 않음을 의미한다(그림 4.2 참조).

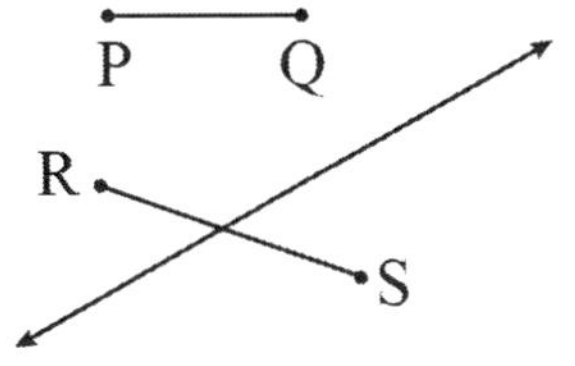

그림 4.3: 정의 4.1.2($P \sim_L Q,\ R \not\sim_L S$)

이제 순서의 개념을 이용하여 선분을 정의하자.

정의 4.1.1. 서로 다른 두 점 P와 Q에 대하여 선분(segment) $\overline{PQ}$를

$$\{R|P * R * Q\} \cup \{P, Q\}$$

로 정의한다. 이때 점 P와 Q를 선분 $\overline{PQ}$의 끝점이라고 한다.

순서공리 B-4를 서술하기 위하여 우리는 다음 정의가 필요하다.

정의 4.1.2. 주어진 직선 L에 대하여 직선 L 위에 있지 않은 두 점을 P와 Q라고 하자(그림 4.3 참조).

(I) $P = Q$이거나 선분 $\overline{PQ}$의 어떤 점도 직선 L 위에 있지 않다면 점 P와 Q는 직선 L에 대하여 같은 쪽에 있다고 하고 $P \sim_L Q$로 표기한다.

(II) 선분 $\overline{PQ}$와 직선 L이 만날 때 점 P와 Q는 직선 L에 대하여 반대쪽에 있다고 하고 $P \not\sim_L Q$로 표기한다.

이제 직선에 의하여 평면을 두 영역(쪽)으로 나누는 평면분리 공리를 기술한다.

(순서공리 B-4, 평면분리 공리) 직선 L 위에 있지 않는 임의의 세 점을 P, Q, R이라고 하자(그림 4.4 참조).

(I) 점 P와 점 Q가 직선 L에 대하여 같은 쪽에 있고 점 Q와 점 R이 직선 L에 대하여 같은 쪽에 있으면 점 P와 점 R이 직선 L에 대하여 같은 쪽에 있다. 즉,

$$P \sim_L Q \text{ 이고 } \quad Q \sim_L R \Longrightarrow P \sim_L R$$

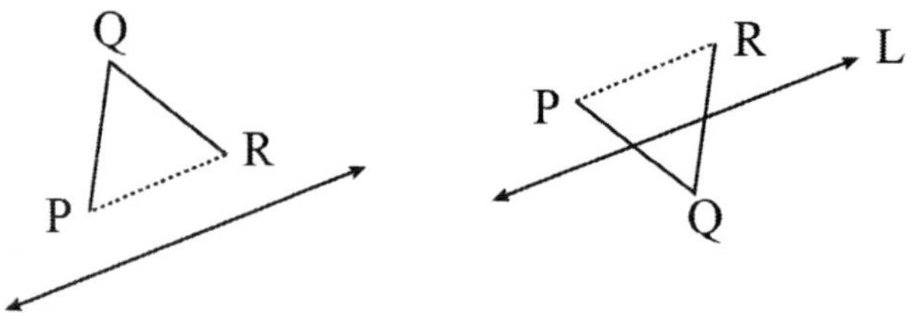

그림 4.4: 평면분리 공리 B-4

이다.

(II) 점 P와 점 Q가 직선 L에 대하여 반대쪽에 있고 점 Q와 점 R이 직선 L에 대하여 반대쪽에 있으면 점 P와 점 R이 직선 L에 대하여 같은 쪽에 있다. 즉,

$$P \not\sim_L Q \text{ 이고 } \quad Q \not\sim_L R \Longrightarrow P \sim_L R$$

이다.

주 . 이 공리는 우리가 다루는 기하학이 2차원임을 암시한다. 만약 우리의 공간이 $\mathbb{R}^3$라면 $P = (1, 0, 0), Q = (0, 0, 1), R = (-1, 0, 0)$이고 L이 y-축이라면 위의 공리는 성립하지 않는다.

4.2 평면분리 공리와 직선분리의 성질

이 절에서 평면이 한 직선에 의하여 두 영역으로 나누어지는 것을 평면분리 공리를 이용하여 증명한다. 평면은 모든 점들의 집합으로 정의하고 $\mathcal{P}$로 표기하자.

정의 4.2.1. 직선 L과 직선 L 위에 있지 않은 점 P에 대하여 점 P와 같은 쪽에 있는 점들의 집합

$$\mathbb{H}(P) = \{Q \in \mathcal{P} \mid P \sim_L Q\}$$

을 직선 L을 경계로 하는 반평면(half plane)이라 하고 기호로 $\mathbb{H}(P)$를 사용한다.

주 . L 위에 있지 않은 점들의 집합을 Γ라고 놓자. L에 대하여 같은 쪽에 있다는 관계 $\sim_L$가 집합 Γ에서의 동치관계이다.

증명 (1) 정의에 의하여 모든 $P \in \Gamma$에 대하여 $P \sim_L P$이므로 $\sim_L$은 반사적(reflexive)이다.

(2) 정의에 의하여 모든 $P, Q \in \Gamma$에 대하여 $P \sim_L Q$이면 $Q \sim_L P$이므로 $\sim_L$은 대칭적(symmetric)이다.

(3) 순서공리 B-4 (I)에 의하여 $P \sim_L Q$이고 $Q \sim_L R$이면 $P \sim_L R$이므로 $\sim_L$은 추이적(transitive)이다. □

P의 동치류 [P]는 $[P] = \{Q \in \Gamma \mid P \sim_L Q\} = \mathbb{H}(P)$이고 이들 동치류의 집합 $\Gamma/\sim_L = \{[P] \mid P \in \Gamma\}$은 정확하게 두 개의 원소를 가짐을 정리 4.2.1에서 보인다. 이런 이유로 $\mathbb{H}(P)$를 반평면이라고 한다.

주 . 임의의 집합 S와 S에 속하는 임의의 두 점 A, B에 대하여 선분 $\overline{AB} \subseteq S$일 때 S가 볼록(convex)하다고 한다. 다음 정리에서 순서공리 B-4 (I)에 의하여 반평면 $\mathbb{H}(P)$가 볼록집합임을 보인다.

정리 4.2.1. 임의의 직선 L에 대하여 L을 경계로 하는 반평면이 정확하게 두 개 존재하고 이들 두 반평면은 어떤 공유점도 갖지 않는 볼록집합이다.

증명 (1) 결합공리 I-3에 의하여 직선 L 위에 있지 않은 점 P가 존재한다.

(2) 결합공리 I-2에 의하여 직선 L 위에 점 Q가 존재한다.

(3) 순서공리 B-2에 의하여 $P * Q * R$인 점 R이 존재한다.

(4) 정의에 의하여 점 P와 R는 직선 L에 대하여 반대쪽에 있다. 그러므로 두 반평면 $\mathbb{H}(P)$와 $\mathbb{H}(R)$이 존재한다.

(5) 점 A가 직선 L 위에 있지 않은 임의의 점이라면 $A \in \mathbb{H}(P)$ 또는 $A \notin \mathbb{H}(P)$이다(항진명제 $P \vee \sim P$에 의하여).

(6) 단계 (4)에서 $P \not\sim_L R$이고 평면분리 공리 B-4 (II)에 의하여 만약 $A \notin \mathbb{H}(P)$라면 $A \in \mathbb{H}(R)$이다.

(7) 단계 (5)와 단계 (6)에 의하여 $A \in \mathbb{H}(P)$이거나 $A \in \mathbb{H}(R)$이므로 반평면은 두 개만 존재한다.

(8) 만약 $B \in \mathbb{H}(P) \cap \mathbb{H}(R)$인 B가 존재한다고 하자.

(9) 그러면 평면분리 공리 B-4 (I)에 의하여 점 P와 R은 직선 L에 대하여 같은 쪽에 있다.

(10) 단계 (4)와 단계 (9)는 모순이므로 $\mathbb{H}(P) \cap \mathbb{H}(R) = \varnothing$이다.

(11) 임의의 $A, B \in \mathbb{H}(P)$에 대하여 선분 $\overline{AB}$에 속하는 점을 C라고 놓자. $\overline{AC} \subseteq \overline{AB}$이므로 선분 $\overline{AC} \cap L \subseteq \overline{AB} \cap L = \varnothing$이고 A와 C는 L에 대하여 같은 쪽에 있다.

(12) 평면분리 공리 B-4 (I)에 의하여 $C \in \mathbb{H}(P)$이다.

(13) $\mathbb{H}(P)$는 볼록집합이고 마찬가지로 $\mathbb{H}(Q)$도 볼록집합이다. □

평면이 직선에 의하여 두 반평면으로 나누어지듯이 직선도 직선 위의 점 P에 의하여 두 반직선으로 나누어짐을 보이자. 평면분리 공리를 이용하여 직선분리의 성질(line separation property)을 증명할 수 있다.

정리 4.2.2. (직선분리의 성질) 직선 L 위에 있는 임의의 세 점 P, Q, R이 $Q * P * R$를 만족하면 $L = \overrightarrow{PQ} \cup \overrightarrow{PR}$이다.

증명 (1) 직선 L 위의 임의의 점 A에 대하여 $A \in \overrightarrow{PQ}$이거나 $A \notin \overrightarrow{PQ}$이다.

(2) 만일 $A \notin \overrightarrow{PQ}$라면, 순서공리 B-3에 의하여 $A * P * Q$이다.

(3) $A = R$이면 $A \in \overrightarrow{PR}$이다.

(4) 만일 $A \neq R$이면 순서공리 B-3에 의하여 $P * A * R$이거나 $P * R * A$이거나 $A * P * R$이다.

(5) (귀류법 가정) $A * P * R$이 성립한다고 하자.

(6) 명제 3.1.2에 의하여 직선 L 위에 있지 않은 점 B가 존재하고, 점 P와 B를 지나는 직선을 L'이라고 하자.

(7) 단계 (5)의 가정 $A * P * R$에 의하여 A와 R은 L'에 의하여 반대쪽에 있다.

(8) 가정에 의하여 $Q * P * R$이므로 R과 Q는 L'에 대하여 반대쪽에 있다.

(9) 평면분리 공리에 의하여 A와 Q는 L'에 대하여 같은 쪽에 있다.

(10) 단계 (2)의 $A * P * Q$에 의하여 A와 Q는 L'에 대하여 반대쪽에 있다.

(11) 단계 (9)와 단계 (10)이 서로 모순이므로 단계 (5)는 성립하지 않는다.

(12) 따라서 단계 (4)에 의하여 $P * A * R$이거나 $P * R * A$이므로 $A \in \overrightarrow{PR}$이다. □

지금까지 직선에 의하여 평면을 두 반평면 $\mathbb{H}(P)$와 $\mathbb{H}(Q)$로 나누고 점에 의하여 직선을 두 반직선으로 나누었는데 이런 평면분리와 직선분리가 다음과 같은 의미로 유일하게 분리됨을 보일 수 있다.

정리 4.2.3. 직선 L에 대한 두 반평면을 $\mathbb{H}(P)$와 $\mathbb{H}(Q)$라고 하고 세 집합 C_1, C_2, L이 서로 공유점이 없는 볼록집합이라고 하자. 만약 평면 $\mathcal{P}$가 $\mathcal{P} = C_1 \cup L \cup C_2$를 만족한다면 $C_1 = \mathbb{H}(P), C_2 = \mathbb{H}(Q)$이거나 $C_1 = \mathbb{H}(Q), C_2 = \mathbb{H}(P)$이다.

증명 (1) $P \in C_1$ 또는 $P \in C_2$이다. 우선 $P \in C_1$이라 가정하자.

(2) C_1의 임의의 원소를 A라고 하면 C_1의 볼록성에 의하여 $\overline{PA} \in C_1$이다.

(3) 만일 $A \in \mathbb{H}(Q)$라면 $P \not\sim_L A$이므로 $\overline{PA} \cap L = \{B\}$이다.

(4) 단계 (2)에 의하여 $B \in C_1 \cap L$이므로 서로 공유점이 없다는 가정에 위배되므로 $A \subseteq \mathbb{H}(P)$이다.

(5) A는 C_1의 임의의 원소이므로 $C_1 \subseteq \mathbb{H}(P)$이다.

(6) 만일 $Q \in C_1$이라면, 단계 (5)에 의하여 $Q \in \mathbb{H}(P)$이다.

(7) $H(P) \neq H(Q)$이므로 $Q \notin H(P)$이다. 따라서 $Q \in C_2$이다.

(8) 마찬가지로 단계 (2)–(5)를 따라 가면, $C_2 \subseteq \mathbb{H}(Q)$임을 보일 수 있다.

(9) 식 $C_1 \cup L \subseteq \mathbb{H}(P) \cup L$에 여집합을 취하면 $(C_1 \cup L)^c \supseteq (\mathbb{H}(P) \cup L)^c$이므로 $C_2 \supseteq \mathbb{H}(Q)$이고 단계 (8)에 의하여 $C_2 = \mathbb{H}(Q)$이다.

(10) 식 $C_2 \cup L \subseteq \mathbb{H}(Q) \cup L$에 여집합을 취하면 $C_1 \supseteq \mathbb{H}(P)$이고 단계 (5)에 의하여 $C_1 = \mathbb{H}(P)$이다.

(11) 마찬가지로 $P \in C_2$라고 가정을 하면 $C_1 = \mathbb{H}(Q)$이고 $C_2 = \mathbb{H}(P)$임을 보일 수 있다. □

문제 4.2.1. 직선분리의 성질에 의하여 직선 L 위의 세 점 $R*P*Q$에 대하여 $L = L^+ \cup \{P\} \cup L^-$로 표현된다. 여기서 $L^+ = \overrightarrow{PQ} - \{P\}, L^- = \overrightarrow{PR} - \{P\}$이다. 공집합이 아니고 서로 공유점이 없는 볼록집합 $C_1, C_2, \{P\}$가 $L = C_1 \cup \{P\} \cup C_2$를 만족한다면 $C_1 = L^+, C_2 = L^-$이거나 $C_1 = L^-, C_2 = L^+$임을 보여라.

다음으로 평면분리 공리를 이용하여 삼각형의 꼭지점이 아닌 변을 지나는 직선은 반드시 다른 변이나 꼭지점을 지난다는 Pasch의 정리를 증명하자.

정리 4.2.4 (Pasch의 정리)**.** 임의의 삼각형 PQR과 꼭지점 P나 Q가 아닌 변 $\overline{PQ}$ 위의 점을 지나는 직선 L에 대하여 L은 R을 지나거나 아니면 변 $\overline{QR}$과 $\overline{RP}$ 중 한 변과만 교차한다.

증명 (1) 점 $R \in L$이거나 $R \notin L$이다.

(2) $R \notin L$이라 가정하자(그림 4.5 참조)

(3) 가정에 의하여 $\overline{PQ} \cap L \neq \phi$이므로 P와 Q는 L에 대하여 반대쪽에 있다.

(4) 명제에 의하여 $R \in \mathbb{H}(P)$이거나 $R \in \mathbb{H}(Q)$이다.

(5) $R \in \mathbb{H}(P)$ 이면 $R \notin \mathbb{H}(Q)$이고 $\overline{QR} \cap L \neq \varnothing$이다.

(6) 마찬가지로 $R \in \mathbb{H}(Q)$ 이면 $R \notin \mathbb{H}(P)$이고 $\overline{PR} \cap L \neq \varnothing$이다.

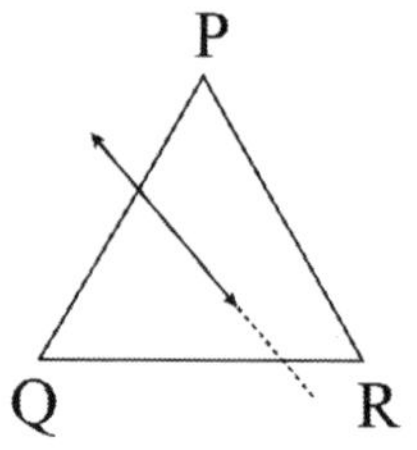

그림 4.5: 정리 4.2.4(Pasch의 정리)

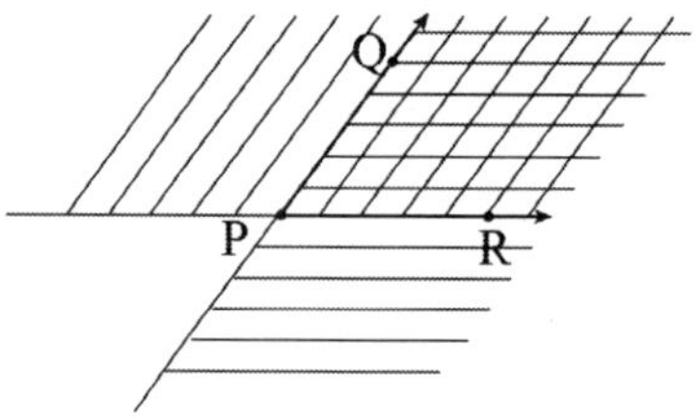

그림 4.6: 정의 4.3.2(각의 내부-격자무늬 부분)

(7) $\mathbb{H}(P) \cap \mathbb{H}(Q) = \varnothing$이므로 단계 (5)와 단계 (6)은 동시에 성립하지 않는다.

□

4.3 각의 내부점과 횡선 정리

이 절에서 평면분리 공리를 이용하여 각의 내부와 삼각형의 내부를 정의하고 횡선 정리를 증명한다.

정의 4.3.1. 두 반직선 $\overrightarrow{PQ}$와 $\overrightarrow{PR}$의 합집합을 P를 꼭지점으로 하는 각이라 하고 $\overrightarrow{PQ}$와 $\overrightarrow{PR}$을 각의 변이라고 한다. 이때 각을

$$\angle P, \quad \angle QPR, \quad \angle RPQ$$

로 표기한다. 특히 두 반직선 $\overrightarrow{PQ}$와 $\overrightarrow{PR}$의 합집합이 한 직선일 때 각 $\angle QPR$을 평각이라 한다.

평각이 아닌 경우 직관적으로 생각하는 각의 내부를 변을 포함하는 직선을 경계로 하는 반평면을 이용하여 정의할 수 있다.

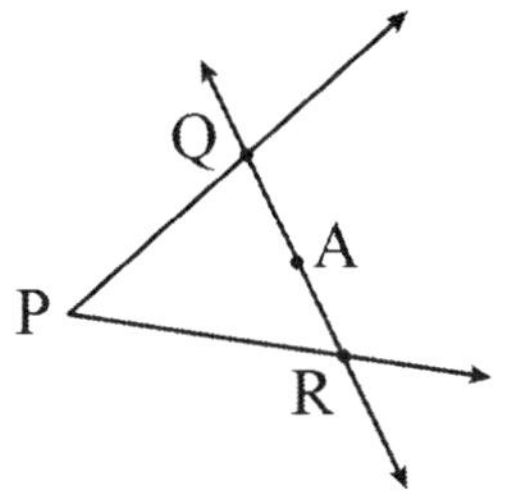

그림 4.7: 명제 4.3.1

정의 4.3.2. 평각이 아닌 각 $\angle QPR$에 대하여 점 A가 $\overleftrightarrow{PR}$에 대하여 점 Q와 같은 쪽에 있고 $\overleftrightarrow{PQ}$에 대하여 점 R과 같은 쪽에 있을 때 점 A를 각의 내부에 있다고 한다(그림 4.6 참조).

명제 4.3.1. 평각이 아닌 각 $\angle QPR$과 직선 $\overleftrightarrow{QR}$ 위의 점 A에 대하여 A가 각 $\angle QPR$의 내부에 있을 필요충분조건은 $Q * A * R$인 것이다.

증명 (1) 점A가 $\angle QPR$ 의 내부에 있다고 하자(그림 4.7 참조).

(2) 정의에 의하여 $A \sim_{\overleftrightarrow{PR}} Q$ 이고 $A \sim_{\overleftrightarrow{PQ}} R$ 이므로 $A \neq Q, R$ 이다.

(3) $A * Q * R$이라면 $A \not\sim_{\overleftrightarrow{PQ}} R$ 이고 $Q * R * A$라면 $A \not\sim_{\overleftrightarrow{PR}} Q$이다.

(4) 그러므로 순서공리 B-3에 의하여 $Q * A * R$ 이 성립한다.

(5) 역으로 $Q * A * R$ 을 가정하자.

(6) $A \sim_{\overleftrightarrow{PR}} Q$ 이고 $A \sim_{\overleftrightarrow{PQ}} R$ 이므로 A는 $\angle RPQ$의 내부에 있다. □

이제 횡선 정리(정리 4.3.3)를 증명하는데 필요한 다음 명제를 증명하자.

명제 4.3.2. 평각이 아닌 각 $\angle QPR$의 내부에 점 A가 있을 때

(I) $\overrightarrow{PA} \setminus P$ 위의 모든 점은 각 $\angle QPR$의 내부에 있다.

(II) $\overleftrightarrow{PA} \setminus \overrightarrow{PA}$에 속하는 어떤 점도 각 $\angle QPR$의 내부에 있지 않다

(III) $Q * P * Q'$이면 R은 각 $\angle APQ'$의 내부에 있다(그림 4.3.2 참조).

증명 ((III)의 증명) (1) 점 A가 $\angle QPR$의 내부에 있으므로 $A \sim_{\overleftrightarrow{PR}} Q$이고 $A \sim_{\overleftrightarrow{PQ}} R$이다.

(2) 점 R이 $\angle APQ'$의 내부에 있음을 보이기 위하여 $R \sim_{\overleftrightarrow{PQ'}} A$와 $R \sim_{\overleftrightarrow{PA}} Q'$임을 보여야 한다. 그러나 $R \sim_{\overleftrightarrow{PQ}} A$이므로 $R \sim_{\overleftrightarrow{PA}} Q'$만 보이면 된다.

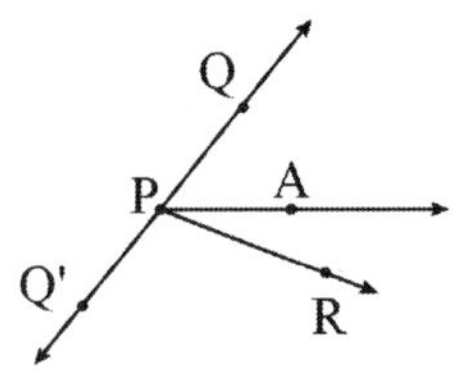

그림 4.8: 명제 4.3.2 (III)(각 $\angle APQ'$의 내부점 R)

(3) (귀류법 가정) $R \not\sim_{\overleftrightarrow{PA}} Q'$이라고 하자.

(4) $R * B * Q'$이고 $B \in \overleftrightarrow{PA}$인 점 B가 존재한다.

(5) (경우 1) 만약 $B = P$라면 $R * P * Q'$이므로 $\overleftrightarrow{PQ'} = \overleftrightarrow{PR}$가 되어 $\angle QPR$이 평각이 된다. 따라서 $B \neq P$이다.

(6) (경우 2) $B \in \overrightarrow{PA} \setminus \{P\}$라면 명제 4.3.2 (I)에 의하여 B는 $\angle QPR$의 내부에 있으므로 $B \sim_{\overleftrightarrow{PR}} Q$이다.

(7) $R * B * Q'$이므로 $B \sim_{\overleftrightarrow{PR}} Q'$이고 단계 (6)에 의하여 $Q \sim_{\overleftrightarrow{PR}} Q'$이다.

(8) $Q * P * Q'$이므로 $Q \not\sim_{\overleftrightarrow{PR}} Q'$이고 이는 단계 (7)에 위배된다.

(9) (경우 3) $B \in \overleftrightarrow{PA} \setminus \overrightarrow{PA}$라면 $B * P * A$이고 $B \not\sim_{\overleftrightarrow{PQ}} A$이다.

(10) $R * B * Q'$이므로 $R \sim_{\overleftrightarrow{PQ'}} B$이고 $\overleftrightarrow{PQ} = \overleftrightarrow{PQ'}$이다.

(11) 단계 (9)과 (10)에 의하여 $A \not\sim_{\overleftrightarrow{PQ}} R$이지만 단계 (1)에 위배된다.

(12) 모든 경우가 모순이므로 $R \sim_{\overleftrightarrow{PA}} Q'$이다.

(13) 그러므로 R은 $\angle APQ'$의 내부에 있다. □

문제 4.3.1. 명제 4.3.2 (I)과 (II)를 증명하시오.

명제 4.3.2 (I)에 의하여 다음 정의가 정당화되어진다.

정의 4.3.3. 점 A가 $\angle QPR$의 내부에 있을 때 반직선 $\overrightarrow{PA}$는 두 반직선 $\overrightarrow{PQ}$와 $\overrightarrow{PR}$ 사이에 있다고 한다.

명제 4.3.1과 명제 4.3.2를 이용하여 횡선 정리를 증명한다.

정리 4.3.3. (횡선 정리, crossbar theorem) 점 A가 각 $\angle QPR$의 내부에 있을 때 $\overrightarrow{PA}$는 선분 $\overline{QR}$과 교차한다(그림 4.9 참조).

증명 (1) 점 Q'을 $Q * P * Q'$으로 잡으면 명제 4.3.2 (III)에 의하여, R은 $\angle APQ'$의 내부에 있으므로 $Q' \sim_{\overleftrightarrow{PA}} R$이다.

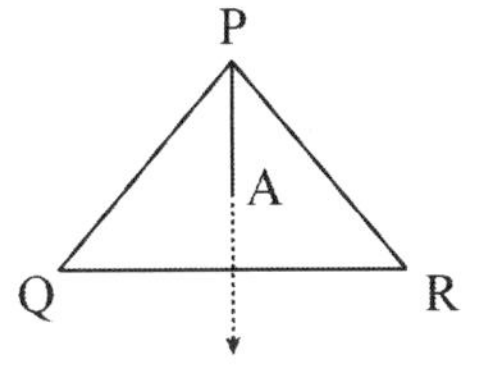

그림 4.9: 정리 4.3.3(횡선 정리)

(2) $Q * P * Q'$에 의하여 $Q \not\sim_{\overleftrightarrow{PA}} Q'$이다.

(3) 단계 (1)과 (2)에 의하여 $Q \not\sim_{\overleftrightarrow{PA}} R$이므로 $\overline{QR} \cap \overleftrightarrow{PA} = \{B\}$인 B가 존재한다.

(4) 명제 4.3.1에 의하여 $B \in \overline{QR}$은 $\angle QPR$의 내부에 있다.

(5) 만약 $B \in \overleftrightarrow{PA} \setminus \overrightarrow{PA}$라면, 명제 4.3.2 (II)에 의하여 B는 $\angle QPR$의 내부에 있지 않다(모순).

(6) 그러므로 $B \in \overrightarrow{PA}$이다. 즉 $\overrightarrow{PA}$는 선분 QR과 교차한다. □

횡선 정리는 다음 명제를 함의한다.

> 각 $\angle QPR$의 내부에 있는 점 A에 대하여 점 Q와 점 R은 직선 $\overleftrightarrow{PA}$에 대하여 반대쪽에 있다.

정의 4.3.4. 세 선분 $\overline{PQ}, \overline{QR}, \overline{RP}$의 합집합을 삼각형 PQR이라 하고, 세 점 P, Q, R을 삼각형 PQR의 꼭지점, 선분 $\overline{PQ}, \overline{QR}, \overline{RP}$를 삼각형 PQR의 변이라고 한다.

정의 4.3.5. 삼각형 PQR에 대하여 점 A가 삼각형의 세 내각 $\angle P, \angle Q, \angle R$의 내부에 동시에 있을 때 점 A가 삼각형 PQR의 내부(interior)에 있다라고 한다.

삼각형의 세 내각의 합이 두 직각임을 증명할 때 다음 따름정리가 필요하다. 삼각형의 한 꼭지점에서 대변에 평행한 직선이 삼각형의 내부에 있지 않다는 사실은 그림으로 자명하게 보이지만 횡선 정리를 이용하여 증명할 수 있 다.

따름정리 4.3.4. 삼각형 PQR에 대하여 P를 지나고 직선 $\overleftrightarrow{QR}$에 평행한 직선을 L이라고 하면, L의 어느 점도 삼각형 PQR의 내부에 있지 않다.

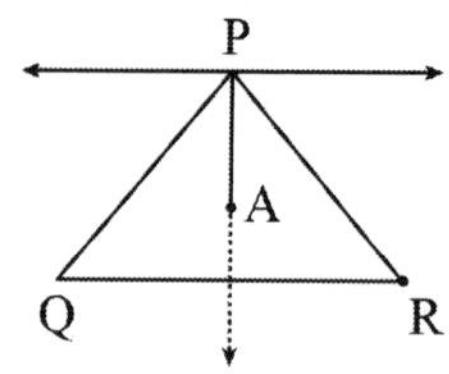

그림 4.10: 따름정리 4.3.4

증명 (1) (귀류법 가정) 만약 L이 삼각형 PQR의 내부점 A를 포함한다고 하자. 그러면 $L = \overleftrightarrow{PA}$이다.

(2) 삼각형 PQR의 내부점 A는 각 $\angle P$의 내부점이다.

(3) 횡선 정리에 의하여 $\overrightarrow{PA}$는 선분 $\overline{QR}$을 지난다.

(4) 직선 L은 직선 $\overleftrightarrow{QR}$과 평행이므로 모순이다. □

제 5 장

순서공리군의 모형 $\mathbb{R}^2$

이 장에서는 제 4장에서 살펴본 순서공리군의 공리들이 결합기하학의 모형 $\mathbb{R}^2$에서 성립하도록 $\mathbb{R}^2$의 무정의 용어인 '순서'의 의미를 주는 방법을 공부한다. 한 직선 위의 세 점에 대하여 세 점의 x-좌표로 순서를 정하거나 또는 y-좌표로 순서를 정할 수 있다. 만약 두 좌표가 모두 순서를 정할 수 있는 직선인 경우 그 순서가 일치함을 보일 것이다.

§5.1에서 $\mathbb{R}^2$ 위에서 이렇게 정의된 순서는 순서공리군을 만족함을 보인다. 이때 $\mathbb{R}^2$는 벡터공간으로서 직선 $\overleftrightarrow{PQ}$ 위의 모든 점이 벡터 P와 Q의 일차 결합으로 표현됨을 먼저 살펴본다. §5.2에서는 결합 · 순서공리계에서 증명한 Pasch의 정리와 횡선 정리를 $\mathbb{R}^2$ 위에서 해석적으로 다시 증명한다.

5.1 순서공리군의 모형 $\mathbb{R}^2$

$\mathbb{R}^2$이 직선 $L = \{(x,y)|ax+by=c\}$이 수직 직선이 아닌 경우 직선 L 위의 모든 점은 서로 다른 x-성분을 가지고 있다. 그러므로 세 점 P,Q,R의 x-성분의 순서로부터 '점 R이 P와 Q사이에 있다'는 개념을 확실히 할 수 있다. 그러나 수직 직선에 대하여는 직선 위의 모든 점의 x-성분이 같으므로 위의 방법을 적용할 수 없다. 이제 x-좌표 또는 y-좌표만을 비교하는 $<_x$-순서와 $<_y$-순서를 우선 정의하자.

정의 5.1.1. 직선 L 위의 임의의 두 점 $P=(p_1,p_2), Q=(q_1,q_2)$에 대하여

(I) 만약 $p_1 < q_1$ 이면, $P <_x Q$ 라고 한다.

(II) 만약 $p_2 < q_2$ 이면, $P <_y Q$ 라고 한다.

정의 5.1.2. 수직 직선이 아닌 직선 L 위의 임의의 세 점 P, Q, R 에 대하여

$$P <_x R <_x Q \quad \text{이거나} \quad Q <_x R <_x P$$

일 때 R 이 P와 Q 사이에 있다라고 하고 $P * R * Q$ 로 표기한다. 만일 직선 L 이 수직 직선인 경우 $<_y$-순서를 이용하여 $P * R * Q$를 정의한다.

특히 직선 L이 수직 직선도 수평 직선도 아니라면, $<_x$-순서 또는 $<_y$-순서를 이용하든 같은 결과가 나옴을 다음 보조정리가 보여주고 있다. 그러므로 위의 순서는 잘 정의되었다.

보조정리 5.1.1. 수직 직선이나 수평 직선이 아닌 직선 $L = \{(x, y) \mid ax + by = c\}$와 직선 L 위의 임의의 세 점 P, Q, R에 대하여

(I) $ab > 0$인 경우, $P <_x R <_x Q$ 와 $Q <_y R <_y P$는 동치이다.

(II) $ab < 0$인 경우, $P <_x R <_x Q$ 와 $P <_y R <_y Q$는 동치이다.

문제 5.1.1. 보조정리 5.1.1를 증명하시오.

다음으로 벡터공간 $\mathbb{R}^2$에서 직선 $\overleftrightarrow{PQ}$ 위의 모든 점이 벡터 P와 Q의 일차 결합으로 표현됨을 보이자.

명제 5.1.2. 두 점 $P = (p_1, p_2), Q = (q_1, q_2)$ 에 대하여 다음이 성립한다.

(I) 선분 $\overline{PQ} = \{(1-t)P + tQ \mid 0 \le t \le 1\}$이다.

(II) 반직선 $\overrightarrow{PQ} = \{(1-t)P + tQ \mid t \ge 0\}$이다.

(III) 직선 $\overleftrightarrow{PQ} = \{(1-t)P + tQ \mid t \in \mathbb{R}\}$이다.

증명 ((I)의 증명) (1) 수직 직선인 경우는 자명하므로 수직 직선이 아닌 경우로 국한한다.

(2) 직선 $\overleftrightarrow{PQ}$는 수직 직선이 아니므로 $p_1 \ne q_1$이고 편의상 $p_1 < q_1$이라고 가정한다.

(3) 선분 $\overline{PQ}$의 임의의 점을 R이라 놓자.

(4) 만일 $R \ne P, Q$라면 $P * R * Q$이고 $<_x$-순서의 정의에 의하여 $p_1 < r_1 < q_1$이다.

(5) 두 직선 $\overleftrightarrow{PR}$과 $\overleftrightarrow{PQ}$는 같은 직선이고 식 (3.1)로부터

$$\overleftrightarrow{PR} = \{(r_2 - p_2)x - (r_1 - p_1)y = p_1r_2 - p_2r_1\}$$
$$\overleftrightarrow{PQ} = \{(q_2 - p_2)x - (q_1 - p_1)y = p_1q_2 - p_2q_1\}$$

이다.

(6) 보조정리 3.3.1에 의하여

$$(r_2 - p_2, -(r_1 - p_1), p_1r_2 - p_2r_1) = t(q_2 - p_2, -(q_1 - p_1), p_1q_2 - p_2q_1)$$

를 만족하는 $t \neq 0$가 존재한다.

(7) 단계 (4)의 식에 의하여 $0 < \frac{r_1-p_1}{q_1-p_1} < 1$이고

$$t = (r_2 - p_2)/(q_2 - p_2) = (r_1 - p_1)/(q_1 - p_1)$$
$$r_1 = p_1 + t(q_1 - p_1)$$
$$r_2 = p_2 + t(q_2 - p_2)$$

이므로 $R = (1-t)P + tQ,\ 0 < t < 1$이다.

(8) 그러므로 $\overline{PQ} \subseteq \{(1-t)P + tQ \mid 0 \leq t \leq 1\}$이다.

(9) 역으로 점 R을 $R = (1-t)P + tQ,\ 0 < t < 1$라고 놓으면 $\overleftrightarrow{PR}$의 기울기는 $\frac{t(q_2-p_1)}{t(q_1-p_1)}$이고 $\overleftrightarrow{PQ}$의 기울기는 $\frac{q_2-p_2}{q_1-p_1}$이다. 따라서 두 직선은 P를 공통으로 지나고 기울기가 같다. 즉, 두 직선은 같다. 따라서 P, Q, R은 한 직선 위의 점이다.

(10) 세 점의 x-좌표를 비교하면 $p_1 < q_1$이고 $0 < t < 1$이므로

$$p_1 < p_1 + t(q_1 - p_1) < q_1$$

이다. 즉 $P <_x R <_x Q$이다.

(11) 따라서 $\{(1-t)P + tQ \mid 0 \leq t \leq 1\} \subseteq \overline{PQ}$이다.

(12) 그러므로 단계 (8)과 (11)에 의하여 $\overline{PQ} = \{(1-t)P + tQ \mid 0 \leq t \leq 1\}$이다.

□

문제 5.1.2. 명제 5.1.2 (II)와 (III)을 증명하여라.

우리는 제 3장에서 결합공리군을 만족하는 모형 $\mathbb{R}^2$를 다루었다. 이제부터 결합기하학의 모형인 $\mathbb{R}^2$가 순서공리군도 만족함을 보인다.

> (순서공리 B-1) $P * Q * R$이면, 점 P, Q, R은 한 직선 위에 있는 서로 다른 세 점이고 $R * Q * P$이다.

증명 (1) 정의에 의하여 P, Q, R을 포함하는 직선이 존재한다.

(2) L이 수직 직선이 아닌 경우, $P <_x Q <_x R$이거나 $R <_x Q <_x P$ 이므로 Q가 R과 P사이에 있다고 할 수 있다(논리합의 교환법칙: $p \vee q \equiv q \vee p$).

(3) L이 수평 직선이 아닌 경우, $P <_y Q <_y R$이거나 $R <_y Q <_y P$ 이므로 Q가 R과 P사이에 있다고 할 수 있다. □

명제 5.1.2를 이용하여 $\mathbb{R}^2$가 순서공리 B-2와 순서공리 B-3를 만족함을 보이자.

> (순서공리 B-2) 서로 다른 두 점 P와 Q에 대하여 직선 $\overleftrightarrow{PQ}$ 위에
>
> $$A * P * Q, \quad P * B * Q, \quad P * Q * C$$
>
> 인 점 A, B, C가 존재한다.

증명 (1) 직선 $\overleftrightarrow{PQ}$는 $\{(1-t)P + tQ \mid t \in \mathbb{R}\}$이므로 $t = -1, \frac{1}{2}, 2$를 대입하여 $A = 2P - Q, B = \frac{(P+Q)}{2}, C = P + 2Q$를 잡는다.

(2) 편의상 $p_1 < q_1$이라고 가정하면

$$2p_1 - q_1 = p_1 + (p_1 - q_1) < p_1 < q_1$$

이므로 $A * P * Q$이다.

(3) 마찬가지로 $P * B * Q$와 $P * Q * C$를 보일 수 있다. □

> (순서공리 B-3) 한 직선 위에 서로 다른 세 점 P, Q, R에 대하여
>
> $$P * Q * R, \quad P * R * Q, \quad Q * P * R$$

중 오직 한 가지만 성립한다.

증명 (1) P, Q, R을 지나는 직선 L은 $\overleftrightarrow{PQ}$와 같다.

(2) 명제 5.1.2에 의하여 $L = \{(1-t)P + tQ \mid t \in \mathbb{R}\}$이다.

(3) 모든 $t \in \mathbb{R}$에 대하여 $A_t = (1-t)P + tQ$라고 하면 $P = A_0, Q = A_1$이다. 그리고 $R = A_t$인 어떤 $t \in \mathbb{R} \setminus \{0, 1\}$가 존재한다.

(4) 실수의 순서에 의하여 $t < 0, 0 < t < 1, 1 < t$ 중 오직 하나만 성립한다.

(5) 명제 5.1.2에 의하여 $0 < t < 1$이면 $R \in \overline{PQ}$이므로 $P * R * Q$이다.

(6) $t > 1$이면 $R \in \overrightarrow{PQ} \setminus \overline{PQ}$이므로 $P * Q * R$이다.

(7) 편의상 $p_1 < q_1$이라고 가정하고 $t < 0$인 경우 R의 x-좌표 r_1은

$$r_1 = (1-t)p_1 + tq_1 = p_1 + t(q_1 - p_1) < p_1 < q_1$$

이므로 $R <_x P <_x Q$이고 $R * P * Q$이다. □

평면분리 공리가 만족됨을 보이기 위하여 $\mathbb{R}^2$ 위의 동치관계 $\sim_L$을 해석적으로 간단하게 표현해 보자. 직선 $L = \{(x, y) \mid ax + by = c\}$과 직선 L 위에 있지 않은 두 점 P와 Q가 '직선 L에 대하여 같은 쪽에 있다($P \sim_L Q$)'라는 정의를 직선 L의 표현식을 이용하여 나타낼 수 있다.

$\mathbb{R}^2$ 위에서 정의된 이변수 함수 $f(x, y) = ax + by - c$에 대하여 f의 역상 $f^{-1}(0)$는 직선 L이고 $f(P) \neq 0, f(Q) \neq 0$이다. 선분 $\overleftrightarrow{PQ}$ 위의 점 $R_t = (1-t)P + tQ$를 f에 대입하면

$$f(R_t) = t(f(Q) - f(P)) + f(P)$$

이나. 이때 일변수 함수 $g : [0, 1] \to \mathbb{R}$를 $g(t) = f(R_t)$라고 하면 $g(t)$는 미분가능한 함수이고 $g'(t) = f(Q) - f(P)$으로 상수이다. 따라서 g는 증가함수거나 감소함수이므로 $t = 0, 1$에서 최댓값 · 최솟값으로 $f(P)$, $f(Q)$를 갖는다. 그러므로,

$$f(P) < f(R_t) \leq f(Q) \text{ 이거나 } f(Q) \leq f(R_t) \leq f(P) \tag{1.1}$$

가 성립한다. 이 사실을 이용하여 다음을 증명하자.

명제 5.1.3. 다음 두 명제는 동치이다.

(I) 점 P와 점 Q가 직선 L에 대하여 같은 쪽(반대쪽)에 있다.

(II) $f(P) \cdot f(Q)$가 양수(음수)이다.

증명 ((I)⇒(II)의 증명)

(1) 점 P와 점 Q가 직선 L에 대하여 같은 쪽(반대쪽)에 있다고 하자.

(2) 선분 $\overleftrightarrow{PQ}$는 L과 만나지 않는다($\overline{PQ} \cap L = \{R_{t_0}\}$인 R_{t_0}가 존재한다).

(3) $L = f^{-1}(0)$이므로 $\overline{PQ}$의 모든 점 R_t에 대하여 $f(R_t) \neq 0$이다($f(R_{t_0}) = 0$).

(4) 그러므로, 식 (1.1)에 의하여 $f(P)$와 $f(Q)$는 같은(다른) 부호이다.

((II)⇒(I)의 증명)

(1) 역으로 $f(P) \cdot f(Q)$가 양수라고 가정하자.

(2) 식 (1.1)에 의하여 모든 t에 대하여 $f(R_t)$는 같은 부호를 갖고 $f(R_t) \neq 0$ 이다.

(3) $\overline{PQ} \cap L = \varnothing$이고 점 P와 Q는 L에 대하여 같은 쪽에 있다.

(4) $f(P) \cdot f(Q)$가 음수라면 $f(R_{t_0}) = 0$가 되는 t_0가 존재한다.

(5) $\{R_{t_0}\} = \overline{PQ} \cap L$가 되므로 점 P와 Q는 L에 대하여 반대쪽에 있다. □

이제 $\mathbb{R}^2$가 평면분리 공리를 만족함을 명제 5.1.3를 사용하여 직접 증명할 수 있다.

(순서공리 B-4, 평면분리 공리) 직선 L 위에 있지 않는 임의의 세 점을 P, Q, R이라고 하자.

(I) 점 P와 점 Q가 직선 L에 대하여 같은 쪽에 있고 점 Q와 점 R이 직선 L에 대하여 같은 쪽에 있으면 점 P와 점 R이 직선 L에 대하여 같은 쪽에 있다. 즉,

$$P \sim_L Q \text{ 이고 } \quad Q \sim_L R \Longrightarrow P \sim_L R$$

이다.

(II) 점 P와 점 Q가 직선 L에 대하여 반대쪽에 있고 점 Q와 점 R이 직선 L에 대하여 반대쪽에 있으면 점 P와 점 R이 직선 L에 대하여 같은 쪽에 있다. 즉,

$$P \not\sim_L Q \text{ 이고 } \quad Q \not\sim_L R \Longrightarrow P \sim_L R$$

이다.

증명 (1) $L = f^{-1}(0)$이므로, $f(P), f(Q), f(R)$은 모두 0이 아니다.

(2) $P \sim_L Q$이고 $Q \sim_L R$이라면 $f(P) \cdot f(Q) > 0$이고 $f(Q) \cdot f(R) > 0$이다.

(3) $f(P) \cdot f(Q)^2 \cdot f(R) > 0$이고 $f(P) \cdot f(R) > 0$이다. 이것은 $P \sim_L R$과 동치이다.

(4) $P \not\sim_L Q$이고 $Q \not\sim_L R$이라면 $f(P) \cdot f(Q) < 0$이고 $f(Q) \cdot f(R) < 0$이다.

(5) $f(P) \cdot f(Q)^2 \cdot f(R) > 0$이고 $f(P) \cdot f(R) > 0$이다. 이것은 $P \sim_L R$과 동치이다. □

반평면 $\mathbb{H}(P)$는 정의에 의하여 직선 L에 대하여 점 P와 같은 쪽에 있는 점들의 집합이므로 $f(P) > 0$라면 $\mathbb{H}(P) = \{Q | f(Q) > 0\}$이라고 쓸 수 있다. 그러므로 임의의 직선 $L = \{(x, y) \mid f(x, y) = ax + by - c = 0\}$에 대하여 정확하게 두 개의 반평면

$$\mathbb{H}_+ = \{Q | f(Q) > 0\}, \quad \mathbb{H}_- = \{Q | f(Q) < 0\}$$

이 존재하는 것은 자명하다.

정리 5.1.4. $\mathbb{R}^2$의 직선 L에 대하여 $\mathbb{R}^2$를 공집합이 아닌 볼록집합의 합으로 분해할 수 있다. 즉,

$$\mathbb{R}^2 = \mathbb{H}_+ \cup L \cup \mathbb{H}_-$$

이고 이때

(1) $P \in \mathbb{H}_+, Q \in \mathbb{H}_-$이면 $\overline{PQ} \cap L \neq \varnothing$이다.

(2) 이와 같은 분해는 유일하다. 즉 공집합이 아닌 볼록집합 C^+와 C^-에 대하여 $\mathbb{R}^2 = C^+ \cup L \cup C^-$이고 세 집합 $C^\pm$와 L이 서로 소라면 $C^\pm = \mathbb{H}_\pm$이거나 $C^\pm = \mathbb{H}_\mp$이다.

다음으로 명제 5.1.2를 이용하여 직선분리의 성질을 간단히 증명하자.

정리 5.1.5. 직선 L 위에 있는 임의의 세 점을 P, Q, R이 $P * Q * R$를 만족하면 $L = \overrightarrow{PQ} \cup \overrightarrow{PR}$ 이다.

증명 (1) 명제 5.1.2에 의하여 직선 L은 $\overleftrightarrow{PQ}$와 같으므로

$$L = \{(1-t)P + tQ \mid t \in \mathbb{R}\}$$
$$\overrightarrow{PQ} = \{(1-t)P + tQ \mid t \geq 0\}$$

이다. 그러므로 $\overrightarrow{PR} = \{(1-t)P + tQ \mid t \leq 0\}$을 증명하면 된다.

(2) $R*P*Q$로부터 $R \in L \setminus \overrightarrow{PQ}$이므로 $R = (1-\lambda)P + \lambda Q$인 $\lambda < 0$가 존재한다.

(3) $(1-s)P + sR = (1-s)P + s((1-\lambda)P + \lambda Q) = (1-\lambda s)P + \lambda s Q$이다.

(4) $t = \lambda s$라 놓으면 $\{t \leq 0\}$과 $\{s \geq 0\}$는 일대일 대응이 된다.

(5) 즉, $\overrightarrow{PR} = \{(1-s)P + sR \mid s \geq 0\} = \{(1-t)P + tQ \mid t \leq 0\}$이다. □

5.2 $\mathbb{R}^2$에서의 Pasch의 정리와 횡선 정리

제 4장에서 우리는 결합 · 순서 공리계에서 Pasch의 정리와 횡선 정리를 공리들과 그것들로부터 증명된 정리들을 이용하여 종합적 방법(synthetic method)로 증명하였다. 그러나 모형 $\mathbb{R}^2$에서는 점과 직선, 결합과 순서의 무정의 용어들을 해석적으로 표현하였다. 우리는 이 절에서 두 정리를 해석적 방법(analytic method)로 간단히 증명한다.

정리 5.2.1. (Pasch의 정리) 임의의 삼각형 PQR과 꼭지점 P와 Q가 아닌 변 $\overline{PQ}$ 위의 점을 지나는 직선 L에 대하여 L은 R을 지나거나 아니면 변 $\overline{QR}$과 $\overline{PR}$ 중 어느 한 변과만 교차한다.

증명 (1) 주어진 $L = \{(x,y) \mid ax + by = c\}$에 대하여 함수 f를

$$f(x,y) = ax + by - c$$

라고 놓자.

(2) $\overline{PQ} \cap L \neq \phi$이므로 $f(P) \cdot f(Q) < 0$이다. 즉 $f(P)$와 $f(Q)$의 부호는 다르다.

(3) $f(R) = 0$이거나 $f(R) \neq 0$이다.

(4) $f(R) = 0$이면 직선 L이 R을 지난다.

(5) $f(R) \neq 0$이면 $f(R)$의 부호는 $f(P)$와 $f(Q)$ 중의 어느 하나의 부호와 같고, 다른 것의 부호와는 반대이다.

(6) $f(P) \cdot f(R) < 0$이거나 $f(Q) \cdot f(R) < 0$이고 이 둘은 동시에 성립하지 않는다.

(7) 만약 동시에 성립한다면 $f(P) \cdot f(Q) \cdot f(R)^2 > 0$이고 $f(P) \cdot f(Q) > 0$이 되어 단계 (2)에 위배된다.

(8) $f(P) \cdot f(R) < 0$이면 $\overline{PR} \cap L \neq \phi$이다.

(9) $f(Q)\cdot f(R) < 0$이면 $\overline{QR}\cap L \neq \phi$이다.

(10) 그러므로 L은 R을 지나거나 아니면 변 $\overline{QR}$과 $\overline{PR}$ 중 어느 한 변과만 교차한다. □

$\mathbb{R}^2$의 점 A가 각 $\angle QPR$의 내부에 있다는 정의를 각의 변을 포함하는 직선의 표현식을 이용하여 표현하여 보자. 직선 $\overleftrightarrow{PQ}$와 $\overleftrightarrow{PR}$의 표현식이 각각 $ax+by=c$와 $a'x+b'y=c'$이라고 하고 다음과 같은 이변수함수

$$f(x,y) = ax+by-c \quad g(x,y) = a'x+b'y-c'$$

을 생각하자. 이때 점이 각의 내부에 있다는 정의는 다음과 같이 표현된다.

임의의 각 $\angle QPR$과 점 A에 대하여 $f(A)\cdot f(R) > 0$이고 $g(A)\cdot g(Q) > 0$이면 점 A는 각 $\angle QPR$의 내부에 있다.

이 표현을 이용하여 다음의 보조정리와 횡선 정리를 해석적으로 증명해 보자.

보조정리 5.2.2. 점 A가 직선 $\overleftrightarrow{QR}$ 위에 있다고 하자. 점 A가 각 $\angle QPR$의 내부에 있을 필요충분조건은 $Q*A*R$이다.

증명 (1) $A\in\overleftrightarrow{QR}$이므로 실수인 어떤 t에 대하여 $A=(1-t)Q+tR$라고 하자.

(2) $\overleftrightarrow{PQ} = \{f(x,y)=ax+by-c=0\}$, $\overleftrightarrow{PR} = \{g(x,y)=a'x+b'y-c'=0\}$라고 놓자.

(3) 점 A가 각 $\angle QPR$의 내부점이므로 $f(A)\cdot f(R) > 0$, $g(A)\cdot g(Q) > 0$과 동치이다.

(4) $f(Q)=0$이므로 $f(A)=tf(R)$이고 $f(A)\cdot f(R) = tf(R)^2 > 0$이다.

(5) $g(R)=0$이므로 $g(A)=(1-t)g(Q)$이고 $g(A)\cdot g(Q) = (1-t)g(Q)^2 > 0$이다.

(6) 단계 (4)과 단계 (5)가 동시에 성립할 필요충분조건은 $0<t<1$인 것이다.

(7) 그러므로 A가 $\angle QPR$의 내부점이 될 필요충분조건은 $A\neq Q,R$이고 선분 $\overline{QR}$에 속하는 것이다. 즉 $Q*A*R$이다. □

문제 5.2.1. 제 3장에서 $\mathbb{R}^2$가 Euclid의 평행선공리를 만족함을 보였다. 이를 이용하여 보조정리 5.2.2에서 점 A가 직선 $\overleftrightarrow{QR}$에 속한다는 가정을 빼도 성립한다. A가

$\angle QPR$의 내부에 있을 필요충분조건은 $Q' * A * R'$인 점 $Q' \in \overrightarrow{PQ}$와 $R' \in \overrightarrow{PR}$이 존재한다는 것임을 보이시오.

이제 보조정리 5.2.2를 이용하여 횡선 정리를 증명하자.

정리 5.2.3. (횡선 정리, crossbar theorem) 점 A가 각 $\angle QPR$의 내부에 있을 때 $\overrightarrow{PA}$는 선분 $\overline{QR}$과 교차한다.

증명 (1) 두 점 $P = (p_1, p_2), Q = (q_1, q_2)$를 지나는 직선의 식이

$$f(x, y) = (q_2 - p_2)x - (q_1 - p_1)y - (p_1q_2 - p_2q_1) = 0$$

이고 $P = (p_1, p_2), R = (r_1, r_2)$를 지나는 직선의 식은

$$g(x, y) = (r_2 - p_2)x - (r_1 - p_1)y - (p_1r_2 - p_2r_1) = 0$$

이다.

(2) 직접 계산에 의하여 $f(R) = -g(Q)$ 이므로 $f(R) \cdot g(Q) < 0$이다.

(3) P와 $A = (a_1, a_2)$를 지나는 직선의 식이

$$h(x, y) = (a_2 - p_2)x - (a_1 - p_1)y - (p_1a_2 - p_2a_1) = 0$$

이다.

(4) $h(Q) = -f(A)$이고 $h(R) = -g(A)$이므로 $h(Q) \cdot h(R) = f(A) \cdot g(A)$이다.

(5) $f(A) \cdot f(R) > 0$이고 $g(A) \cdot g(Q) > 0$이므로 단계 (2)에 의하여 $f(A) \cdot g(A) < 0$이고 따라서 $h(Q) \cdot h(R) < 0$이다.

(6) Q와 R은 직선 $\overleftrightarrow{PA}$에 대하여 반대쪽에 있으므로 $\overline{QR} \cap \overleftrightarrow{PA} \neq \phi$이다.

(7) (귀류법 가정) $\overline{QR} \cap \overleftrightarrow{PA} = \{B\}$인 점 B가 $\overrightarrow{PA}$에 속하지 않는다고 하자.

(8) $B * P * A$이므로 $A \not\sim_{\overleftrightarrow{PQ}} B$이다. 따라서 $A \sim_{\overleftrightarrow{PQ}} R$이므로 $B \not\sim_{\overleftrightarrow{PQ}} R$이다.

(9) B는 $\angle QPR$의 내부점이 아니다.

(10) 보조정리 5.2.2에 의하여 $B \in \overline{QR}$는 $\angle QPR$의 내부점이다.

(11) 단계 (9)와 단계 (10)은 모순이므로 $B \in \overrightarrow{PA}$이다. □

제 6 장

합동공리군, Hilbert의 평행선공리와 연속공리군

제 5장에서 다룬 순서 개념처럼 합동 개념도 Euclid는 형식화하지 않고 암묵적으로 사용하였다. Euclid는 《원론》에서 '서로 일치하는 것은 같다'라는 보통공리 4에서 합동이라는 개념을 은연중에 사용하고 있다. 두 선분이 같다는 것은 옮겼을 때 두 선분이 일치하는 것을 의미하였다. 그러나 옮긴다는 것이 구체적으로 무엇인지는 언급하지 않았다.

§6.1에서 우리는 두 선분 또는 두 각이 같다는 것을 무정의 용어인 합동으로 받아들이고 이 합동이 어떤 성질을 갖는지를 합동공리 C-1 – 합동공리 C-6을 통하여 공부한다. 그리고 §6.2에서는 Euclid의 평행선공리와 동치인 Hilbert의 평행선공리를 공부하고 §6.3에서는 우리가 다루는 직선에 구멍이 없음을 보장하는 연속공리군을 다룬다.

6.1 합동공리군

무정의 관계인 합동(congruence)은 다음 여섯 개의 공리군을 통하여 선분 사이의 관계이거나 각 사이의 관계를 나타낸다. 합동은 $\simeq$로 표시한다.

> (합동공리 C-1) 임의의 선분 $\overline{PQ}$와 반직선 $\overrightarrow{P'R'}$에 대하여 $\overline{PQ} \simeq \overline{P'Q'}$인 점 $Q' \neq P'$이 $\overrightarrow{P'R'}$ 위에 유일하게 존재한다(그림 6.1 참조).

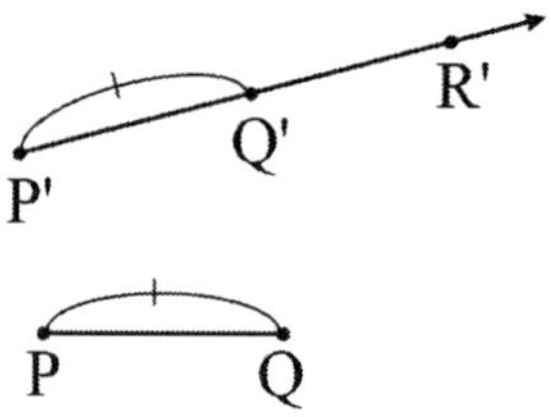

그림 6.1: 합동공리 C-1

주 . (1) 합동공리 C-1은 임의의 선분을 주어진 반직선으로 옮길 수 있음을 의미한다. Euclid는 이를 《원론》 제 1권의 명제 2.1.3에서 증명하고 있다. Euclid는 평면 위의 두 점 P와 Q가 주어졌을 때 P를 중심으로 하고 Q를 지나는 원이 유일하게 존재한다(Euclid의 공리 3)고 가정했으므로 컴퍼스를 사용하여 합동공리 C-1를 증명할 수 있었다.

(2) Euclid가 《원론》에서 전체는 부분보다 크다(보통공리 5)라고 하였다. 이는 두 선분 중 어느 한 선분을 다른 선분으로 옮겼을 때 전체와 부분으로 나누어 그 크기를 비교할 수 있음을 은연중에 암시하고 있다. 그러나 부분과 전체의 구분에 대한 설명도 없이 그림 또는 직관을 이용하여 서술되었다. Hilbert는 제 3장에서 다룬 순서의 개념을 사용하여 선분이나 각을 전체와 부분으로 명쾌하게 나누었다.

합동공리 C-1에 의하여 임의의 선분을 다른 반직선의 끝점에 맞추어 겹치게 옮길 수 있으므로 다음의 정의가 가능하다.

정의 6.1.1. 임의의 선분 $\overline{PQ}$와 $\overline{P'Q'}$에 대하여 $\overline{PQ} \simeq \overline{P'Q_1}$이고 $P' * Q_1 * Q'$을 만족하는 Q_1이 존재한다면 $\overline{PQ}$가 $\overline{P'Q'}$보다 작다라고 하고 $\overline{PQ} < \overline{P'Q'}$로 표기한다(그림 6.2 참조).

(합동공리 C-2)

(I) 임의의 선분은 자기 자신과 합동이다.

(II) $\overline{PQ} \simeq \overline{P'Q'}$이고 $\overline{PQ} \simeq \overline{P''Q''}$이면 $\overline{P'Q'} \simeq \overline{P''Q''}$이다.

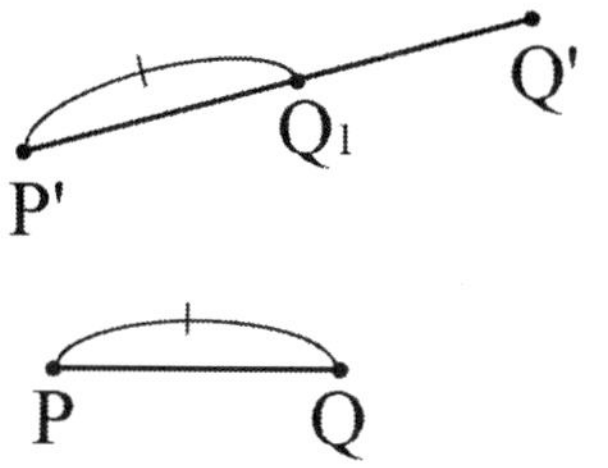

그림 6.2: $\overline{PQ} < \overline{P'Q'}$

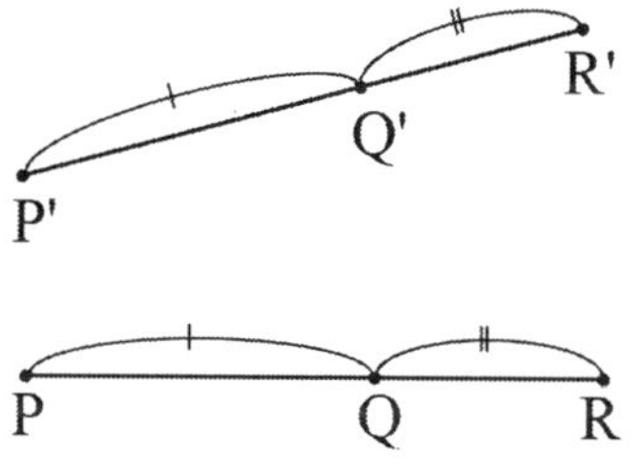

그림 6.3: 합동공리 C-3(선분의 덧셈 $\overline{PR} \simeq \overline{P'R'}$)

여기서 합동은 모든 선분들 사이의 관계로서 동치 관계임을 보이자.

증명 (1) $\overline{PQ} \simeq \overline{PQ}$이므로 합동은 반사적 관계이다.

(2) $\overline{PQ} \simeq \overline{P'Q'}$라고 하면 $\overline{PQ} \simeq \overline{PQ}$과 함께 합동공리 C-2에 의하여 $\overline{P'Q'} \simeq \overline{PQ}$이다. 그러므로 합동은 대칭적 관계이고 '두 선분은 서로 합동이다'라고 할 수 있다.

(3) $\overline{PQ} \simeq \overline{P'Q'}$이고 $\overline{P'Q'} \simeq \overline{P''Q''}$이라고 하자. 합동의 대칭적 성질을 이용하여 $\overline{P'Q'} \simeq \overline{PQ}$이므로 합동공리 C-2에 의하여 $\overline{PQ} \simeq \overline{P''Q''}$이다. 그러므로 합동은 추이적 관계이다.

(4) 따라서 합동 $\simeq$은 반사적, 대칭적, 추이적이므로 동치 관계이다. □

> (합동공리 C-3, 선분의 덧셈) $P * Q * R$이고 $P' * Q' * R'$이고 $\overline{PQ} \simeq \overline{P'Q'}, \overline{QR} \simeq \overline{Q'R'}$이면 $\overline{PR} \simeq \overline{P'R'}$이다(그림 6.3 참조).

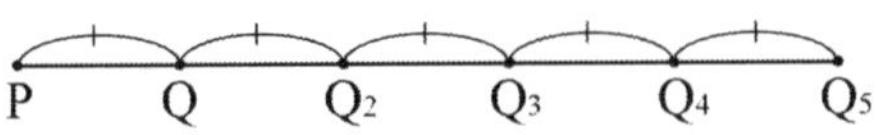

그림 6.4: $5 \cdot \overline{PQ} = \overline{PQ_5}$

주 . (1) 합동공리 C-3은 한 직선 위에 나란히 붙어 있는 두 선분의 덧셈을 의미하고 이를 $\overline{PQ} + \overline{QR} \simeq \overline{PR}$로 표기한다. 한편 두 선분이 한 직선 위에 나란히 붙어있지 않은 두 선분의 덧셈도 합동공리 C-1을 이용하여 의미를 갖는다. 두 직선 L과 L' 위의 두 선분 $\overline{PQ}$와 $\overline{P'Q'}$의 덧셈을 다음과 같이 정의할 수 있다. 합동공리 C-1에 의하여 L'의 선분 $\overline{P'Q'}$를 $\overrightarrow{QP}$의 반대 방향으로 옮겨서 $\overline{P'Q'} \simeq \overline{QS}$인 점 S가 L에 존재한다. 이제

$$\overline{PQ} + \overline{P'Q'} \simeq \overline{PQ} + \overline{QS} \simeq \overline{PS}$$

로 정의한다.

(2) 이 공리는 $n \cdot \overline{PQ}$의 정의를 가능하게 한다. 주어진 선분 $\overline{PQ}$에 대하여 합동공리 C-1에 의하여

$$P * Q * Q_2,\ Q * Q_2 * Q_3,\ \cdots,\ Q_{n-2} * Q_{n-1} * Q_n$$

$$\overline{PQ} \ \simeq \ \overline{QQ_2} \ \simeq \ \overline{Q_2Q_3} \ \simeq \ \cdots \ \simeq \ \overline{Q_{n-1}Q_n}$$

인 점 $Q_2,\ Q_3, \cdots,\ Q_n$들이 존재한다. 이때 $n \cdot \overline{PQ} = \overline{PQ_n}$으로 놓는다(그림 6.4 참조).

(3) 만약 $2 \cdot \overline{PQ} = \overline{P'Q'}$이라면 $\overline{PQ} = (1/2) \cdot \overline{P'Q'}$로 표기한다.

Euclid의 보통공리 3(서로 같은 것에서 서로 같은 것을 빼는 것은 같다)을 합동인 선분에 국한시켰을 때 공리가 아니라 합동공리 C-1, C-2, C-3를 이용하여 증명할 수 있다.

정리 6.1.1. (선분의 뺄셈) $P * Q * R$이고 $P' * Q' * R'$이고 $\overline{PQ} \simeq \overline{P'Q'}$, $\overline{PR} \simeq \overline{P'R'}$이면 $\overline{QR} \simeq \overline{Q'R'}$이다(그림 6.5 참조).

증명 (1) 합동공리 C-1에 의하여 $\overline{QR} \simeq \overline{Q'R_1}$인 $R_1 \in \overrightarrow{Q'R'}$에 존재한다.

(2) 합동공리 C-3에 의하여 $\overline{PR} \simeq \overline{P'R_1}$이다.

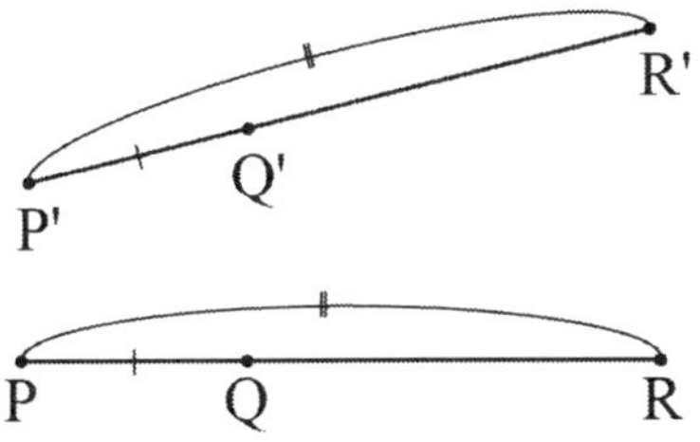

그림 6.5: 선분의 뺄셈 $\overline{QR} \simeq \overline{Q'R'}$

(3) 합동공리 C-2에 의하여 가정과 단계 (2)는 $\overline{P'R'} \simeq \overline{P'R_1}$를 함의한다.

(4) $R', R_1 \in \overrightarrow{Q'R'}$이므로 합동공리 C-1의 유일성에 의하여 $R' = R_1$이고 단계 (1)로부터 $\overline{QR} \simeq \overline{Q'R'}$이다. □

다음 정리는 선분에 대한 삼분법을 증명하는데 필요하다.

정리 6.1.2. $\overline{PQ} \simeq \overline{P'Q'}$이고 $P * A * Q$일 때 $\overline{PA} \simeq \overline{P'A'}$이고 $P' * A' * Q'$인 점 A'이 유일하게 존재한다.

증명 (1) 합동공리 C-1에 의하여 $\overline{PA} \simeq \overline{P'A'}$이고 $A' \in \overrightarrow{P'Q'}$, $A' \neq P'$인 점 A'이 유일하게 존재한다.

(2) (귀류법 가정) $P' * A' * Q'$이 아니라고 하자. 그러면 $A' = Q'$이거나 $P' * Q' * A'$이다.

(3) (경우 1) $A' = Q'$이라면 $\overline{PA} \simeq \overline{P'Q'}$이다. $\overline{PQ} \simeq \overline{P'Q'}$이므로 $\overline{PA} \simeq \overline{PQ}$이다.

(4) 합동공리 C-1과 $A, Q \in \overrightarrow{PQ}$에 의하여 $A = Q$이다(모순).

(5) (경우 2) $P' * Q' * A'$라고 하자.

(6) 합동공리 C-1에 의하여 $\overline{Q'A'} \simeq \overline{QB}$이고 $P * Q * B$인 점 B가 존재한다. 따라서 $B \notin PQ$이고 $A \in \overline{PQ}$이므로 $A \neq B$이다.

(7) 합동공리 C-3에 의하여 $\overline{PB} \simeq \overline{P'A'}$이다.

(8) 합동공리 C-2에 의하여 $\overline{P'A'} \simeq \overline{PA}$이므로 $\overline{PA} \simeq \overline{PB}$이다.

(9) 합동공리 C-1과 $A, B \in \overrightarrow{PQ}$이므로 $A = B$이다. 이것은 단계 (6)에 모순이다.

(10) 그러므로 $P' * A' * Q'$이 성립한다. □

이제 정리 6.1.2를 이용하여 모든 두 선분의 크기를 비교하는 것이 가능함을 보이자.

정리 6.1.3. (선분에 대한 삼분법) 임의의 두 선분 $\overline{PQ}$와 $\overline{P'Q'}$에 대하여 다음 세 가지

$$\overline{PQ} < \overline{P'Q'}, \quad \overline{PQ} \simeq \overline{P'Q'} \quad \overline{P'Q'} < \overline{PQ}$$

중 오직 한 가지만 성립한다.

증명 (1) 합동공리 C-1에 의하여 $\overline{PQ} \simeq \overline{P'Q_1}$인 $Q_1 \in \overrightarrow{P'Q'}, (Q_1 \neq P')$이 존재한다.

(2) $Q_1 = Q'$이라면 $\overline{PQ} \simeq \overline{P'Q'}$이다.

(3) $Q_1 \neq Q'$라면 순서공리 B-3에 의하여 $P' * Q' * Q_1$이거나 $P' * Q_1 * Q'$이거나 $Q_1 * P' * Q'$ 중 어느 하나만 성립한다.

(4) $Q_1 * P' * Q'$인 경우 $Q_1 \notin \overrightarrow{P'Q'}$이므로 모순이다.

(5) $P' * Q_1 * Q'$인 경우 정의에 의하여 $\overline{PQ} < \overline{P'Q'}$이다.

(6) $P' * Q' * Q_1$인 경우 정리 6.1.2에 의하여 $\overline{P'Q'} \simeq \overline{PA}$이고 $P * A * Q$인 점 A가 유일하게 존재한다.

(7) 정의에 의하여 단계 (6)은 $\overline{P'Q'} < \overline{PQ}$를 의미한다.

(8) 단계 (2), (5), (7)에 의하여 선분에 대한 삼분법이 성립한다. □

다음으로 선분에 대한 공리와 비교하면서 각에 관한 공리들을 살펴보자.

> (합동공리 C-4) 주어진 각 $\angle QPR$, 반직선 $\overrightarrow{P'Q'}$, 직선 $\overleftrightarrow{P'Q'}$에 대한 반평면 $\mathbb{H}$에 대하여 $\angle QPR \simeq \angle Q'P'R'$인 반직선 $\overrightarrow{P'R'}$이 반평면 $\mathbb{H}$ 쪽으로 유일하게 존재한다.

이 공리는 각의 한 변이 결정되면 그 변을 포함하는 직선을 경계로 하는 두 반평면으로 각각 원하는 각을 옮길 수 있음을 의미한다. 합동공리 C-1에 의하여 선분의 크기를 비교할 수 있듯이 합동공리 C-4에 의하여 두 각의 크기를 비교할 수 있다.

정의 6.1.2. 두 각 $\angle QPR$과 $\angle Q'P'R'$에 대하여 $\angle QPR \simeq \angle Q'P'A$인 반직선 $\overrightarrow{P'A}$가 두 반직선 $\overrightarrow{P'Q'}$과 $\overrightarrow{P'R'}$ 사이에 있을 때 $\angle QPR$은 $\angle Q'P'R'$보다 작다라고 하고 $\angle QPR < \angle Q'P'R'$로 표기한다.

다음 절에서 임의의 두 각에 대한 삼분법이 존재하는 것을 보인다.

> (합동공리 C-5)
>
> (I) 임의의 각은 자기 자신과 합동이다.
>
> (II) $\angle QPR \simeq \angle Q'P'R'$이고 $\angle QPR \simeq \angle Q''P''R''$이면 $\angle Q'P'R' \simeq \angle Q''P''R''$이다.

주 . (1) 선분과 마찬가지로 합동공리 C-5에 의하여 각들 사이의 관계로서 합동도 동치 관계이다.

(2) 선분의 덧셈에 대한 합동공리 C-3처럼 나란히 붙어 있는 두 각의 덧셈은 다른 공리들로부터 증명될 수 있다. 다음 절에서 각의 뺄셈과 함께 증명할 것이다.

정의 6.1.3. 두 삼각형 PQR과 삼각형 $P'Q'R'$에 대하여 꼭지점 사이에 일대일 대응이 존재하여 세 개의 대응변과 세 개의 대응각이 각각 합동일 때 두 삼각형이 합동이라고 한다.

Euclid가 《원론》 제 1권의 명제 2.1.4에서 직관에 의하여 증명한 SAS 합동정리를 Hilbert는 공리로 놓았다.

> (SAS 합동공리 C-6) 두 삼각형의 대응하는 두 변과 그 사이각이 각각 합동이면 두 삼각형은 합동이다.

이 공리는 삼각형의 합동조건 여섯 가지 중 적당한 세 가지가 합동이면 나머지는 자동으로 합동이 됨을 말한다. Hilbert가 처음 제안한 합동공리 C-6은 다음과 같다.

> 두 삼각형 PQR과 삼각형 $P'Q'R'$에 대하여
>
> $$\overline{PQ} \simeq \overline{P'Q'}, \quad \angle P \simeq \angle P', \quad \overline{PR} \simeq \overline{P'R'}$$
>
> 이면 $\angle Q \simeq \angle Q'$이다.

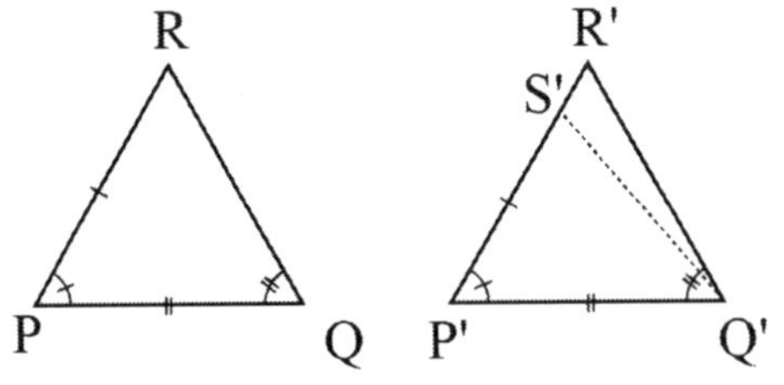

그림 6.6: 정리 6.1.4(ASA 합동정리)

문제 6.1.1. Hilbert가 처음 제안한 합동공리로부터 SAS 합동공리 C-6를 증명하시오.

이제 SAS 합동공리 C-6으로부터 다음과 같은 ASA 합동정리를 증명하자.

정리 6.1.4. (ASA 합동정리) 두 삼각형 PQR과 삼각형 $P'Q'R'$에 대하여 $\overline{PQ} \simeq \overline{P'Q'}$이고 $\angle QPR \simeq \angle Q'P'R', \angle PQR \simeq \angle P'Q'R'$라면 삼각형 PQR과 삼각형 $P'Q'R'$이 합동이다.

증명 (1) $\overline{PR} \simeq \overline{P'R'}$이라면 SAS 합동공리 C-6에 의하여 $\triangle PQR \simeq \triangle P'Q'R'$이다. 따라서 $\overline{PR} \simeq \overline{P'R'}$임을 보이면 된다.

(2) (귀류법 가정) $\overline{PR} \not\simeq \overline{P'R'}$이라고 가정하자(그림 6.6 참조).

(3) 합동공리 C-1 에 의하여 $\overline{PR} \simeq \overline{P'S'}$인 $S' \in \overrightarrow{P'R'}, (S' \neq P', R')$이 존재한다. 이때 $\overrightarrow{P'R'} = \overrightarrow{P'S'}$이고 특히 R'과 S'은 직선 $\overleftrightarrow{P'Q'}$에 대하여 같은 쪽에 있다.

(4) SAS 합동공리 C-6에 의하여 $\triangle PQR \simeq \triangle P'Q'S'$이다.

(5) 단계 (4)와 가정에 의하여 $\angle PQR \simeq \angle P'Q'S'$이고 $\angle PQR \simeq \angle P'Q'R'$이므로 $\angle P'Q'S' \simeq \angle P'Q'R'$이다.

(6) $\angle P'Q'S'$과 $\angle P'Q'R'$의 한 변은 $\overrightarrow{Q'P'}$으로 같고 $R' \sim_{\overleftrightarrow{P'Q'}} S'$이므로 $\overrightarrow{Q'R'} = \overrightarrow{Q'S'}$이다(합동공리 C-4).

(7) 단계 (3)과 단계 (6)에 의하여 $\overrightarrow{P'R'} \cap \overrightarrow{Q'R'} = \overrightarrow{P'S'} \cap \overrightarrow{Q'S'}$이므로 $R' = S'$이다.

(8) $R' = S'$는 단계 (3)에 위배된다(모순).

□

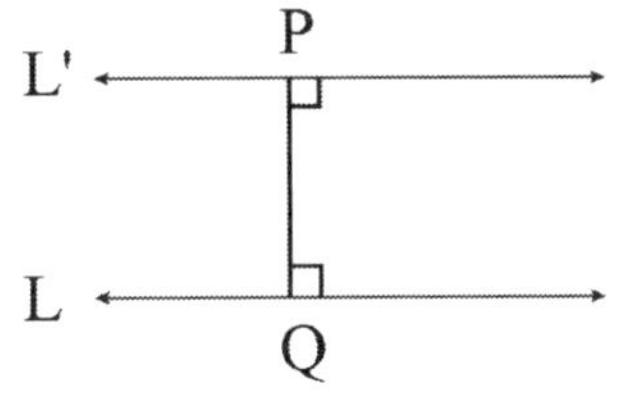

그림 6.7: Hilbert의 평행선공리

6.2 Hilbert의 평행선공리

Hilbert는 Euclid의 다섯 번째 공리인 평행선공리와 동치이지만 좀 더 이해하기가 쉬운 다음의 공리를 제안하였다.

> (Hilbert의 평행선공리) 임의의 직선 L과 L 위에 있지 않은 점 P에 대하여 P를 지나고 L과 평행인 직선이 많아야 하나 존재한다.

엇각 정리에 의하여 P를 지나고 L과 평행인 직선이 적어도 한 개 존재하므로 Hilbert의 평행선공리는 이 같은 평행선이 유일하게 존재한다는 Playfair의 평행선공리와 동치이다(그림 6.7 참조).

> (Playfair의 평행선공리) 임의의 직선 L과 L 위에 있지 않은 점 P에 대하여 P를 지나고 L과 평행인 직선이 유일하게 존재한다.

제 11장에서 Hilbert의 평행선공리는 Euclid의 평행선공리와 동치임을 보인다.

6.3 연속공리군

제 1장과 제 2장에서 Euclid의 《원론》 제 1권을 공부하면서 몇가지 문제점을 지적하였다. 예를 들면 직선과 직선, 직선과 원, 또는 원과 원의 교점의 존재성을 아무런 근거가 없이 직관에 의존하여 가정하였다는 점이다. 이것을 보완하기 위하여 직선과 원 위에 구멍이 없이 연속이라는 근거를 제시하는 연속공리군을 Hilbert가 첨가하였다.

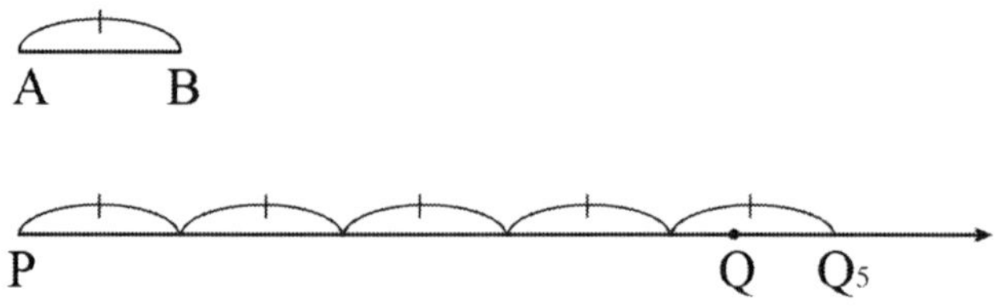

그림 6.8: Archimedes의 공리($\overline{PQ} < 5 \cdot \overline{AB}$)

고대 그리스 시대에 Pythagoras 학파는 Pythagoras 정리를 증명하고 기뻐하였으나 한 변의 길이가 1인 정사각형의 대각선의 길이가 제곱하여 2가 되는데 이 수가 유리수가 아니라는 문제로 큰 위기에 직면했다. Pythagoras는 세상의 만물이 수의 지배를 받는다고 했는데 여기서 수는 유리수를 의미한다. 이 유리수(rationals)만 이성적인(rational) 것이었는데 Pythagoras 정리의 부산물로 이성적이지 않은 수(irrational)를 발견하게 되었다. 이는 수학사에 나타난 첫 번째 위기였고 19세기 말에 와서야 비로소 해결되었다.

유리수에서 실수로 확장하는 방법을 여러 수학자들이 제시하였는데 이는 유리수에서의 사칙연산과 순서를 보존하면서 구멍이 없는 연속체(continuum field)로의 확장을 의미한다. 이것을 실수의 완비성(completeness)이라고 한다. Hilbert는 Euclid 기하학의 직선도 실수체와 같이 완비적이라고 공리로서 받아들였다. 이 절에서는 Hilbert가 제시한 직선의 완비성공리와 함께 Dedekind 절단(cut)의 방법를 설명한다. Dedekind는 유리수로부터 실수체로 확장하는 구성적 방법(constructible method)를 제시하였는데 이를 직선에 그대로 적용할 수 있다.

다음은 실수에 대한 Archimedes의 공리를 선분에 그대로 가져와 모든 선분이 유한함을 보장할 수 있다.

(Archimedes의 공리) 두 선분 $\overline{PQ}$와 $\overline{AB}$에 대하여 $n \cdot \overline{AB} \simeq \overline{PR}, P * Q * R$을 만족하는 자연수 n과 점 R이 존재한다(그림 6.8 참조).

주 . Archimedes(기원전 287 – 212년경)의 공리에 의하여 모든 선분은 무한소나 무한대가 아님을 알 수 있다. $\overline{PQ} < n \cdot \overline{AB}$이므로 만약 $\overline{AB}$를 단위길이로 지정한다면

모든 선분의 길이가 유한하다는 것을 함의한다. 역으로 선분 $\overline{PR}$이 단위길이라면 $\overline{AB} > 1/n$이 되어 모든 선분이 무한소적으로 작아질 수 없음을 의미한다.

(직선의 완비성공리, Axiom of line completeness) 결합 · 순서 관계와 결합 · 순서 · 합동공리군과 Archimedes의 공리로부터 유도되는 순서와 합동의 기본 성질을 보존하면서 직선 위의 점들을 확장시키는 것이 불가능하다.

직선의 완비성공리에 의하여 우리가 다루는 기하학에 점과 직선을 더 이상 추가할 수 없는 다 채워진 상태임을 보일 것이다.

정리 6.3.1. (완비성 정리) 결합 · 순서 · 합동공리군과 Archimedes의 공리로 이루어진 공리계에서 그 공리계의 모든 점과 직선들의 집합을 모든 공리를 만족하면서 확장시킬 수 없다.

증명 (1) 기존의 공리계를 A_0라 하고 모든 공리를 만족하면서 확장된 새로운 공리계를 A_1이라고 하자(그림 6.9 참조). 이때 A_0의 점과 직선의 집합과 A_1의 점과 직선의 집합이 같음을 보이자.

(2) (귀류법 가정) A_1에 새로운 점 N이 존재한다고 하자.

(3) 결합공리 I-3에 의하여 일직선 상에 있지 않은 세 점 P, Q, R이 A_0에 존재하고 직선 $\overleftrightarrow{PN}, \overleftrightarrow{QN}, \overleftrightarrow{RN}$이 존재한다.

(4) (경우 1) $\overleftrightarrow{PN}$과 $\overleftrightarrow{QR}$이 평행하지 않다면 $\overleftrightarrow{PN} \cap \overleftrightarrow{QR} = \{S\}$인 점 S가 존재한다.

(5) 직선의 완비성 공리에 의하여 $\overleftrightarrow{QR}$은 기존의 공리계 A_0의 직선이므로 $\overleftrightarrow{QR}$ 위에 새로운 점을 추가할 수 없다. 즉 $S \in \overleftrightarrow{QR}$은 A_0의 점이다. 그러므로 결합공리 I-1에 의하여 $\overleftrightarrow{PS}$는 A_0의 직선이다.

(6) $S \in \overleftrightarrow{PN}$이므로 $\overleftrightarrow{PN} = \overleftrightarrow{PS}$이고 $N \in \overleftrightarrow{PS}$이다. 단계 (5)와 마찬가지로 기존의 직선 $\overleftrightarrow{PS}$에 새로운 점 N을 첨가할 수 없으므로 N은 A_0의 점이다(모순).

(7) (경우 2) $\overleftrightarrow{QN}$과 $\overleftrightarrow{PR}$이 평행이 아니거나 $\overleftrightarrow{RN}$과 $\overleftrightarrow{PQ}$가 평행이 아닌 경우에도 N이 A_0의 점임을 보일 수 있다(모순).

(8) (경우 3) $\overleftrightarrow{PN}$과 $\overleftrightarrow{QR}$, $\overleftrightarrow{QN}$과 $\overleftrightarrow{PR}$, $\overleftrightarrow{RN}$과 $\overleftrightarrow{PQ}$들이 동시에 평행이라고 가정하자.

(9) 평행사변형 $NQRP$에서 $N \not\sim_{\overleftrightarrow{PQ}} R$이므로 $\overline{NR} \cap \overleftrightarrow{PQ} \neq \varnothing$이고 이는 $\overleftrightarrow{NR}$과 $\overleftrightarrow{PQ}$가 평행하다는 것에 위배된다(모순).

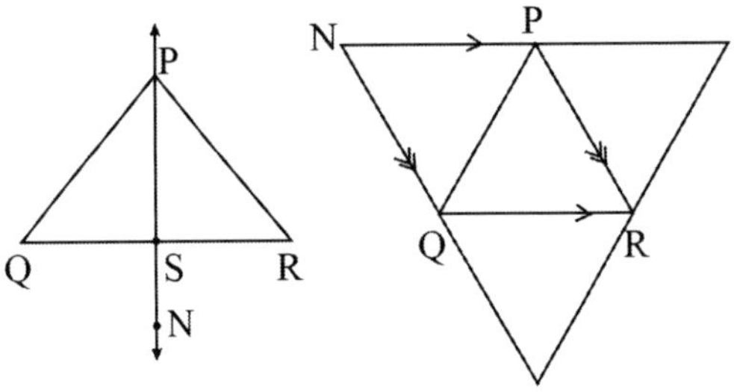

그림 6.9: 완비성 정리

(10) 그러므로 모든 경우에 새로운 점 N은 존재하지 않는다.

(11) (귀류법 가정) A_1에 새로운 직선을 L_1이라고 하자.

(12) 새로운 직선 L_1도 결합공리 I-2를 만족해야 하므로 L_1에 적어도 두 점이 있어야 한다.

(13) 단계 (10)에 의하여 A_1에 새로운 점이 존재하지 않으므로 기존의 공리계 A_0의 점 S, T가 L_1에 존재한다.

(14) 결합공리 I-1에 의하여 두 점 S, T를 지나는 직선 $\overleftrightarrow{ST}$는 기존의 공리계 A_0에 속하는 직선이고 결합공리 I-1의 유일성에 의하여 $\overleftrightarrow{ST} = L_1$이므로 L_1은 기존의 공리계 A_0에 속한다(모순). □

문제 6.3.1. 각의 내부와 횡선 정리를 이용하여 단계 (9)의 $N \not\sim_{\overleftrightarrow{PQ}} R$을 증명하시오.

직선의 완비성을 Hilbert처럼 더 이상 확장할 수 없이 이미 모두 완비되었다고 공리로 지정하는 방법 외에 유리수로부터 직접 완비적인 성질을 갖도록 실수들을 만드는 방법(constructive method)인 Dedekind 절단(cut)을 직선에 그대로 적용시키는 방법이 있다. 직선분리의 성질은 직선 위의 점 P에 의하여 직선이 두 반직선으로 분리함을 의미한다. 이 성질의 역은 직선을 두 방향으로 나누어졌다면 그 분리가 유일한 점에 의하여 결정됨을 말한다. 이는 직선에 구멍이 없어야 가능한 성질이다.

예를 들면, 수직선이 유리수로만 이루어졌다면 수직선을

$$\Sigma_1 = \{r \in Q \mid r < 0 \text{ 이거나 } r^2 < 2\}$$
$$\Sigma_2 = Q \setminus \Sigma_1$$

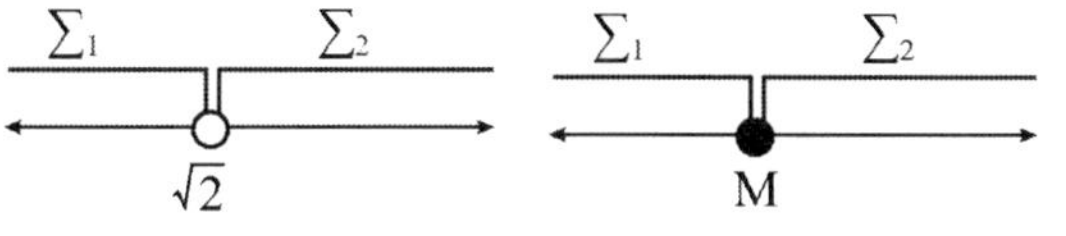

그림 6.10: 직선의 완비성

로 분리할 때, Σ_1과 Σ_2를 분리하는 점이 유리수 Q에는 존재하지 않는다. 이렇게 분리하는 점이 비어있을 때 $\sqrt{2}$를 첨가하여 유리수로 이루어진 수직선의 구멍을 없애는 방법을 Dedekind가 제안한다(그림 6.10 참조). 이런 성질을 실수의 완비성이라고 한다.

이제 이 성질을 그대로 적용하여 직선을 두 반직선으로 절단하고 각각의 절단마다 유일하게 직선 위의 점이 결정됨을 공리화한다.

> (Dedekind의 공리) 한 직선 L 위의 모든 점의 집합이 공집합이 아닌 두 부분집합의 합집합 $\Sigma_1 \cup \Sigma_2$이고 Σ_1의 어떤 점도 Σ_2의 두 점 사이에 있지 않고 또 그 역도 성립한다고 하자. 그러면 $P_1 * M * P_2$이기 위한 필요충분조건은 $P_1 \in \Sigma_1, P_2 \in \Sigma_2, M \neq P_1, P_2$이 되는 점 M이 L 위에 유일하게 존재한다는 것이다.

이제 Dedekind의 공리를 이용하여 원과 직선의 교점, 원과 원의 교점이 존재하는 것을 증명하자.

정의 6.3.1. 중심이 O이고 점 R을 지나는 원 Γ에 대하여 집합 $\{P \mid \overline{OP} < \overline{OR}\}$을 원 Γ의 내부라고 하고 집합 $\{P \mid \overline{OP} > \overline{OR}\}$을 원 Γ의 외부라고 한다.

보조정리 6.3.2. 직선 L 위에 있지 않은 점 P에서 L로 그은 수선의 발을 Q라고 할 때, $Q * R * S$이면 $\overline{PQ} < \overline{PR} < \overline{PS}$이다(그림 6.11 참조).

증명 (1) 삼각형 PQR은 직각삼각형이므로 직각인 $\angle Q$에 대응하는 빗변 $\overline{PR}$이 가장 긴 변이다. 즉, $\overline{PQ} < \overline{PR}$이다.

(2) 외각 정리에 의하여 삼각형 PQR의 외각 $\angle PRS$는 직각인 내대각 $\angle Q$보다 크므로 $\pi/2 < \angle PRS$이다.

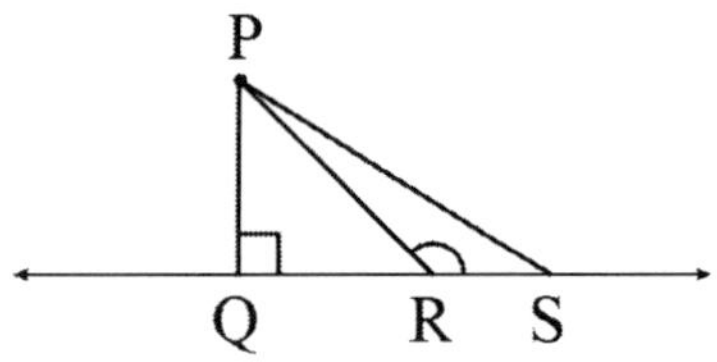

그림 6.11: 보조정리 6.3.2($\overline{PQ} < \overline{PR} < \overline{PS}$)

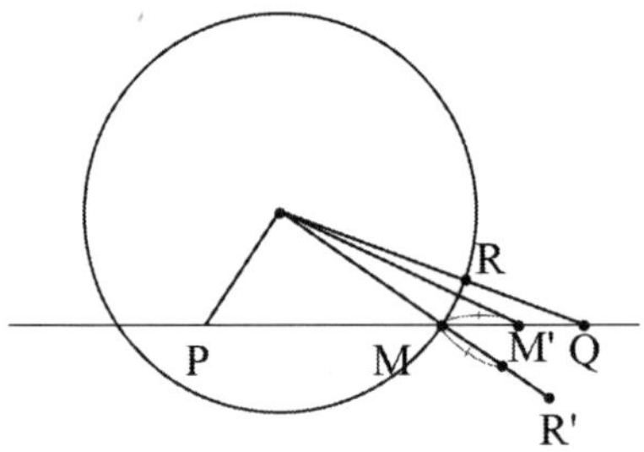

그림 6.12: 기본연속원리

(3) 삼각형 PRS에 대한 외각 정리와 단계 (2)에 의하여

$$\angle PSR < \angle PRQ \simeq \pi - \angle PRS < \frac{\pi}{2} < \angle PRS$$

이다.

(4) 삼각형 PRS에서 큰 각 $\angle PRS$에 대응되는 대변 $\overline{PS}$가 작은 각 $\angle PSR$에 대응되는 $\overline{PR}$보다 크다. □

Dedekind의 공리를 이용하여 기본연속원리(elementary continuity principle)를 증명할 수 있다.

(기본연속원리) 원 Γ의 내부에 점 P와 외부에 점 Q가 있을 때 선분 $\overline{PQ}$는 원 Γ와 반드시 만난다.

증명 (1) 점 R을 원 Γ의 점, O를 Γ의 중심이라 하고 직선 $\overleftrightarrow{PQ}$의 Dedekind 절단

(Σ_1, Σ_2)를

$$\Sigma_1 = \left\{S \mid S*P*Q \ \text{ 이거나 } \ \overline{OS} < \overline{OR}\right\}$$
$$\Sigma_2 = \left\{S \mid P*Q*S \ \text{ 이거나 } \ \overline{OS} > \overline{OR}\right\}$$

로 정의하자.

(2) $\overline{OP} < \overline{OR} < \overline{OQ}$이므로 $P \in \Sigma_1$이고 $Q \in \Sigma_2$이다. 따라서 Σ_1과 Σ_2는 공집합이 아니다.

(3) 보조정리 6.3.2에 의하여 Σ_1, Σ_2가 볼록집합이다.

(4) 그러므로 Dedekind 공리에 의하여

$$P_1 * M * P_2 \ \Leftrightarrow \ P_1 \in \Sigma_1, \ P_2 \in \Sigma_2, \ M \neq P_1, P_2$$

인 M이 유일하게 존재한다. 이제 $\overline{OM} \simeq \overline{OR}$를 보이자.

(5) (귀류법 가정) $\overline{OM} < \overline{OR}$이라 가정하면 $O*M*R'$이고 $\overline{OR} \simeq \overline{OR'}$인 R'이 존재한다(그림 6.12 참조).

(6) $P*M*M'$이고 $\overline{MM'} < \overline{MR'}$인 M'이 존재한다. 삼각형 OMM'에서

$$\overline{OM'} < \overline{OM} + \overline{MM'} < \overline{OM} + \overline{MR'} \simeq \overline{OR'} \simeq \overline{OR}$$

이 성립하므로 $M' \in \Sigma_1$이다.

(7) 한편 Dedekind의 공리에 의하여 $P*M*M'$이므로 $M' \in \Sigma_2$이다(모순).

(8) $\overline{OM} > \overline{OR}$인 경우도 같은 논리로 모순이다. 그러므로 $\overline{OM} \simeq \overline{OR}$이다. 즉, M은 원 Γ와 선분 $\overline{PQ}$의 교점이다. □

기본연속공리와 마찬가지로 원의 연속원리(circular continuity principle)도 증명할 수 있다.

> (원의 연속원리) 점 P는 Γ_1의 내부에 있고 점 Q는 원 Γ_1의 외부에 있다고 하자. 원 Γ_2의 내부에 P와 Q를 포함하면, 원 Γ_1과 원 Γ_2는 서로 다른 두 점에서 만난다.

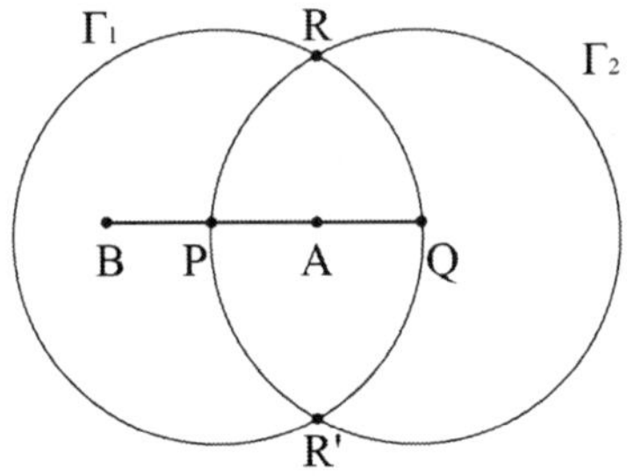

그림 6.13: 명제 2.1.1과 두 원의 교점

주 . Euclid는 《원론》 제 1권의 명제 1에서 정삼각형의 존재성을 보일 때 두 원의 교점을 직관적으로 가정하였다. 그러나 원의 연속원리에 의하여 Γ_2의 내부점 $A = (P+Q)/2$와 외부점 $B = (3P-Q)/2$가 원 Γ_1에 포함하므로 두 원 Γ_1과 Γ_2는 두 점에서 만난다는 것을 증명할 수 있다(그림 6.13 참조).

결합공리군 I-1 – 결합공리군 I-3, 순서공리군 B-1 – 순서공리군 B-4, 합동공리군 C-1 – 합동공리군 C-6, 평행선공리와 연속공리군(Archimedes의 공리와 Dedekind의 공리)으로 이루어진 Euclid 평면기하학에 대한 Hilbert 공리계를 모두 살펴보았다.

제 3장에서 어떤 공리계의 모형들이 모두 동형이라면, 그 공리계를 범주적(categorical)이라고 하였다. Hilbert 공리계가 범주적임은 잘 알려져 있다([12] 참고). 제 7장과 제 8장에서 우리는 $\mathbb{R}^2$가 Hilbert 공리계를 만족함을 보여서 Hilbert 공리계의 모형임을 확인할 것이다. Hilbert 공리계의 모든 모형은 $\mathbb{R}^2$와 근본적으로 같으므로 $\mathbb{R}^2$는 때때로 Euclid 평면기하학과 동일시하기도 한다.

제 7 장

$\mathbb{R}^2$의 등장사상

지금까지 Hilbert 공리계의 결합공리군과 순서공리군을 만족하는 모형으로 $\mathbb{R}^2$를 다루었다. 이제 $\mathbb{R}^2$가 합동공리군도 만족함을 증명하기 위한 준비 작업으로 $\mathbb{R}^2$의 등장사상을 공부하자. Euclid가 《원론》에서 사용한 '일치하는 것은 같다'라는 표현이 합동의 개념을 의미한다. 두 대상 중 어느 하나를 옮겨서 다른 것과 일치시킬 수 있다면 두 대상은 합동이다. 이때 옮기는 과정에서 거리를 보존하는 사상인 등장사상을 이용한다. 우선 $\mathbb{R}^2$에서 거리를 정의하는 것으로 시작하자. 벡터공간으로서 $\mathbb{R}^2$에서 내적과 노옴을 정의하고 그것으로부터 거리를 유도한다. 그리고 $\mathbb{R}^2$의 등장사상의 중요한 예로 평행이동, 회전변환, 직선에 대한 대칭이동을 정의하고 모든 등장사상이 이들의 합성으로 표현됨을 보인다.

7.1 내적공간과 Cauchy-Schwarz 부등식

먼저 일반적인 벡터공간에서 정의된 내적, 노옴과 거리를 정의하고 Cauchy-Schwarz 부등식과 삼각부등식을 증명한다.

정의 7.1.1. 실수체 $\mathbb{R}$ 위의 벡터공간 $\mathbf{V}$의 내적(inner product)을 다음 세 가지 조건을 만족하는 함수 $\langle \cdot, \cdot \rangle : \mathbf{V} \times \mathbf{V} \longrightarrow \mathbb{R}$로 정의한다.

(I) (양정치) 모든 벡터 $v \in \mathbf{V}$에 대하여, $\langle v, v \rangle \geq 0$이고, $\langle v, v \rangle = 0$일 필요충분조건은 $v = 0$이다.

(II) (대칭성) 모든 벡터 $v, w \in \mathbf{V}$에 대하여, $\langle v, w \rangle = \langle w, v \rangle$ 이다.

(III) (쌍선형) 모든 벡터 $v_1, v_2, w \in \mathbf{V}$와 모든 실수 $\alpha \in \mathbb{R}$에 대하여,

$$\langle \alpha v_1 + v_2, w \rangle = \alpha \langle v_1, w \rangle + \langle v_2, w \rangle$$

이다.

다시 말하면, 양정치 · 대칭 · 쌍선형인 함수((positive definite, symmetric, bilinear functional)를 벡터공간 $\mathbf{V}$의 내적이라고 한다. 벡터공간 $\mathbf{V}$에 내적 $\langle \cdot, \cdot \rangle$이 주어진 경우 $(\mathbf{V}, \langle \cdot, \cdot \rangle)$을 내적공간(inner product space)이라고 한다.

정의 7.1.2. 실수체 $\mathbb{R}$ 위의 벡터공간 $\mathbf{V}$의 노옴(norm)을 다음 세 조건을 만족하는 함수 $\| \cdot \| : \mathbf{V} \longrightarrow \mathbb{R}$로 정의한다.

(I) 모든 벡터 $v \in \mathbf{V}$에 대하여, $\|v\| \geq 0$ 이고 $\|v\| = 0$ 이 되기 위한 필요충분조건은 $v = 0$ 이다.

(II) 모든 벡터 $v \in \mathbf{V}$와 모든 실수 $\alpha \in \mathbb{R}$ 에 대하여, $\|\alpha v\| = |\alpha| \|v\|$이다.

(III) (삼각부등식) 모든 벡터 $v, w \in \mathbf{V}$ 에 대하여, $\|v + w\| \leq \|v\| + \|w\|$이고 등호가 성립할 필요충분조건은 v, w가 일차 종속인 것이다.

벡터공간 $\mathbf{V}$에 노옴 $\| \cdot \|$이 주어졌을 때 $(\mathbf{V}, \| \cdot \|)$을 노옴공간(normed space) 이라고 한다.

정의 7.1.3. 임의의 집합 $\mathbf{X}$ 위의 거리(metric) d는 다음 세 조건을 만족하는 함수 $d(\cdot, \cdot) : \mathbf{X} \times \mathbf{X} \longrightarrow \mathbb{R}$로 정의한다.

(I) 모든 $P, Q \in \mathbf{X}$에 대하여 $d(P, Q) \geq 0$이고 $d(P, Q) = 0$일 필요충분조건은 $P = Q$이다.

(II) 모든 $P, Q \in \mathbf{X}$에 대하여 $d(P, Q) = d(Q, P)$이다.

(III) (삼각부등식) 모든 $P, Q, R \in \mathbf{X}$에 대하여 $d(P, R) \leq d(P, Q) + d(Q, R)$ 이다.

집합 $\mathbf{X}$ 위에 거리 $d(\cdot, \cdot)$가 주어졌을 때 $(\mathbf{X}, d)$를 거리공간(metric space)이라고 한다. 이때 집합 $\mathbf{X}$ 위의 거리 d를 $d_{\mathbf{X}}$로 표기하기도 한다.

정의 7.1.4 (등장사상)**.** $(\mathbf{X}, d_{\mathbf{X}})$와 $(\mathbf{Y}, d_{\mathbf{Y}})$가 거리공간일 때 사상 $F : (\mathbf{X}, d_{\mathbf{X}}) \to (\mathbf{Y}, d_{\mathbf{Y}})$가 모든 $P, Q \in \mathbf{X}$에 대해서

$$d_{\mathbf{Y}}(F(P), F(Q)) = d_{\mathbf{X}}(P, Q)$$

를 만족할 때 F를 $(\mathbf{X}, d_{\mathbf{X}})$에서 $(\mathbf{Y}, d_{\mathbf{Y}})$로의 등장사상(isometry)이라고 한다.

문제 7.1.1. 모든 등장사상은 일대일 사상임을 보이시오.

문제 7.1.2. 사상 F와 G가 $(\mathbf{X}, d_{\mathbf{X}})$에서 $(\mathbf{X}, d_{\mathbf{X}})$로의 등장사상이라면 F와 G의 합성사상 $F \circ G$도 등장사상임을 보이시오.

문제 7.1.3. 벡터공간 $\mathbb{R}^2$의 두 벡터 (p_1, p_2), (q_1, q_2)에 대하여

$$\langle (p_1, p_2), (q_1, q_2) \rangle_1 = p_1 q_1 + 2 p_2 q_2$$

로 정의된 $\langle \cdot, \cdot \rangle_1$은 내적이고

$$\langle (p_1, p_2), (q_1, q_2) \rangle_2 = p_1 q_1 - 2 p_2 q_2$$

로 정의된 $\langle \cdot, \cdot \rangle_2$는 내적이 아님을 보이시오.

문제 7.1.4. 벡터공간 $\mathbb{R}^2$의 두 벡터 (p_1, p_2), (q_1, q_2)에 대하여

$$\|(p_1, p_2)\| = |p_1| + |p_2|$$

로 정의된 $\|\cdot\|$가 노옴임을 보이시오.

문제 7.1.5. 벡터공간 $\mathbb{R}^2$의 두 점 $P = (p_1, p_2), Q = (q_1, q_2)$에 대하여

$$d((p_1, p_2), (q_1, q_2)) = \max\{|p_1 - q_1|, |p_2 - q_2|\}$$

로 정의된 d가 거리임을 보이시오.

일반적으로 임의의 벡터공간 $\mathbf{V}$에 주어진 내적 $\langle \cdot, \cdot \rangle$으로부터 노옴 $\|\cdot\|$과 거리 $d(\cdot, \cdot)$를

$$\|P\| = \sqrt{\langle P, P \rangle}$$
$$d(P, Q) = \|P - Q\| = \sqrt{\langle P - Q, P - Q \rangle}$$

로 정의할 수 있다.

문제 7.1.6. 내적에 의하여 정의된 $\|P\| = \sqrt{\langle P, P\rangle}$와 $d(P,Q) = \|P - Q\|$가 노옴과 거리가 됨을 보이시오.

정리 7.1.1. (Cauchy-Schwarz 부등식) 내적공간 $(\mathbf{V}, \langle \cdot, \cdot \rangle)$에 속하는 두 점 P, Q에 대하여

$$|\langle P, Q\rangle| \leq \|P\|\|Q\|$$

이고 등호가 성립할 필요충분조건은 P와 Q가 서로 비례적이라는 것이다.

증명 (1) $P = O$이거나 $Q = O$이면 등호가 성립한다(이때 P와 Q는 서로 비례적이다).

(2) $P \neq O$이고 $Q \neq O$라고 하자.

(3) 함수 $f : \mathbb{R} \longrightarrow \mathbb{R}, f(t) = \|tP + Q\|^2$는 $f(t) \geq 0$이다.

(4) $P \neq O$이므로 $f(t) = \|P\|^2 t^2 + 2\langle P, Q\rangle t + \|Q\|^2$은 2차식이다.

(5) 단계 (3)에 의하여 이차식의 판별식 $D/4 = (\langle P, Q\rangle)^2 - (\|P\|\|Q\|)^2 \leq 0$이고 $|\langle P, Q\rangle| \leq \|P\|\|Q\|$이다.

(6) 만약 등호가 성립한다면 판별식이 0이고 $f(t_0) = \|t_0 P + Q\|^2 = 0$인 $t_0 \in \mathbb{R}$가 존재하므로 $Q = -t_0 P$로 표현된다.

(7) 역으로 P와 Q가 비례적($P = \lambda Q$ 또는 $Q = \lambda P$)이면, 등호가 성립한다. □

다음으로 정리 7.1.1(Cauchy-Schwarz 부등식)을 이용하여 Minkowski 삼각부등식을 증명하자.

따름정리 7.1.2. (Minkowski 삼각부등식) 임의의 내적공간 $(\mathbf{V}, \langle \cdot, \cdot \rangle)$에 속하는 두 점 P, Q에 대하여

$$\|P + Q\| \leq \|P\| + \|Q\|$$

이고 등호가 성립할 필요충분조건은 $\lambda \geq 0$인 λ에 대하여 $P = \lambda Q$ 이거나 $Q = \lambda P$인 것이다.

증명 (1) 부등식의 양변을 제곱하면

$$(\text{좌변})^2 = \|P + Q\|^2 = \|P\|^2 + 2\langle P, Q\rangle + \|Q\|^2$$
$$(\text{우변})^2 = (\|P\| + \|Q\|)^2 = \|P\|^2 + 2\|P\|\|Q\| + \|Q\|^2$$

이다.

(2) Cauchy-Schwarz 부등식에 의하여 $\langle P,Q\rangle \le |\langle P,Q\rangle| \le \|P\|\|Q\|$이므로 부등식

$$\|P+Q\|^2 \le (\|P\|+\|Q\|)^2$$

이 성립한다.

(3) 부등식의 양변이 음수가 아니므로 $\|P+Q\| \le \|P\|+\|Q\|$이 성립한다.

(4) 단계 (2)에서 부등호를 등호로 바꾸면

$$\langle P,Q\rangle = |\langle P,Q\rangle| = \|P\|\,\|Q\|$$

이므로 $\langle P,Q\rangle \ge 0$이고 Cauchy-Schwarz 부등식의 등호가 성립해야 한다. 즉, P와 Q가 서로 비례적이다.

(5) 따라서 $P=\lambda Q$라면 $\langle \lambda Q,Q\rangle = \lambda\langle Q,Q\rangle \ge 0$ 이고 $\lambda \ge 0$이다. 또는 $Q=\lambda P$인 경우도 $\lambda \ge 0$이다.

(6) 역으로 $P=\lambda Q$ 이거나 $Q=\lambda P$인 $\lambda \ge 0$인 λ가 존재한다면, 식섭 계산에 의하여 $\|P+Q\| = \|P\|+\|Q\|$이 성립한다. □

7.2 내적공간 $\mathbb{R}^2$와 각의 크기

$\mathbb{R}^2$에서 무정의 관계인 합동에 의미를 부여하기 위하여 $\mathbb{R}^2$의 변환을 생각해야 한다. 예를 들어 $\mathbb{R}^2$ 위의 두 선분이나 두 각이 합동이려면 크기나 모양을 바꾸지 않고 그대로 옮겨 놓았을 때 두 선분과 두 각이 포개어져야 한다. 이 절에서 우리는 이러한 옮기는 과정을 등장사상이라는 변환을 통하여 구체적으로 설명할 것이다. 먼저 $\mathbb{R}^2$ 위의 내적을 이용하여 두 점 사이의 거리와 각의 크기를 정의한다. 중학교에서 수학시간에 자와 컴퍼스를 이용하여 그림을 그리고 이를 보조수단으로 하여 직선, 삼각형, 원 등에 대한 성질을 연역적으로 증명하는 법을 배웠다. 그리고 고등학교에서 Descartes가 도입한 직교좌표를 사용하여 도형을 대수적 식과 대응을 시켰다. 즉, 기하문제를 대수문제로 바꾸고 대수적으로 해를 구한 다음 이를 다시 기하학적으로 설명하는 해석기하학(analytic geometry)을 배웠다. 이때 평면 상의 점들을 벡터로 간주하고 두 벡터의 곱인 내적이 중요한 역할을 했다.

정의 7.2.1. 벡터 공간 $\mathbb{R}^2$의 두 벡터 $P=(p_1,p_2), Q=(q_1,q_2)$에 대하여

(1) P와 Q의 내적을 $\langle P,Q\rangle = P\circ Q = p_1q_1+p_2q_2$로 정의한다.

(2) P의 노옴(길이)을 $|P| = \sqrt{\langle P,P\rangle}$로 정의한다.

(3) 선분 $\overline{PQ}$의 길이를 $|\overline{PQ}| = |Q - P|$로 정의한다.

(4) 두 점 P와 Q 사이의 거리를 $d(P, Q) = |Q - P|$로 정의한다.

주 . (1) $\mathbb{R}^2$ 위에 $\langle P, Q\rangle = P \circ Q = p_1q_1 + p_2q_2$로 정의된 내적을 표준내적(standard inner product) 또는 Euclid 내적(Euclidean inner product)이라고 하고 보통 $P \circ Q$로 표기한다. 이를 행렬의 곱을 사용하여 표기하면

$$P \circ Q = \begin{pmatrix} p_1 & p_2 \end{pmatrix} \cdot \begin{pmatrix} q_1 \\ q_2 \end{pmatrix} = P^T \cdot Q$$

이다. 이제부터 이 내적에 의하여 정의된 노옴은 $\|P\|$대신 $|P|$를 사용하여 다른 노옴과 구분하자.

(2) 선형대수에서 벡터공간의 원소를 벡터라고 하므로 벡터공간 $\mathbb{R}^2$의 원소 $P = (p_1, p_2)$는 점(point)인 동시에 벡터(vecter)이다. 그래서 점 $P = (p_1, p_2)$를 위치벡터라고도 하며 유향선분 $\overrightarrow{OP}$와 동일시한다. $\overrightarrow{AB}$는 시점 A와 끝점 B를 갖는 유향선분을 표시한다. 점 $B = P + A$일 때 $\overrightarrow{AB}$와 $\overrightarrow{OP}$는 벡터의 길이와 방향이 같으므로 모두 위치벡터 P와 동일시한다. 유향선분과 반직선은 같은 기호 $\overrightarrow{AB}$를 쓰지만 문맥상 쉽게 구분할 수 있다.

이제 Minkowski 삼각부등식을 이용하여 $\mathbb{R}^2$에서 선분의 길이에 대한 삼각부등식을 증명하자.

따름정리 7.2.1. 임의의 점 $P, Q, R \in \mathbb{R}^2$에 대하여,

(2.1) $$|\overline{PQ}| \leq |\overline{PR}| + |\overline{RQ}|$$

이고 등호가 성립할 필요충분조건은 $R \in \overline{PQ}$ 이다.

증명 (1) 선분 $\overline{PQ}$의 길이는 $|\overline{PQ}| = |Q - P|$이므로 $|Q - P| \leq |R - P| + |Q - R|$임을 보이자.

(2) $R - P = A$, $Q - R = B$라 하면 단계 (1)의 식은 $|A + B| \leq |A| + |B|$이 된다.

(3) Minkowski 삼각부등식에 의하여 단계 (2)가 성립한다.

(4) 단계 (2)의 등호가 성립할 필요충분조건은 $A = \lambda B$ 또는 $B = \lambda A (\lambda \geq 0)$이다.

(5) $A = \lambda B$라면 $R - P = \lambda Q - \lambda R$이므로

$$R = \frac{1}{1+\lambda}P + \frac{\lambda}{1+\lambda}Q = (1-t)P + tQ, \quad t = \frac{\lambda}{1+\lambda}$$

이다.

(6) $0 \leq t = \frac{\lambda}{1+\lambda} \leq 1$ 이므로 $R \in \overline{PQ}$ 이다.

(7) $B = \lambda A$라면 $Q - R = \lambda R - \lambda P$이고

$$R = \frac{\lambda}{1+\lambda}P + \frac{1}{1+\lambda}Q = (1-s)P + sQ, \ s = \frac{1}{1+\lambda}$$

이다.

(8) $0 \leq s \leq 1$ 이므로 $R \in \overline{PQ}$이다.

(9) 역으로 $R \in \overline{PQ}$라면 $R = (1-t)P + tQ, 0 \leq t \leq 1$ 이고 직접 계산하여 등호가 성립함을 알 수 있다.

(10) 단계 (5)–(9)에 의하여 $|\overline{PQ}| = |\overline{PR}| + |\overline{RQ}|$일 필요충분조건은 $R \in \overline{PQ}$ 이다. □

주 . (1) 삼각부등식의 등호는 어떤 점이 주어진 선분에 속하는 점인지를 확인하는 데 중요한 도구가 된다.

(2) Euclid는《원론》제 1권에서 삼각형의 변에 대응되는 각의 크기를 비교하여 연역적으로

> 명제 2.1.20. 삼각형의 두 변의 합은 나머지 한 변보다 길다.

를 증명하였다. 이 명제가 부등식 (2.1)에 삼각부등식이라는 이름이 붙은 이유이다.

이제 각 $\angle PQR$ 의 크기를 정의하기 위하여 Cauchy–Schwarz 부등식을 이용해 보자. 우선 각의 꼭지점 Q를 원점 O인 경우를 생각하자.

정의 7.2.2. 각 $\angle POR$의 크기를 $|\angle POR| = \cos^{-1}\left(\frac{\langle P,R\rangle}{|P||R|}\right)$ 로 정의한다.

주 . (1) 삼각함수 $\cos x$는 다음과 같은 멱급수

$$\cos(x) = 1 - \frac{x^2}{2!} + \frac{x^4}{4!} - \frac{x^6}{6!} + \cdots$$

로 정의된 함수이다. 이때 $\cos : [0,\pi] \longrightarrow [-1,1]$는 일대일이고 위로의 함수이므로 역함수 $\cos^{-1} : [-1,1] \longrightarrow [0,\pi]$ 가 존재한다.

(2) Cauchy-Schwarz 부등식에 의하여 $-1 \le \frac{\langle P,Q\rangle}{|P||R|} \le 1$이므로 $|\angle POR|$이 잘 정의된다. 그리고 $\cos^{-1} x$의 단위는 래디안(radian)으로 한다.

(3) $\frac{\langle P,R\rangle}{|P||R|} = \langle \frac{1}{|P|}P, \frac{1}{|R|}R\rangle$ 이므로 $U = \frac{1}{|P|}P, V = \frac{1}{|R|}R$로 놓는다면

$$|\angle POR| = \cos^{-1}\langle U, V\rangle$$

이다. 여기서 벡터 U, V는 반직선 $\overrightarrow{OP}$와 $\overrightarrow{OR}$ 위에 있는 길이가 1인 벡터이다. 이들을 각각 P와 R의 방향벡터라고 한다. 따라서 각의 크기는 점 P, Q의 선택에 무관하게 잘 정의되었다.

다음으로 일반적인 각 $\angle PQR$의 크기를 정의하자. 점 Q를 원점으로 보내고 P를 $P' = P - Q$로, R을 $R' = R - Q$로 보내 $|\angle PQR| = |\angle P'OR'|$로 정의하면 된다.

정의 7.2.3. (I) 각$\angle PQR$의 크기는 $|\angle PQR| = \cos^{-1}\frac{\langle P-Q,R-Q\rangle}{|P-Q||R-Q|}$이다.

(II)$|\angle PQR| = \frac{\pi}{2}$일 때, $\angle PQR$를 직각이라고 한다.

(III)주어진 두 직선 L과 L'이 점 Q에서 만나고 $|\angle PQR| = \frac{\pi}{2}$인 점 $P \in L, R \in L'$이 존재할 때 L과 L'은 직교한다고 하고 $L \perp L'$로 표기한다.

문제 7.2.1. (1) 두 직선 L과 L'이 직교한다고 함은 P와 R의 선택에 무관하게 정의됨을 보이시오.

(2) 각의 두 변이 한 직선이 되는 각을 평각이라고 하자. 이때 평각의 크기가 π 래디안임을 보이시오.

(3) 두 직선 L과 L'이 직교한다는 것과 두 직선이 교차할 때 생기는 이웃한 두 각이 합동이라는 것과 동치임을 보이시오.

(4) 두 직선 $L = \{ax + by = c\}$과 $L' = \{a'x + b'y = c'\}$ 가 직교할 필요충분조건이 $aa' + bb' = 0$임을 보이시오.

(5) 직각삼각형 PQR에서 $\angle PQR$이 직각일 때 Pythagoras 정리

$$|PR|^2 = |PQ|^2 + |QR|^2$$

이 성립함을 보이시오.

7.3 $\mathbb{R}^2$의 등장사상

$\mathbb{R}^2$ 위에 Euclid 내적에 의하여 정의된 거리 d에 의하여 $(\mathbb{R}^2, d)$는 거리공간이다. 이 절에서 이 거리를 보존하는 등장사상에 대하여 공부하자. 그리고 제 8장에서 $\mathbb{R}^2$에서의 합동을 등장사상을 이용하여 정의한다. 우선 $\mathbb{R}^2$에서 등장사상의 중요한 예로써 평행이동, 회전변환과 직선에 대한 대칭이동에 대하여 설명하고 임의의 등장사상을 이들의 합성으로 표현할 수 있음을 보인다.

정의 7.3.1. 주어진 벡터 K에 대하여, 사상 $T_K : \mathbb{R}^2 \longrightarrow \mathbb{R}^2$, $T_K(P) = P + K$를 K 만큼 평행이동(translation by K)이라고 한다.

평행이동 T_K는 등장사상이고 그것의 역사상은 $(T_K)^{-1} = T_{-K}$이다. 그리고 평행이동은 모든 직선을 직선으로 보내고 각의 크기를 보존한다.

문제 7.3.1. (1) 직선 L이 직선 $\overleftrightarrow{OK}$와 평행하면 $T_K(L) = L$임을 보이시오.

(2) 직선 L이 직선 $\overleftrightarrow{OK}$와 평행하지 않으면 $T_K(L)$과 L이 서로 평행함을 보이시오.

(3) T_K가 각의 크기를 보존함을 보이시오.

다음으로 회전변환을 정의하기 위하여 단위원 위의 점 P와 x-축의 양의 방향과 이루는 각에 부호를 주어 점 P의 방향각을 정의한다.

정의 7.3.2. 단위원 $C = \{P \mid |P| = 1\}$ 위의 두 점 $E_1 = (1, 0)$, $E_2 = (0, 1)$에 대하여 임의의 점 $P \in C$를 $P = p_1E_1 + p_2E_2$, $p_1^2 + p_2^2 = 1$라고 하자. 점 P의 방향각 또는 각 $\angle POE_1$의 방향각 θ를 다음과 같이 정의하자.

$$\theta = \begin{cases} |\angle POE_1|, & p_2 \geq 0 \\ -|\angle POE_1|, & p_2 < 0 \end{cases}$$

점 P의 방향각 θ는 $-\pi < \theta \leq \pi$ 이고 특히 $p_2 < 0$일 때 $-\pi < \theta < 0$ 이다. 다음 명제에서 알 수 있듯이 단위원과 방향각 사이에는 일대일 대응이 존재한다.

명제 7.3.1. $|P| = 1$이고 점 P의 방향각이 θ일 때,

$$P = (\cos\theta)E_1 + (\sin\theta)E_2 = (\cos\theta, \sin\theta)$$

이다.

증명 (1) 각 $\angle POE_1$의 크기는 정의에 의하여 $\cos^{-1}\langle P, E_1\rangle = \cos^{-1}(p_1)$이다.

(2) P의 방향각은 $\theta = \pm\cos^{-1}(p_1)$이다.

(3) (경우 1) $p_2 \geq 0$라면 $0 \leq \theta < \pi$ 이고 $p_1 = \cos\theta$이다.

$$0 \leq p_2 = \sqrt{1 - {p_1}^2} = |\sin\theta| = \sin\theta$$

이다.

(4) (경우 2) $p_2 < 0$라면 $-\pi < \theta < 0$ 이고 $\theta = -\cos^{-1}(p_1)$ 이다.

$$p_1 = \cos(-\theta) = \cos\theta$$

이고 $\sin\theta < 0$ 이므로

$$0 > p_2 = -\sqrt{1 - {p_1}^2} = -|\sin\theta| = \sin\theta$$

이다.

(5) 그러므로 모든 경우 $P = (\cos\theta, \sin\theta)$이다. □

정의 7.3.3. 선형사상 $\rho_\theta : \mathbb{R}^2 \longrightarrow \mathbb{R}^2$, $-\pi < \theta \leq \pi$이

$$\rho_\theta(E_1) = (\cos\theta)E_1 + (\sin\theta)E_2$$
$$\rho_\theta(E_2) = -(\sin\theta)E_1 + (\cos\theta)E_2$$

로 정의될 때, ρ_θ를 원점을 중심으로 θ 만큼 회전변환(rotation of θ around the origin)이라고 한다(그림 7.1 참조).

회전변환을 행렬로 표현하면 $\rho_\theta(Q) = M_\theta \cdot Q$이고 여기서

$$M_\theta = \begin{pmatrix} \cos\theta & -\sin\theta \\ \sin\theta & \cos\theta \end{pmatrix}$$

이다. 이제 원점이 아닌 일반적인 점 P에 대한 회전변환을 점 P를 원점으로 간주하고 회전을 한다고 상상해 보자. P가 원점이 된다는 건 평행이동 T_{-P}이 필요하고 원점을 중심으로 회전을 시킨 후에 다시 P점 주위로 보내는 사상 T_P를 합성하면 된다.

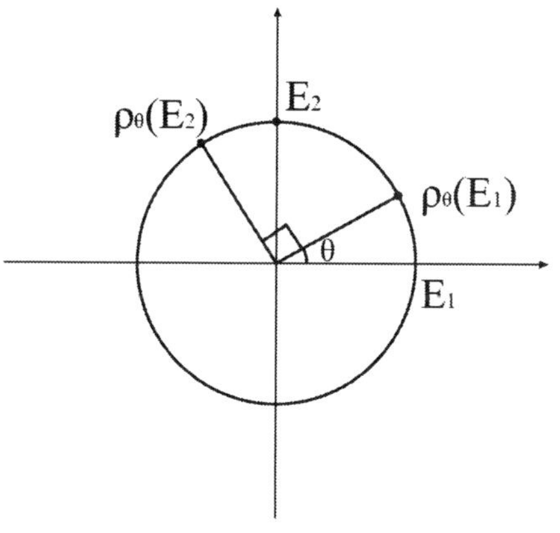

그림 7.1: 회전변환 ρ_θ

정의 7.3.4. 임의의 점 P에 대하여 $\rho_{P,\theta} = T_P \circ \rho_\theta \circ T_{-P}$를 점 P를 중심으로 θ 만큼 회전변환(rotation of θ around P)이라고 한다. 특별히 $\theta = \pi$인 경우 $\rho_{P,\pi}$를 반회전이라고 한다.

점 P를 중심으로 θ만큼 회전변환을 행렬로 표현하면

$$\rho_{P,\theta}(Q) = M_\theta Q - M_\theta P + P$$

이다.

문제 7.3.2. (1) $\rho_{P,\theta}$가 등장사상임을 보이시오.
(2) $\rho_{P,\theta}$의 역함수를 구하시오.
(3) $\rho_{P,\theta}$가 각의 크기를 보존함을 보이시오..

명제 7.3.2. 임의의 직선 L에 대하여 반회전 $\rho_{P,\pi}$는 직선 L 를 L 자신이거나 L과 평행인 직선으로 보낸다.

증명 (1) $\rho_\pi = -Id$이므로 $\rho_{P,\pi}(X) = T_P \circ \rho_\pi \circ T_{-P}(X) = 2P - X = Z$이다.
(2) 직선 $L = \{ax + by = c\} = \{(a, b) \cdot X = c\}$이므로 X대신 $2P - Z$를 대입하면 $(a, b) \cdot Z = 2(a, b) \cdot P - c$를 만족한다.
(3) 그러므로 $\rho(L) = \{ax + by = 2(a, b) \cdot P - c\}$이다.
(4) $P \in L$이라면 $(a, b) \cdot P = c$이므로 $\rho(L) = L$이다.

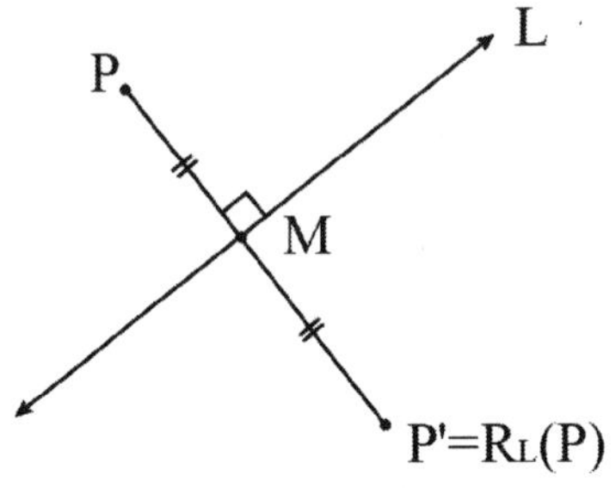

그림 7.2: L에 대한 대칭이동 R_L

(5) $P \notin L$이라면 $L \neq \rho(L)$이고 L과 $\rho(L)$은 기울기가 같으므로 L과 $\rho(L)$은 평행이다. □

정의 7.3.5. 직선 L에 대한 대칭이동(reflection with respect to L) $R_L : \mathbb{R}^2 \longrightarrow \mathbb{R}^2$을 다음과 같이 정의한다.

(I) 만일 $P \in L$ 이면, $R_L(P) = P$이다.

(II) 만일 $P \notin L$이면 $|\overline{PM}| = |\overline{MP'}|$, $M \in L$, $L \perp \overleftrightarrow{PP'}$인 점 P'이 유일하게 존재한다. $R_L(P) = P'$으로 정의한다(그림 7.2 참조).

주 . (1) $P \notin L$인 경우, 두 점 P와 $R_L(P)$의 수직이등분선이 직선 L이다.

(2) 특별히 직선 L이 x-축 이라면 x-축에 대한 대칭이동은 $R_0(p_1, p_2) = (p_1, -p_2)$이고 이는 선형사상이다. 이를 행렬로 나타내면 $R_0(p_1, p_2) = J \cdot P$다. 여기서

$$J = \begin{pmatrix} 1 & 0 \\ 0 & -1 \end{pmatrix}$$

이다.

수평 직선이 아닌 직선 L이 x-축과 점 P에서 만나고 점 $Q = (q_1, q_2) \in L, q_2 > 0$이고 $R = P + (1, 0)$이라고 할 때 각 $\angle QPR$의 크기를 θ라고 하자. 이때 R_L이 R_0와 회전변환의 합성으로

$$R_L = \rho_{P,\theta} \circ R_0 \circ \rho_{P,-\theta}$$

이다(그림 7.3 참조).

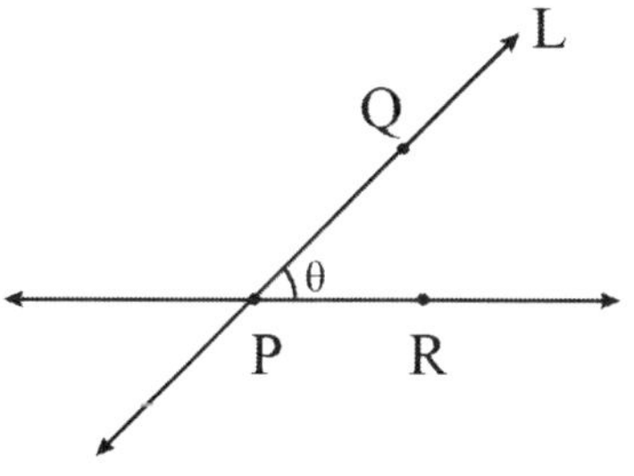

그림 7.3: $R_L = \rho_{P,\theta} \circ R_0 \circ \rho_{P,-\theta}$

문제 7.3.3. (1) 등식 $R_L = \rho_{P,\theta} \circ R_0 \circ \rho_{P,-\theta}$이 성립함을 보이시오.

(2) 직선 L에 대한 대칭이동 R_L이 등장사상이고 R_L의 역사상이 자기 자신임을 보이시오.

다음의 문제를 통하여 평행이동과 회전변환이 적당한 두 직선에 대한 대칭이동의 합성으로 표현되는 것을 알 수 있다.

문제 7.3.4. 직선의 방향 벡터에 수직한 벡터를 그 직선의 법벡터라고 하자. 직선 $L = \{ax + by = c\}$의 법벡터는 (a, b)이고 직선 L 위에 있지 않은 점 P에서 L에 내린 수선의 발을 Q라고 하면 $Q = P - \langle P - A, N \rangle N$임을 보이시오. 여기서 A는 L에 속하는 임의의 점이고 N은 L의 단위 법벡터이다.

문제 7.3.5. L에 대한 대칭이동 $R_L(P) = P - 2\langle P - A, N \rangle N$으로 표현됨을 보이시오.

문제 7.3.6. 직선 L이 특별히 원점을 지나고 방향벡터의 방향각을 θ라고 하면 단위 법벡터가 $N = (-\sin\theta, \cos\theta)$이고

$$R_L(P) = \overline{M}_{2\theta} \cdot P$$

임을 보이시오. 여기서

$$\overline{M}_{2\theta} = \begin{pmatrix} \cos 2\theta & \sin 2\theta \\ \sin 2\theta & -\cos 2\theta \end{pmatrix}$$

이다.

문제 7.3.7. L_1과 L_2가 평행인 직선일 때 $R_{L_1} \circ R_{L_2}$가 평행이동임을 보이시오.

문제 7.3.8. 원점을 지나는 직선 L_1과 L_2의 방향벡터의 방향각을 각각 θ_1과 θ_2라고 할 때

$$R_{L_1} \circ R_{L_2}(P) = \begin{pmatrix} \cos 2(\theta_1 - \theta_2) & -\sin 2(\theta_1 - \theta_2) \\ \sin 2(\theta_1 - \theta_2) & \cos 2(\theta_1 - \theta_2) \end{pmatrix} \cdot P = \rho_{2(\theta_1 - \theta_2)}(P)$$

임을 보이시오.

문제 7.3.9. 점 A를 지나는 직선 L_1과 L_2의 방향벡터의 방향각을 각각 θ_1과 θ_2라고 할 때

$$R_{L_1} \circ R_{L_2}(P) = \rho_{A,2(\theta_1 - \theta_2)}(P)$$

임을 보이시오.

7.4 직교변환과 Euclid 군

정의 7.4.1 (직교변환)**.** 선형사상 $A : \mathbb{R}^2 \to \mathbb{R}^2$가 $\mathbb{R}^2$의 내적 $\langle \cdot , \cdot \rangle$을 보존할 때, 즉

$$\langle A(P), A(Q) \rangle = \langle P, Q \rangle, \quad P, Q \in \mathbb{R}^2$$

일 때 선형사상 A를 직교변환(orthogonal transformation)이라고 한다.

주. $\mathbb{R}^2$의 두 점 $P = (p_1, p_2), Q = (q_1, q_2)$에 대하여 $\mathbb{R}^2$의 내적 $\langle P, Q \rangle = p_1 q_1 + p_2 q_2$를 행렬의 곱을 사용하여

$$\langle P, Q \rangle = P^T \cdot Q = \begin{pmatrix} p_1 & p_2 \end{pmatrix} \begin{pmatrix} q_1 \\ q_2 \end{pmatrix}$$

로 표현하면 계산을 편리하게 할 수 있다.

보기 7.4.1. 원점을 중심으로 θ만큼 회전변환 ρ_θ를 $\rho_\theta(P) = M_\theta \cdot P$로 쓰면

$$\begin{aligned}
\langle \rho_\theta(P), \rho_\theta(Q) \rangle &= \langle M_\theta \cdot P, M_\theta \cdot Q \rangle \\
&= (M_\theta \cdot P)^T \cdot (M_\theta \cdot Q) \\
&= (P^T \cdot M_\theta^T) \cdot (M_\theta \cdot Q) \\
&= P^T \cdot (M_\theta^T \cdot M_\theta) \cdot Q \\
&= P^T \cdot Q \\
&= \langle P, Q \rangle
\end{aligned}$$

따라서 회전이동은 직교변환이다.

보기 7.4.2. 원점을 지나는 직선 L_0에 대한 대칭이동 R_{L_0}는

$$R_{L_0}(P) = \rho_\theta \circ R_0 \circ \rho_{-\theta}(P) = M_\theta \cdot J \cdot M_{-\theta}(P)$$

이므로

$$\begin{aligned}
\langle R_{L_0}(P), R_{L_0}(Q) \rangle &= \langle M_\theta \cdot J \cdot M_{-\theta} \cdot P, M_\theta \cdot J \cdot M_{-\theta} \cdot Q \rangle \\
&= (M_\theta \cdot J \cdot M_{-\theta} \cdot P)^T \cdot (M_\theta \cdot J \cdot M_{-\theta} \cdot Q) \\
&= (P^T \cdot M_{-\theta}^T \cdot J^T \cdot M_\theta^T) \cdot (M_\theta \cdot J \cdot M_{-\theta} \cdot Q) \\
&= P^T \cdot Q \\
&= \langle P, Q \rangle
\end{aligned}$$

따라서 원점을 지나는 직선 L_0에 대한 대칭이동 R_{L_0}는 직교변환이다.

앞의 두 보기를 통하여 원점을 중심으로 하는 회전변환과 원점을 지나는 직선에 대한 대칭이동이 직교변환인 것을 알았다. 이제 역도 성립함을 보이자. $\mathbb{R}^2$의 선형사상의 집합과 2×2 행렬의 집합 $\mathcal{M}_\mathbb{R}(2)$은 일대일 대응이 있고 직교변환인 선형사상의 집합은

$$O(2) = \left\{ A \in \mathcal{M}_\mathbb{R}(2) \mid A^T \cdot A = A \cdot A^T = Id \right\}$$

와 대응된다. 이런 이유로 $O(2)$에 속하는 행렬을 직교행렬(orthogonal matrix)이라고 한다.

문제 7.4.1. $\mathbb{R}^2$의 선형사상의 집합과 2×2 행렬의 집합 $\mathcal{M}_{\mathbb{R}}(2)$ 사이의 일대일 대응을 구하고 이 대응에 의해 $\mathbb{R}^2$의 직교변환에 대응하는 행렬이 직교행렬임을 보이시오.

이제부터 직교변환 $A : \mathbb{R}^2 \to \mathbb{R}^2$에 대응되는 $O(2)$의 행렬에 대해서도 같은 기호 A를 사용한다. 즉, $A(P) = A \cdot P$로 쓴다. 여기서 $A \cdot P$는 행렬의 곱을 의미한다. 이때 $O(2)$에 속하는 행렬 A는

$$\det(A^T \cdot A) = (\det A)^2 = 1$$

이므로 $\det A = \pm 1$이다. $O(2)$의 부분집합

$$SO(2) = \{A \in O(2) \mid \det A = +1\}$$

는 특별한 군(special group)을 이룬다.

문제 7.4.2. $SO(2)$에 속하는 행렬은 양의 방향인 정규직교기저를 양의 방향인 정규직교기저로 보냄을 보이시오. 그리고 $O(2) \setminus SO(2)$에 속하는 행렬은 양의 방향인 정규직교기저를 음의 방향인 정규직교기저로 보냄을 보이시오.

보기 7.4.1와 보기 7.4.2에 의하여 원점을 중심으로 하는 회전변환은 $SO(2)$에 속하는 직교변환이고 원점을 지나는 직선에 대한 대칭이동은 $SO(2)$에는 속하지 않는 직교변환임을 보였다. 다음은 역으로 직교변환이 이 두 종류뿐임을 보이자.

임의의 직교변환 $A : \mathbb{R}^2 \longrightarrow \mathbb{R}^2$은 원점을 중심으로 하는 회전변환이거나 원점을 지나는 직선에 대한 대칭이동뿐이다.

직교변환 $A : \mathbb{R}^2 \longrightarrow \mathbb{R}^2$는 선형사상이므로 $A(E_1)$과 $A(E_2)$에 의하여 직교변환 A가 결정된다.

$$\langle A(E_i), A(E_j) \rangle = \langle E_i, E_j \rangle = \delta_{ij}$$

이므로 $|A(E_1)| = 1$이고 $A(E_1)$의 방향각을 θ라고 하면 명제 7.3.1에 의하여

$$A(E_1) = (\cos\theta)E_1 + (\sin\theta)E_2$$

이다. 그리고 $A(E_1) \perp A(E_2)$이므로 $A(E_2)$의 방향각은 $\theta \pm \frac{\pi}{2}$이다. 즉,

$$\begin{aligned} A(E_2) &= \cos\left(\theta \pm \frac{\pi}{2}\right) E_1 + \sin\left(\theta \pm \frac{\pi}{2}\right) E_2 \\ &= \mp(\sin\theta)E_1 \pm (\cos\theta)E_2 \end{aligned}$$

가 된다. 그러므로 기저 E_1, E_2에 대한 선형사상 A의 행렬 $[A]_{\{E_1,E_2\}}$는

$$M_\theta = \begin{pmatrix} \cos\theta & -\sin\theta \\ \sin\theta & \cos\theta \end{pmatrix} \quad \text{이거나} \quad \overline{M}_\theta = \begin{pmatrix} \cos\theta & \sin\theta \\ \sin\theta & -\cos\theta \end{pmatrix}$$

이다.

(I) $A(P) = M_\theta \cdot P$인 경우, A는 원점을 중심으로 θ 만큼 회전변환인 ρ_θ이고 행렬 M_θ의 행렬식이 $+1$이므로 A는 $SO(2)$에 속한다.

(II) $A(P) = \overline{M}_\theta \cdot P$인 경우, 원점과 $(\cos\frac{\theta}{2}, \sin\frac{\theta}{2})$를 지나는 직선을 L이라고 하면 A는 직선 L에 대한 대칭이동 R_L이 됨을 보이자(그림 7.4 참조).

증명 ((I)의 증명) (1) 보기 7.4.2에 의하여 원점을 지나는 직선 L에 대한 대칭이동 R_L은 선형사상이므로 $A(E_1) = R_L(E_1), A(E_2) = R_L(E_2)$를 보이면 충분하다.

(2) $P = (1,0), P' = (\cos\theta)E_1 + (\sin\theta)E_2$라면

$$\begin{aligned} \overleftrightarrow{PP'} &= \{(x,y) \mid (\sin\theta)x - (\cos\theta - 1)y = \sin\theta\} \\ L &= \left\{(x,y) \mid (\sin\frac{\theta}{2})x - (\cos\frac{\theta}{2})y = 0\right\} \end{aligned}$$

이므로 두 직선의 기울기의 곱이 -1이므로 두 직선은 직교한다.

(3) 선분 $\overline{PP'}$의 중점 $M = \left(\frac{\cos\theta+1}{2}, \frac{\sin\theta}{2}\right)$이 직선 L에 속하므로 L은 선분 $\overline{PP'}$의 수직이등분선이다.

(4) 그러므로 $R_L(P) = P'$이다. 즉, $R_L(E_1) = (\cos\theta)E_1 + (\sin\theta)E_2 = A(E_1)$이다.

(5) 마찬가지로 $Q = (0,1), Q' = (\cos(\theta - \frac{\pi}{2}), \sin(\theta - \frac{\pi}{2})) = (\sin\theta, -\cos\theta)$라 하면 L이 선분 $\overline{QQ'}$의 수직이등분선이므로 $R_L(E_2) = A(E_2)$임을 확인할 수 있다. □

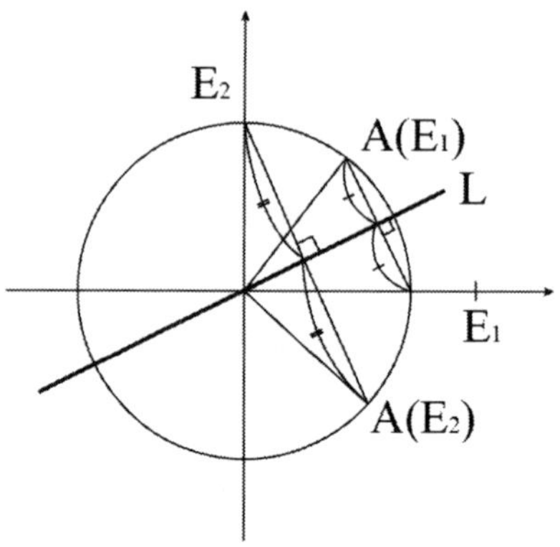

그림 7.4: $A = R_L$

그러므로 $\mathbb{R}^2$에서의 직교변환 $O(2)$는 원점을 중심으로 하는 회전변환의 모임인 $SO(2)$와 원점을 지나는 직선에 대한 대칭변환의 모임 $O(2) \setminus SO(2)$으로 이루어져 있다.

보조정리 7.4.1. 모든 직교변환 $A : \mathbb{R}^2 \to \mathbb{R}^2$는 $A(O) = O$인 등장사상이다.

증명 (1) 직교변환 A는

$$|A(P)|^2 = \langle A(P), A(P) \rangle = \langle P, P \rangle = |P|^2$$

이므로 노옴을 보존하고 $A(O) = O$이다.

(2) 직교변환은 선형사상이므로 $A(P) - A(Q) = A(P - Q)$이다.

(3) 단계 (1)과 (2)에 의하여

$$d(A(P), A(Q)) = |A(P) - A(Q)| = |A(P - Q)| = |P - Q| = d(P, Q)$$

이므로 A는 등장사상이다. □

이 보조정리의 역인 다음 보조정리가 성립한다. 원점을 보존하는 등장사상이 우선 노옴을 보존함을 보이고 이로부터 내적을 보존함을 보인다.

보조정리 7.4.2. 임의의 사상 $F : \mathbb{R}^2 \to \mathbb{R}^2$가 $F(O) = O$인 등장사상이면 F는 직교변환이다.

증명 (1) $d(P,O)=|P-O|=|P|$이므로

$$|F(P)|=d(F(P),O)=d(F(P),F(O))=d(P,O)=|P|$$

이다. 즉, F는 노옴을 보존한다.

(2) F가 등장사상이므로

$$|F(P)-F(Q)|^2=d(F(P),F(Q))^2=d(P,Q)^2=|P-Q|^2$$

이고

$$|F(P)|^2-2\langle F(P),F(Q)\rangle+|F(Q)|^2=|P|^2-2\langle P,Q\rangle+|Q|^2$$

이다.

(3) 단계 (1)에 의하여 $|F(P)|=|P|$이고 $|F(Q)|=|Q|$이므로

$$\langle F(P),F(Q)\rangle=\langle P,Q\rangle$$

이다.

(4) $F:\mathbb{R}^2\to\mathbb{R}^2$가 선형사상임을 보이자. F가 내적을 보존하므로, $\mathbb{R}^2$의 정규직교기저 E_1,E_2에 대하여

$$\langle F(E_i),F(E_j)\rangle=\langle E_i,E_j\rangle=\delta_{ij},\quad i,\,j=1,\,2$$

이므로 $F(E_1),F(E_2)$도 $\mathbb{R}^2$의 정규직교기저이다.

(5) 임의의 $P=p_1E_1+p_2E_2$에 대하여

$$F(P)=\sum_{i=1}^{2}\langle F(P),F(E_i)\rangle F(E_i)=\sum_{i=1}^{2}p_iF(E_i)$$

이다.

(6) $P = \sum_{i=1}^{2} p_i E_i$, $Q = \sum_{i=1}^{2} q_i E_i$라고 하면

$$F(P+Q) = \sum_{i=1}^{2}(p_i+q_i)F(E_i) = \sum_{i=1}^{2} p_i F(E_i) + \sum_{i=1}^{2} q_i F(E_i) = F(P) + F(Q)$$
$$F(\alpha P) = \sum_{i=1}^{2}(\alpha p_i)F(E_i) = \alpha \sum_{i=1}^{2} p_i F(E_i) = \alpha F(P)$$

이므로 F는 선형변환이다.

(7) 단계 (3)과 (6)에 의하여 F는 직교변환이다. □

정리 7.4.3. $F : \mathbb{R}^2 \to \mathbb{R}^2$가 등장사상이면 $F = T \circ A$인 유일한 평행이동 T와 직교변환 A가 존재한다.

증명 (1) (존재성) 평행이동 $\overline{T}$를 $\overline{T}(u) = u - F(O)$로 정의하고 $A = \overline{T} \circ F$라고 하면

$$A(O) = \overline{T}(F(O)) = F(O) - F(O) = O$$

이고 $\overline{T}$와 F가 등장사상이므로 A도 등장사상이다.

(2) 보조정리 7.4.2에 의하여 A는 직교변환이다.

(3) F는 평행이동 $T = \overline{T}^{-1}$와 직교변환 A의 합성사상으로 표현된다. 즉, $F = T \circ A$이다.

(4) (유일성) 평행이동 T_1, T_2와 직교변환 A_1, A_2에 대하여 $F = T_1 \circ A_1 = T_2 \circ A_2$라고 하자.

(5) 직교변환은 원점을 고정시키므로 $T_1(O) = F(O) = T_2(O)$이고

$$T_1(P) = P + T_1(O) = P + T_2(O) = T_2(P)$$

이다.

(6) $A_1 = T_1^{-1} \circ F = T_2^{-1} \circ F = A_2$이다.

(7) 따라서 등장사상 F는 유일한 평행이동 T와 직교변환 A가 존재하여 $F = T \circ A$로 표현된다. □

주 . (1) 임의의 직교변환은 원점을 중심으로 하는 회전이거나 원점을 지나는 직선에 대한 대칭이동이므로 모든 등장사상은 평행이동, 회전, 대칭이동의 합성으로 표

현된다.

(2) 앞 절의 연습문제에서 평행이동이나 회전은 적당한 직선에 대한 두 개의 대칭이동의 합성임을 보였으므로 모든 등장사상은 유한 개의 대칭이동의 합성이다.

(3) 대칭이동의 합성은 평행이동, 회전변환, 대칭이동, 미끄럼 대칭이동(대칭이동과 평행이동의 합성) 중 하나로 표현된다.

(4) 선분 $\overline{PQ}$의 길이는 $|\overline{PQ}| = d(P,Q)$이므로 거리를 보존하는 등장사상은 선분의 길이도 보존한다.

(5) 모든 직교변환은 내적을 보존하므로 각을 보존한다. 그리고 평행이동도 각을 보존하므로 모든 등장사상은 각을 보존한다.

내적공간 $(\mathbb{R}^2, \langle,\rangle)$의 거리를 보존하는 $\mathbb{R}^2$의 모든 등장사상의 집합을 $\mathrm{ISOM}(\mathbb{R}^2)$라고 표기하자. 사상의 합성을 연산 $\circ$으로 생각하면 $\mathrm{ISOM}(\mathbb{R}^2)$는 $\circ$에 대하여 닫혀 있고 다음이 성립한다.

(i) $\mathbb{R}^2$의 임의의 등장사상 F, G, H에 대해서 $(F \circ G) \circ H = F \circ (G \circ H)$이다.

(ii) $\mathbb{R}^2$의 임의의 등장사상 F와 $\mathbb{R}^2$의 항등사상 I에 대해서 $F \circ I = I \circ F = F$이다.

(iii) $\mathbb{R}^2$의 임의의 등장사상 F에 대해서 $F \circ F^{-1} = F^{-1} \circ F = I$인 $F^{-1} \in \mathrm{ISOM}(\mathbb{R}^2)$가 존재한다.

따라서 $(\mathrm{ISOM}(\mathbb{R}^2), \circ)$이 군(group)이 된다. 이 군을 $\mathbb{R}^2$의 Euclid 군(Euclidean group)이라고 한다. $\mathbb{R}^2$의 평행이동의 집합을 $\mathcal{T}(2)$, 직교변환의 집합을 $O(2)$라고 하면 정리 7.4.3에 의하여 $\mathrm{ISOM}(\mathbb{R}^2)$의 원소는 $\mathcal{T}(2)$의 원소와 $O(2)$의 원소의 합성으로 표현됨을 알 수 있다. 이때 $O(2)$의 원소가 $SO(2)$에 속하면 이 등장사상을 특별히 강체운동(rigid motion)이라고 한다.

정리 7.4.4. $\mathbb{R}^2$의 등장사상 F에 대하여 $P' = F(P), Q' = F(Q)$라고 하면 F는 선분 $\overline{PQ}$를 선분 $\overline{P'Q'}$로, 반직선 $\overrightarrow{PQ}$는 반직선 $\overrightarrow{P'Q'}$로, 직선 $\overleftrightarrow{PQ}$는 직선 $\overleftrightarrow{P'Q'}$로 보낸다.

증명 (1) 점 $R \neq P, Q$를 선분 $\overline{PQ}$의 임의의 점이라고 하자.

(2) 삼각부등식의 등호가 성립할 필요충분조건이 $R \in \overline{PQ}$이다. 이때 $|\overline{PR}| + |\overline{RQ}| = |\overline{PQ}|$이다.

(3) $R' = F(R)$이라고 하면 단계 (2)는 $|\overline{P'R'}| + |\overline{R'Q'}| = |\overline{P'Q'}|$이고 이는 $R' \in \overline{P'Q'}$과 동치이다.

(4) 그러므로 $F(\overline{PQ}) \subseteq \overline{P'Q'}$이다.

(5) 마찬가지로 F의 역사상 F^{-1}도 등장사상이므로 $F^{-1}(\overline{P'Q'}) \subseteq \overline{PQ}$이다.

(6) $F(F^{-1}(\overline{P'Q'})) = \overline{P'Q'} \subseteq F(\overline{PQ})$이고 단계 (4)에 의하여$F(\overline{PQ}) = \overline{P'Q'}$이다.

(7) 단계 (1)–(3)에 의하여 $A * B * C$이면 $F(A) * F(B) * F(C)$이다.

(8) $P * Q * R$는 $P' * Q' * F(R)$가 되어 $F(\overrightarrow{PQ}) \subseteq \overrightarrow{P'Q'}$이다.

(9) F의 역사상을 이용하여 $F^{-1}(\overrightarrow{P'Q'}) \subseteq \overrightarrow{PQ}$이다. 양변에 F를 적용하면 $\overrightarrow{P'Q'} \subseteq F(\overrightarrow{PQ})$이므로 $F(\overrightarrow{PQ}) = \overrightarrow{P'Q'}$이다.

(10) 마찬가지로 $S * P * Q, F(S) = S'$일 때 $F(\overrightarrow{PS}) = \overrightarrow{PS'}$이다.

(11) 따라서 $F(\overleftrightarrow{PQ}) = \overleftrightarrow{P'Q'}$이다. □

제 8 장

Euclid 평면기하학의 모형 $\mathbb{R}^2$

이 장에서 Descartes 평면 $\mathbb{R}^2$에 등장사상을 통하여 무정의 관계인 합동의 의미를 부여한다. §8.1에서 이렇게 정의된 합동에 의한 여섯 개의 합동공리군, 평행선공리와 연속성공리을 $\mathbb{R}^2$ 위에서 만족함을 보여서 $\mathbb{R}^2$가 Euclid 평면기하학의 모형이 됨을 확인한다. §8.2에서 $\mathbb{R}^2$에서의 중요한 정리들을 등장사상을 이용하여 증명한다. 이들 정리들은 평행선 공리를 사용하지 않으므로 제 9장에서 다룰 중립기하학의 정리들에 속한다.

8.1 $\mathbb{R}^2$와 합동공리군

Euclid가 《원론》에서 '옮겨서 일치하면 같다'라는 표현이 합동의 개념을 의미한다. 등장사상을 이용하여 다음과 같이 합동을 정의한다.

정의 8.1.1. $\mathbb{R}^2$의 두 부분집합 S와 S'에 대하여 $F(S) = S'$이 되는 등장사상 $F : \mathbb{R}^2 \longrightarrow \mathbb{R}^2$가 존재하면 S는 S'과 합동이라고 하고 $S \simeq S'$라고 표기한다.

《원론》에서 주로 선분과 각 그리고 삼각형의 합동을 주로 다루었지만 합동은 $\mathbb{R}^2$의 두 부분집합 사이의 관계로 일반화하여 정의한다.

$\mathbb{R}^2$의 두 부분집합 사이의 관계인 합동은 동치 관계이다.

증명 (1) $F = Id \in \mathrm{ISOM}(\mathbb{R}^2)$이므로 $S \simeq S$이다(반사적).

(2) 모든 등장사상의 역함수가 존재하므로 $S \simeq S'$이면 $S' \simeq S$이다. 그러므로 S와 S'은 서로 합동이다(대칭적).

(3) 등장사상의 합성함수도 등장사상이므로 $S \simeq S', S' \simeq S''$이면 $S \simeq S''$이다(추이적). □

한 변을 공통으로 갖는 두 각에 대하여 두 각의 크기가 같고 공통변을 포함하는 직선에 대해서 다른 두 변이 같은 쪽에 있다면 다른 두 변이 같은 반직선임을 보이자.

명제 8.1.1. $|\angle QPR| = |\angle Q'PR|$이고 $Q \sim_{\overleftrightarrow{PR}} Q'$이면 $\overrightarrow{PQ} = \overrightarrow{PQ'}$이다.

증명 (1) 일반성을 잃지 않고 $|PQ| = |PQ'| = |PR| = 1$라고 가정하자. 그러면

$$Q - P = U, \quad Q' - P = U', \quad R - P = V$$

는 단위원 $C = \{P \mid |P| = 1\}$에 속하고 그들의 방향각을 각각 θ, θ', ϕ 라고 하면 명제 7.3.1에 의하여

$$U = (\cos\theta,\ \sin\theta),\ U' = (\cos\theta', \sin\theta'),\ V = (\cos\phi,\ \sin\phi)$$

로 표현된다.

(2) $|\angle QPR| = |\angle Q'PR|$이므로, 각의 정의와 삼각함수의 공식에 의하여

$$\langle U, V\rangle = \langle U', V\rangle\,,\ \cos(\theta - \phi) = \cos(\theta' - \phi)\,, \theta - \phi = \pm(\theta' - \phi)$$

이다.

(3) $\theta = \theta'$ 이거나 $\phi = \frac{\theta+\theta'}{2}$이다.

(4) 만약 $\phi = \frac{\theta+\theta'}{2}$라고 하자.

(5) 선분 $\overline{UU'}$의 중점을 M이라 하면

$$\begin{aligned} M &= \left(\frac{\cos\theta + \cos\theta'}{2},\quad \frac{\sin\theta + \sin\theta'}{2}\right) \\ &= \cos\left(\tfrac{\theta-\theta'}{2}\right)\left(\cos\tfrac{\theta+\theta'}{2},\quad \sin\tfrac{\theta+\theta'}{2}\right) \\ &= \cos\left(\tfrac{\theta-\theta'}{2}\right) V \end{aligned}$$

이므로 선분 $\overline{OM}$과 $\overline{OV}$는 같은 또는 반대 방향을 갖는다. 그러므로 $\overleftrightarrow{OM} = \overleftrightarrow{OV}$이다. 이 직선을 L이라고 하자.

(6) 직선 L을 P 만큼 평행이동을 한 $T_P(L)$은 P, $P+V=R, P+M$을 지난다. 따라서 $T_P(L) = \overleftrightarrow{PR}$이다.

(7) $Q = P+U$와 $Q' = P+U'$의 중점은 $P+M$이고 단계 (6)에 의하여 $\overleftrightarrow{PR}$을 지난다. 그러므로 Q와 Q'은 $\overleftrightarrow{PR}$에 대하여 반대쪽에 있는데 이는 가정에 위배된다.

(8) 그러므로 $\theta = \theta'$이고 $\overrightarrow{PQ} = \overrightarrow{PQ'}$이다. □

반직선 $\overrightarrow{PQ}$는 점 P를 중심으로 θ 만큼 회전변환에 의하여 또 다른 반직선 $\overrightarrow{PR}$로 보내진다. 이때 두 반직선이 이루는 각의 크기가 θ이기를 기대하게 된다. 이를 다음 정리에서 증명한다.

명제 8.1.2. 점 P를 중심으로 θ만큼 회전변환 $\rho_{P,\theta}$에 대하여 $\rho_{P,\theta}(Q) = R, \theta \geq 0$라고 하면 $|\angle QPR| = \theta$이다.

증명 (1) $|Q-P| = r$이라 하고 단위벡터 $\frac{1}{r}(Q-P)$의 방향각 ϕ를 이용하여 $\frac{1}{r}(Q-P) = (\cos\phi, \sin\phi)$라 하자.

(2) $\rho_{P,\theta} = T_P \circ \rho_\theta \circ T_{-P}$이므로 $T_{-P} \circ \rho_{P,\theta}(Q) = \rho_\theta \circ T_{-P}(Q)$이고

$$\begin{aligned} R - P &= \rho_\theta(Q-P) \\ &= \begin{pmatrix} \cos\theta & -\sin\theta \\ \sin\theta & \cos\theta \end{pmatrix} \begin{pmatrix} r\cos\phi \\ r\sin\phi \end{pmatrix} \\ &= r\left(\cos(\theta+\phi), \sin(\theta+\phi)\right) \end{aligned}$$

이다

(3) $|\angle QPR|$의 정의에 의하여

$$\begin{aligned} |\angle QPR| &= \cos^{-1}\left(\frac{\langle Q-P, R-P\rangle}{|Q-P||R-P|}\right) \\ &= \cos^{-1}\left(\frac{r^2(\cos(\theta+\phi)\cos\phi + \sin(\theta+\phi)\sin\phi)}{r\cdot r}\right) \\ &= \cos^{-1}(\cos\theta) \\ &= \theta \end{aligned}$$

이다. □

이제 임의의 각에 대하여 어느 한 변을 다른 변으로 보내는 회전변환이 존재함을 보이자.

정리 8.1.3. $|\angle QPR| = \theta \geq 0$라면 $\rho_{P,\theta}(\overrightarrow{PQ}) = \overrightarrow{PR}$이거나 $\rho_{P,\theta}(\overrightarrow{PR}) = \overrightarrow{PQ}$이다. 그러므로 $\rho_{P,\phi}(\overrightarrow{PQ}) = \overrightarrow{PR}$인 $\phi \in \{\theta, -\theta\}$가 존재한다.

증명 (1) 일반성을 잃지 않고 $|PR| = |PQ| = 1$이라고 가정하자.

(2) $\rho_{P,\theta}(Q) = S, \rho_{P,\theta}(R) = T$라면 명제 8.1.2에 의하여 $|\angle QPS| = |\angle RPT| = \theta$이다.

(3) (경우 1) R과 S가 $\overleftrightarrow{PQ}$에 대하여 같은 쪽에 있다면 명제 8.1.1에 의하여 $\overrightarrow{PR} = \overrightarrow{PS}$이고 $\rho_{P,\theta}(\overrightarrow{PQ}) = \overrightarrow{PR}$이다.

(4) (경우 2) Q와 T가 $\overleftrightarrow{PR}$에 대하여 같은 쪽에 있다면 명제 8.1.1에 의하여 $\overrightarrow{PQ} = \overrightarrow{PT}$이고 $\rho_{P,\theta}\left(\overrightarrow{PR}\right) = \overrightarrow{PQ}$이다.

(5) (경우 3) (경우 1)과 (경우 2)가 아니라고 하자. 즉, $R \not\sim_{\overleftrightarrow{PQ}} S$이고 $Q \not\sim_{\overleftrightarrow{PR}} T$이다.

(6) 계산의 편의를 위하여

$$P = O,\ Q = (\cos\alpha,\ \sin\alpha),\ R = (\cos\beta, \sin\beta),\ -\pi < \alpha, \beta \leq \pi$$

라고 하자.

(7) 명제 8.1.2의 증명 단계 (2)에 의하여

$$S = (\cos(\alpha + \theta),\quad \sin(\alpha + \theta))$$
$$T = (\cos(\beta + \theta),\quad \sin(\beta + \theta))$$

이다.

(8) 그러므로

$$\overleftrightarrow{PQ} = \{f(x, y) = \sin\alpha x - \cos\alpha y = 0\}$$
$$\overleftrightarrow{PR} = \{g(x, y) = \sin\beta x - \cos\beta y = 0\}$$

$$
\begin{aligned}
f(R)\cdot f(S) &= \sin(\alpha-\beta)\cdot\sin(\alpha-(\alpha+\theta)) \\
&= -\sin\theta\sin(\alpha-\beta) < 0 \\
g(Q)\cdot g(T) &= -\sin\theta\sin(\beta-\alpha) < 0
\end{aligned}
$$

이다.

(9) 두 부등식으로부터 $\sin(\alpha-\beta)\sin(\beta-\alpha) = -(\sin(\alpha-\beta))^2 > 0$이므로 (경우 3)은 발생하지 않는다.

(10) 그러므로 (경우 1)과 (경우 2)에 의하여 $\rho_{P,\theta}(\overrightarrow{PQ}) = \overrightarrow{PR}$이거나 $\rho_{P,\theta}(\overrightarrow{PR}) = \overrightarrow{PQ}$이다.

(11) 만약 $\rho_{P,\theta}(\overrightarrow{PR}) = \overrightarrow{PQ}$이라면, $\rho_{P,\theta}$의 역사상 $\rho_{P,-\theta}$에 의하여 $\rho_{P,-\theta}(\overrightarrow{PQ}) = \overrightarrow{PR}$이다.

(12) 그러므로 ϕ를 θ 또는 $-\theta$라고 하면 $\rho_{P,\phi}(\overrightarrow{PQ}) = \overrightarrow{PR}$인 회전변환 $\rho_{P,\phi}$가 존재한다. □

정리 8.1.3를 이용하여 주어진 선분을 임의의 반직선으로 옮기는 등장사상을 찾아 합동공리 C-1이 $\mathbb{R}^2$에서 성립함을 보이자.

> (합동공리 C-1) 주어진 선분 $\overline{PQ}$와 반직선 $\overrightarrow{P'R'}$에 대하여, $\overline{PQ} \simeq \overline{P'Q'}$인 Q'이 반직선 $\overrightarrow{P'R'}$ 위에 유일하게 존재한다.

증명 (1) (존재성) 평행이동 $T_{(P'-P)}$는 P를 P'으로 보내고 Q를 Q_1으로 보낸다고 하자.

(2) 각 $\angle Q_1P'R'$의 크기를 $|\angle Q_1P'R'| = \theta,\ 0 \le \theta \le \pi$로 놓자.

(3) 정리 8.1.3에 의하여 $\rho_{P',\phi}(\overrightarrow{P'Q_1}) = \overrightarrow{P'R'}$, ($\phi$는 θ 또는 $-\theta$)인 회전변환 $\rho_{P',\phi}$가 존재한다.

(4) $F = \rho_{P',\phi}\circ T_{(P'-P)}$라고 하면 $F\left(\overrightarrow{PQ}\right) = \overrightarrow{P'R'}$이다.

(5) $F(Q) = Q'$이라고 하면 단계 (4)에 의하여 $Q' \in \overrightarrow{P'R'}$이고 $F(\overline{PQ}) = \overline{P'Q'}$이므로 $\overline{PQ} \simeq \overline{P'Q'}$이다.

(6) (유일성) 만약 $\overline{PQ} \simeq \overline{P'Q'}$이고 $\overline{PQ} \simeq \overline{P'Q''}$인 점 Q'과 Q''가 반직선 $\overrightarrow{P'R'}$에 존재한다고 하자. 이때,

$$Q' = P' + t'(R' - P'), \quad Q'' = P' + t''(R' - P')$$

인 $t', t'' > 0$이 존재한다.

(7) 서로 합동인 선분은 정의에 의하여 $|\overline{P'Q'}| = |\overline{P'Q''}|$이다.

(8) $|\overline{P'Q'}| = |t'||R' - P'|, |\overline{P'Q''}| = |t'||R' - P'|$, $t', t'' > 0$이므로 $t' = t''$이고 $Q' = Q''$이다. □

합동공리 C-1을 이용하여 선분의 합동과 선분의 길이가 같다는 것은 동치임을 보이자.

명제 8.1.4. $\overline{PQ} \simeq \overline{ST}$인 것과 $|\overline{PQ}| = |\overline{ST}|$는 동치이다.

증명 (1) 두 선분 $\overline{PQ}$, $\overline{ST}$가 서로 합동이면 정의에 의하여 $F(\overline{PQ}) = \overline{ST}$인 등장사상 F가 존재한다. 등장사상은 선분의 길이를 보존하므로 $|\overline{PQ}| = |\overline{ST}|$이다.

(2) 역으로 두 선분의 길이가 같다고 하자.

(3) 합동공리 C-1에 의하여, $Q' \in \overrightarrow{ST}$이고 $G(\overline{PQ}) = \overline{SQ'}$인 등장사상 G가 존재하고 단계 (1)로부터 $|\overline{PQ}| = |\overline{SQ'}|$이다.

(4) $|\overline{PQ}| = |\overline{ST}|$이므로 $|\overline{SQ'}| = |\overline{ST}|$이다.

(5) $Q' \in \overrightarrow{ST}$이므로 $Q' = S + t(T - S)$인 $t > 0$가 존재한다.

(6) $|\overline{SQ'}| = t|T - S| = |\overline{ST}|$이므로 $t = 1$이고 $Q' = T$이다.

(7) $G(\overline{PQ}) = \overline{ST}$이므로 $\overline{PQ} \simeq \overline{ST}$이다. □

이제부터 두 선분이 합동인 것과 길이가 같은 것을 동일시하면 합동공리 C-2는 자명하게 성립한다.

(합동공리 C-2)

(I) 임의의 선분은 자기 자신과 합동이다.

(II) $PQ \simeq P'Q'$이고 $PQ \simeq P''Q''$이면 $P'Q' \simeq P''Q''$이다.

다음으로 삼각부등식에서 등호가 성립할 조건을 이용하여 $\mathbb{R}^2$에서 선분의 덧셈이 성립함을 보이자.

> (합동공리 C-3, 선분의 덧셈) $P * Q * R$이고 $P' * Q' * R'$이고 $\overline{PQ} \simeq \overline{P'Q'}, \overline{QR} \simeq \overline{Q'R'}$이면 $\overline{PR} \simeq \overline{P'R'}$이다.

증명 (1) 가정에 의하여 $|\overline{PQ}| = |\overline{P'Q'}|$이고 $|\overline{QR}| = |\overline{Q'R'}|$이므로

$$|\overline{PQ}| + |\overline{QR}| = |\overline{P'Q'}| + |\overline{P'R'}|$$

이다.

(2) $Q \in \overline{PR}, Q' \in \overline{P'R'}$이고 이는 삼각부등식의 등호가 성립할 조건이므로

$$|\overline{PQ}| + |\overline{QR}| = |\overline{PR}|, \quad |\overline{P'Q'}| + |\overline{Q'R'}| = |\overline{P'R'}|$$

이다.

(3) 따라서 $|\overline{PR}| = |\overline{P'R'}|$이고 명제 8.1.4에 의하여 $\overline{PR} \simeq \overline{P'R'}$이다. □

이제부터 등장사상을 이용하여 각의 합동에 관한 합동공리 C-4가 $\mathbb{R}^2$에서 성립함을 보이자.

> (합동공리 C-4) 주어진 각 $\angle QPR$, 반직선 $\overrightarrow{P'Q'}$, 직선 $\overleftrightarrow{P'Q'}$에 대한 반평면 $\mathbb{H}$에 대하여 $\angle QPR \simeq \angle Q'P'R'$인 반직선 $\overrightarrow{P'R'}$이 반평면 $\mathbb{H}$에 유일하게 존재한다.

증명 (1) (존재성) 합동공리 C-1의 증명 과정에 의하여 $F(\overrightarrow{PQ}) = \overrightarrow{P'Q'}$인 등장사상 $F = \rho_{P',\phi} \circ T_{(P'-P)}$가 존재한다.

(2) 점 $F(R) = S$라고 하면 $F(\overrightarrow{PR}) = \overrightarrow{P'S}$이므로 $F(\angle QPR) = \angle Q'P'S$이다.

(3) 등장사상은 각의 크기를 보존하므로 $\angle QPR \simeq \angle Q'P'S$이다.

(4) $S \in \mathbb{H}$이면 S를 R'으로 놓으면 된다.

(5) S가 $\mathbb{H}$외는 다른 반평면에 속하는 경우 직선 $\overleftrightarrow{P'Q'} = L$에 대한 대칭이동 R_L을 하여 $R_L(S) = R'$이라고 하면 $\angle QPR \simeq \angle Q'P'R'$이다.

(6) (유일성) 만일 $\angle Q'P'R_1 \simeq \angle QPR \simeq \angle Q'P'R_2$인 R_1과 R_2가 $\mathbb{H}$에 존재한다면 명제 8.1.1에 의하여 $\overrightarrow{P'R_1} = \overrightarrow{P'R_2}$이므로 반직선이 유일하다. □

합동공리 C-4를 이용하여 각의 합동과 각의 크기가 같다는 것이 동치임을 보일 수 있다.

명제 8.1.5. $\angle QPR \simeq \angle Q'P'R'$인 것과 $|\angle QPR| = |\angle Q'P'R'|$는 동치이다.

증명 (1) $\angle QPR \simeq \angle Q'P'R'$이라고 하면 정의에 의하여, $F(\angle QPR) = \angle Q'P'R'$인 등장사상 F가 존재한다.

(2) 등장사상은 각의 크기를 보존하므로 $|\angle QPR| = |\angle Q'P'R'|$이다.

(3) 역으로 $|\angle QPR| = |\angle Q'P'R'|$라고 가정하자.

(4) 합동공리 C-4에 의하여, $\angle QPR \simeq \angle Q'P'S$인 점 S가 $\mathbb{H}(R')$에 존재한다. 여기서 $\mathbb{H}(R')$은 직선 $\overleftrightarrow{P'Q'}$에 대하여 R'을 포함하는 반평면이다.

(5) 단계 (1)과 (2)에 의하여 $|\angle QPR| = |\angle Q'P'S|$이고 단계 (3)의 가정에 의하여 $|\angle Q'P'S| = |\angle Q'P'R'|$ 이다.

(6) 명제 8.1.1에 의하여 $\overrightarrow{P'S} = \overrightarrow{P'R'}$이므로 $\angle QPR \simeq \angle Q'P'R'$이다. □

명제 8.1.5 를 이용하여 다음 합동공리 C-5가 성립함을 쉽게 알 수 있다.

(합동공리 C-5)

(I) 임의의 각은 자기 자신과 합동이다.

(II) $\angle QPR \simeq \angle Q'P'R'$이고 $\angle QPR \simeq \angle Q''P''R''$이면

$$\angle Q'P'R' \simeq \angle Q''P''R''$$

이다.

두 선분의 합에 대한 합동공리 C-3처럼 두 각의 합에 대한 성질은 공리가 아니고 다른 공리들로부터 증명될 수 있는 정리임을 제 9장에서 보인다. 그러나 모형 $\mathbb{R}^2$에서는 각의 크기를 정의할 때 내적을 이용하기 때문에 각의 덧셈을 해석적으로 쉽게 증명할 수 있다.

명제 8.1.6. 점 A가 각$\angle QPR$의 내부에 있다면 $|\angle QPR| = |\angle QPA| + |\angle APR|$ 이다.

증명 (1) 일반성을 잃지 않고

$$Q-P=U, \quad R-P=V, \quad A-P=W$$

이고 $|U|=|V|=|W|=1$ 이라고 가정하자.

(2) 방향각을 이용하여

$$U=(\cos\theta_1, \sin\theta_1), \quad V=(\cos\theta_2, \sin\theta_2), \quad W=(\cos\theta_3, \sin\theta_3)$$

라고 놓으면

$$\begin{aligned}
\cos|\angle QPR| &= \langle U, V\rangle = \cos(\theta_1-\theta_2), \\
\cos|\angle QPA| &= \langle U, W\rangle = \cos(\theta_1-\theta_3), \\
\cos|\angle APQ| &= \langle W, V\rangle = \cos(\theta_3-\theta_2)
\end{aligned}$$

이다.

(3) 각의 크기는 음수가 아니므로

$$|\angle QPR| = |\theta_1-\theta_2|, \quad |\angle QPA| = |\theta_1-\theta_3|, \quad |\angle APR| = |\theta_3-\theta_2|$$

이다.

(4) 점 A가 각$\angle QPR$의 내부에 있으므로 정리 8.1.3의 증명 단계 (7)에 의하여

$$\begin{aligned}
f(x,y) &= \sin\theta_1 x - \cos\theta_1 y = 0, \\
g(x,y) &= \sin\theta_2 x - \cos\theta_2 y = 0, \\
f(W)\cdot f(V) &= \sin(\theta_1-\theta_3)\cdot\sin(\theta_1-\theta_2) > 0, \\
g(W)\cdot g(U) &= \sin(\theta_2-\theta_3)\cdot\sin(\theta_2-\theta_1) > 0
\end{aligned}$$

이다.

(5) (경우 1) $\theta_1 > \theta_2$라면 단계 (4)의 부등식에 의하여 $\theta_1 > \theta_3$이고 $\theta_2 < \theta_3$이다. 즉 $\theta_1 > \theta_3 > \theta_2$이다.

(6) (경우 2) $\theta_1 < \theta_2$라면 마찬가지로 $\theta_1 < \theta_3$이고 $\theta_2 > \theta_3$이므로 $\theta_1 < \theta_3 < \theta_2$

이다.

(7) 그러므로 모든 경우에 $|\theta_1 - \theta_2| = |\theta_1 - \theta_3| + |\theta_3 - \theta_2|$이 성립하고 이는

$$|\angle QPR| = |\angle QPA| + |\angle APR|$$

를 의미한다. □

등장사상을 이용하여 $\mathbb{R}^2$에서 SAS 합동공리가 성립함을 보이자.

(SAS 합동공리 C-6) 두 삼각형 PQR과 삼각형 $P'Q'R'$에 대하여

$$\overline{PQ} \simeq \overline{P'Q'}, \quad \angle P \simeq \angle P', \quad \overline{PR} \simeq \overline{P'R'}$$

이면 두 삼각형 PQR과 삼각형 $P'Q'R'$이 합동이다.

증명 (1) $\overline{PQ} \simeq \overline{P'Q'}$이므로 $F(\overline{PQ}) = \overline{P'Q'}$인 등장사상 F가 존재한다.

(2) (경우 1) $F(R) = R_1$이라 놓고 $R_1 \sim_{\overleftrightarrow{P'Q'}} R'$라면 $|\angle Q'P'R_1| = |\angle Q'P'R'|$이므로 합동공리 C-4에 의하여 $\overrightarrow{P'R_1} = \overrightarrow{P'R'}$이다.

(3) $|\overline{P'R_1}| = |\overline{PR}| = |\overline{P'R'}|$이므로 합동공리 C-1에 의하여 $R_1 = R'$이다. 즉, $F(\triangle PQR) = \triangle P'Q'R'$이다.

(4) (경우 2) $R_1 \not\sim_{\overleftrightarrow{P'Q'}} R'$라고 하자.

(5) 직선 $\overleftrightarrow{P'Q'}$에 대한 대칭이동 $R_{\overleftrightarrow{P'Q'}}$이 점 R_1을 점 $\overline{R}$로 보내면 $\overline{R} \sim_{\overleftrightarrow{P'Q'}} R'$이므로 단계 (2)와 (3)를 따라 가면

$$R_{\overleftrightarrow{P'Q'}} \circ F(\triangle PQR) = \triangle P'Q'R'$$

을 보일 수 있다.

(6) 그러므로 어느 경우든지 $\triangle PQR \simeq \triangle P'Q'R'$이다. □

이로써 $\mathbb{R}^2$에서 합동공리군이 모두 만족함을 보였다. 다음으로 $\mathbb{R}^2$에서 Hilbert의 평행선공리와 연속공리군에 대하여 살펴보자.

주어진 직선 L의 표현식을 $ax+by=c$라고 하자. 점 $P = (p_1, p_2) \notin L$일 때 P를 지나고 L과 평행인 직선은 유일하게 $L' = \{ax + by = ap_1 + bp_2\}$임을 제 3장에서 증명하였다. 따라서 $\mathbb{R}^2$에서 Hilbert의 평행선공리는 만족한다.

> (Archimedes의 공리) 두 선분 $\overline{PQ}$와 $\overline{AB}$에 대하여 $n \cdot \overline{AB} \simeq \overline{PR}, P * Q * R$을 만족하는 자연수 n과 점 R이 존재한다.

증명 (1) 두 선분 $\overline{PQ}$와 $\overline{AB}$의 크기를 $|\overline{PQ}| = x$와 $|\overline{AB}| = y$라고 하자.

(2) 실수의 Archimedes의 공리에 의하여 $x < ny$인 자연수 n이 존재한다.

(3) 합동공리 C-1에 의하여 $n \cdot \overline{AB} \simeq \overline{PR}$인 점 R이 반직선 $\overrightarrow{PQ}$에 존재한다. 이때 $|\overline{PR}| = ny$이다.

(4) $Q = R$라면 $x = ny$ 이다(모순). 즉, $P * Q * R$이거나 $P * R * Q$이다.

(5) 만약 $P * R * Q$라면 $x > ny$ 이다(모순).

(6) 따라서 $P * Q * R$이 성립한다. □

모든 직선 L에 대하여 L 위의 두 점 P와 Q를 이용하여

$$L = \{(1-t)P + tQ \mid t \in \mathbb{R}\}$$

로 나타낼 수 있으므로 L과 실수 $\mathbb{R}$ 사이에 순서를 보존하는 일대일 대응이 존재한다. 그러므로 직선이 연속이 아니고 구멍이 있다면 실수에도 구멍이 있어야하므로 이는 실수의 완비성에 모순이 된다.

따라서 우리는 $\mathbb{R}^2$가 Hilbert 공리계의 모형임을 보였다.

8.2 $\mathbb{R}^2$의 등장사상을 이용한 증명들

다음 정리는 맞꼭지각을 서로 대응시키는 등장사상을 찾아서 합동임을 보인다.

정리 8.2.1. $Q*P*Q'$이고 $R*P*R'$일 때 맞꼭지각 $\angle QPR$과 $\angle Q'PR'$이 합동이다.

증명 (1) 반회전 $\rho_{P,\pi}$이 반직선을 반대 방향의 반직선으로 보내므로 $\rho(\overrightarrow{PQ}) = \overrightarrow{PQ'}$이고 $\rho(\overrightarrow{PR}) = \overrightarrow{PR'}$이다.

(2) 따라서 $\varphi_{P,\pi}(\angle QPR) = \angle Q'PR'$이고 $\angle QPR \simeq \angle Q'PR'$이다. □

임의의 삼각형은 등장사상을 이용하여 적당한 위치로 바꾸면 등장사상에 의하여 보존되는 정리들이 쉽게 증명된다. 계산의 편리를 위하여 두 꼭지점을 원점과 x-축의 양의 방향으로 보내고 나머지 꼭지점은 상반평면 $\{(x, y) \mid y > 0\}$으로 보내자.

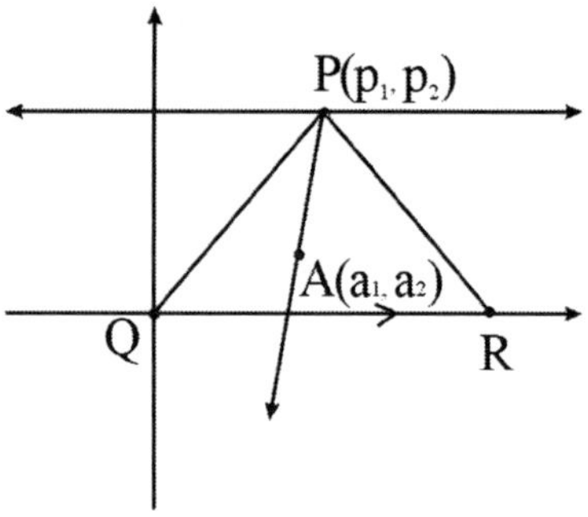

그림 8.1: 각 $\angle QPR$의 내부점 $A\,(a_2 < p_2)$

보조정리 8.2.2. 임의의 삼각형 PQR에 대하여 $\triangle PQR \simeq \triangle P'Q'R'$이 되게 하는

$$P' = (p_1, p_2),\ \ p_2 > 0, Q' = (0,0), R' = (r_1, 0),\ \ r_1 > 0$$

이 존재한다.

증명 (1) 합동공리 C-1에 의하여 주어진 반직선 $\overrightarrow{OE_1}$ 위에 $\overline{QR} \simeq \overline{OR'}$인 $R' \in \overrightarrow{OE_1}, R' \neq O$ 이 유일하게 존재한다. 여기서 $E_1 = (1,0)$이다.

(2) $\overline{QR} \simeq \overline{OR'}$의 정의에 의하여 $F(\overline{QR}) = \overline{OR'}$인 등장사상 F가 존재한다. $F(P) = \overline{P} = (\overline{p}_1, \overline{p}_2)$이라고 하자.

(3) $\overline{p}_2 > 0$인 경우 $\overline{P} = P'$이라 놓으면 $F(\triangle PQR) = \triangle P'Q'R'$이다.

(4) $\overline{p}_2 < 0$인 경우 x-축에 대한 대칭이동을 $R_{x\text{-축}}$라고 하고 $R_{x\text{-축}}(\overline{P}) = P'$이라고 하면, $R_{x\text{-축}} \circ F$에 의하여 $R_{x\text{-축}} \circ F(\triangle PQR) = \triangle P'Q'R'$이다.

(5) 따라서 어느 경우든 우리가 원하는 $\triangle PQR \simeq \triangle P'Q'R'$인 삼각형 $P'Q'R'$를 얻을 수 있다. □

횡선 정리를 이용하여 따름정리 4.3.4에서 보였던 다음 정리를 $\mathbb{R}^2$에서 해석적으로 쉽게 증명할 수 있다.

정리 8.2.3. 삼각형 PQR에 대하여, 꼭지점 P를 지나고 대변 $\overline{QR}$과 평행인 직선 L은 각 $\angle QPR$의 내부를 지나지 않는다(그림 8.1 참조).

증명 (1) 보조정리 8.2.2에 의하여 주어진 삼각형 PQR을

$$P' = (p_1, p_2),\ p_2 > 0, Q' = (0,0), R' = (r_1, 0),\ r_1 > 0$$

이라고 가정할 수 있다.

(2) 이때 두 직선 $\overleftrightarrow{PQ}$와 $\overleftrightarrow{PR}$은

$$\begin{aligned}\overleftrightarrow{PQ} &= \{(x,y) \mid f(x,y) = p_2x - p_1y = 0\}\\ \overleftrightarrow{PR} &= \{(x,y) \mid g(x,y) = p_2x - (p_1 - r_1)y - p_2r_1 = 0\}\end{aligned}$$

이고 점 $A = (a_1, a_2)$를 각 $\angle QPR$의 내부에 있는 점이라고 하자.

(3) 그러면 각의 내부점의 정의에 의하여

$$\begin{aligned}f(A)\cdot f(R) &= (p_2a_1 - p_1a_2)(p_2r_1) > 0\\ g(A)\cdot g(Q) &= (p_2a_1 - p_1a_2 + r_1a_2 - p_2r_1)(-p_2r_1)\\ &= -p_2{r_1}^2(a_2 - p_2) - (p_2a_1 - p_1a_2)(p_2r_1)\\ &= -p_2{r_1}^2(a_2 - p_2) - f(A)f(R) > 0\end{aligned}$$

이다.

(4) $-p_2{r_1}^2(a_2 - p_2) > f(A)\cdot f(R) > 0$이므로 $a_2 < p_2$이다. 즉, 내부점 $A = (a_1, a_2)$의 y-좌표는 p_2보다 작다.

(5) 점 $P = (p_1, p_2)$를 지나고 x-축과 평행인 직선인 L은 $L = \{y = p_2\}$이므로 L은 내부점을 포함하지 않는다. □

보조정리 8.2.4. 평각이 아닌 $\angle QPR$의 내부에 점 A가 있다고 하면, $\overrightarrow{PA}\setminus\{P\}$ 위의 모든 점은 각 $\angle QPR$의 내부에 있다.

증명 (1) 보조정리 8.2.2에 의하여 주어진 삼각형 PQR을

$$P' = (p_1, p_2),\ p_2 > 0, Q' = (0,0), R' = (r_1, 0),\ r_1 > 0$$

이라고 가정할 수 있다.

(2) $\overrightarrow{PA}\setminus\{P\}$에 속하는 임의의 점은 $B_t = (1-t)P + tA,\ \ t > 0$으로 표현된다.

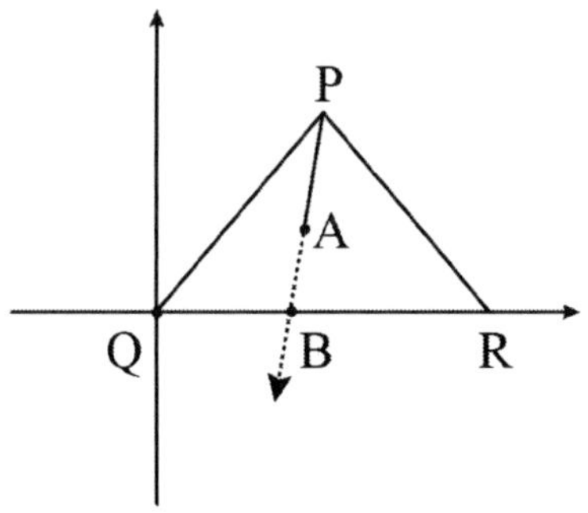

그림 8.2: 정리 8.2.5(횡선 정리)

(3) 직선 $\overleftrightarrow{PQ}$와 $\overleftrightarrow{PR}$의 표현식을 각각

$$f(x,y) = p_2x - p_1y = 0 \quad g(x,y) = p_2x - (p_1 - r_1)y - p_2r_1 = 0$$

라고 놓으면 점 A가 $\angle QPR$의 내부점이므로 $f(A)\cdot f(R) > 0$이고 $g(A)\cdot g(Q) > 0$이 성립한다.

(4) 한편 $f(B_t) = tf(A)$이므로 $f(B_t)\cdot f(R) = tf(A)\cdot f(R) > 0$이다.

(5) $g(B_t) = tg(A)$이므로 $g(B_t)\cdot g(Q) = tg(A)\cdot g(Q) > 0$이다.

(6) 그러므로 B_t는 각 $\angle QPR$의 내부에 있다. □

보조정리 8.2.2를 이용하여 임의의 삼각형을 좋은 위치에 놓고 횡선 정리를 증명해보자.

정리 8.2.5. (횡선 정리, crossbar theorem) 삼각형 PQR에 대하여 점 A가 $\angle QPR$의 내부에 있을 때, 반직선 $\overrightarrow{PA}$는 변 $\overline{QR}$과 만난다(그림 8.2 참조).

증명 (1) 보조정리 8.2.2에 의하여 주어진 삼각형 PQR을

$$P' = (p_1, p_2),\ p_2 > 0, Q' = (0,0), R' = (r_1, 0),\ r_1 > 0$$

이라고 가정할 수 있다.

(2) 정리 8.2.3에 의하여 P를 지나는 $\overleftrightarrow{QR}$의 평행선은 내부점 $A = (a_1, a_2)$를 포함하지 않으므로 $\overleftrightarrow{PA}$는 $\overleftrightarrow{QR}$과 평행이 아니다. 즉, $\overleftrightarrow{PA} \cap \overleftrightarrow{QR} = \{B\}$인 점 B가 존재한다.

(3) 직선 $\overleftrightarrow{QR}$은 $\{y = 0\}$이므로 $B = (b_1, 0)$이다.

(4) $B \neq A$라면 $0 < a_2$이거나 $a_2 < 0$이므로 $0 < a_2 < p_2$이거나 $a_2 < 0 < p_2$이다.

(5) 따라서 y-의 순서에 의하여 $B * A * P$이거나 $A * B * P$이므로 $B \in \overrightarrow{PA}$이다.

(6) 보조정리 8.2.4에 의하여 점 B는 $\angle QPR$의 내부에 있다.

(7) (귀류법 가정) $B \in \overline{QR}$이 아니라고 하자.

(8) $Q * R * B$라면 $Q \not\sim_{\overleftrightarrow{PR}} B$이고 이는 단계 (6)에 위배된다.

(9) $B * Q * R$이라면 $R \not\sim_{\overleftrightarrow{PQ}} B$이고 이는 단계 (6)에 위배된다.

(10) 그러므로 순서공리 B-3에 의하여 $B \in \overline{QR}$이다. □

제 2장에서 SAS 합동공리를 이용하여 이등변삼각형의 밑각이 같음(명제 2.1.5)을 Euclid의 증명법과 Pappus 증명법으로 각각 보였다. 이제 등장사상을 이용하여 밑각이 합동임을 직접 증명해보자.

정리 8.2.6. 두 변이 $\overline{PQ} \simeq \overline{PR}$인 이등변삼각형 PQR의 밑각이 합동이다.

증명 (1) 횡선 정리에 의하여 각 $\angle QPR$의 이등분선 $\overrightarrow{PA}$는 $\overrightarrow{PA} \cap \overline{QR} = \{B\}$인 점 B가 존재하고 $\angle BPQ \simeq \angle BPR$이다.

(2) 직선 $L = \overleftrightarrow{PB}$에 대하여 대칭이동 R_L은 $\overrightarrow{PB}$를 고정한다.

(3) $R_L(Q) = Q'$이라고 하면 $R_L(\overrightarrow{PQ}) = \overrightarrow{PQ'}$이므로 $\angle BPQ \simeq \angle BPQ'$이다.

(4) 합동공리 C-2와 단계 (1)에 의하여 $\angle BPR \simeq \angle BPQ'$이다.

(5) $Q \not\sim_{\overleftrightarrow{PB}} R$이고 $Q \not\sim_{\overleftrightarrow{PB}} Q'$이므로 $R \sim_{\overleftrightarrow{PB}} Q'$이다.

(6) 합동공리 C-4에 의하여 $\overrightarrow{PR} = \overrightarrow{PQ'}$이다.

(7) $\overline{PR} \simeq \overline{PQ'}$이므로 합동공리 C-1에 의하여 $R = Q'$이다. 즉, $R_L(Q) = R$이고 $R_L(R) = Q$이다.

(8) 따라서 $R_L(\angle PQR) = \angle PRQ$이고 합동의 정의에 의하여 $\angle PQR \simeq \angle PRQ$이다. □

주 . $R_L(\triangle PQB) = \triangle PRB$이므로 대응각이 $\angle PBQ \simeq \angle PBR$이고 보각 관계이므로 직각이다. 대응변이 $\overline{QB} \simeq \overline{BR}$이므로 각 $\angle QPR$의 이등분선을 포함하는 직선 $\overleftrightarrow{PB}$는 선분 $\overline{QR}$의 수직이등분선이다.

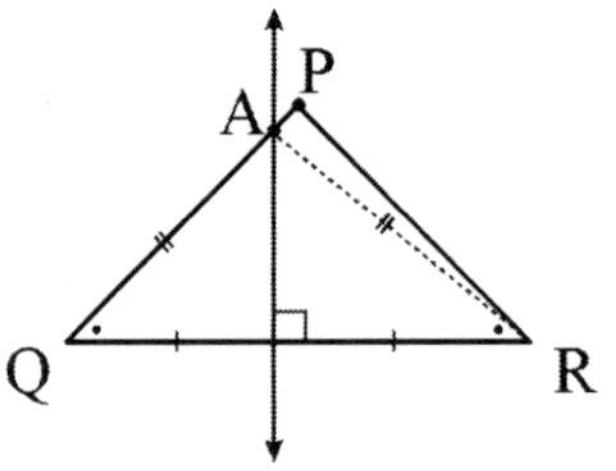

그림 8.3: 정리 8.2.8

다음 정리에서와 같이 선분의 수직이등분선을 다르게 정의할 수도 있다.

정리 8.2.7. 선분 $\overline{PQ}$의 수직이등분선 L은 집합 $S = \left\{A \mid \overline{PA} \simeq \overline{AQ}\right\}$이다.

증명 (1) B를 수직이등분선 L 위의 임의의 점이라고 하자.

(2) L에 대한 대칭이동 R_L은 B를 고정하고 P를 Q로 대응시킨다.

(3) $R_L(\overline{PB}) = \overline{QB}$이므로 $\overline{PB} \simeq \overline{BQ}$이고 $B \in S$이다.

(4) 역으로 A를 집합 S의 임의의 원소라고 하자.

(5) 삼각형 APQ는 이등변삼각형이고 정리 8.2.6의 증명 과정에서 각$\angle PAQ$의 이등분선이 선분 $\overline{PQ}$의 수직이등분선 L에 속하는 것을 보였다. 그러므로 각의 꼭지점 A는 L 위의 점이다. □

정리 8.2.6의 역으로 밑각이 같으면 이등변삼각형임을 보이자.

정리 8.2.8. 삼각형 PQR에 대하여 각 $\angle Q \simeq \angle R$이면 삼각형 PQR은 이등변삼각형이다(그림 8.3 참조).

증명 (1) 선분 $\overline{QR}$의 수직이등분선을 L이라고 하자.

(2) $P \in L$라면 정리 8.2.7에 의하여 $\overline{PQ} \simeq \overline{QR}$이므로 삼각형 PQR은 이등변삼각형이다.

(3) (귀류법 가정) $P \notin L$라고 하자.

(4) $P \sim_L Q$이거나 $P \sim_L R$이다. 일반성을 잃지 않고 $P \sim_L R$라고 가정하자.

(5) $P \not\sim_L Q$이므로 $\overline{PQ} \cap L = \{A\}$인 점 A가 존재한다.

(6) $\overline{AQ} \simeq \overline{AR}$이므로 정리 8.2.6에 의하여 각$\angle AQR \simeq \angle ARQ$이고, 가정에 의하여 $\angle PRQ \simeq \angle ARQ$이다.

(7) $P * A * Q$이므로 $P \sim_{\overleftrightarrow{QR}} A$이다.

(8) 합동공리 C-4의 유일성에 의하여 $\overrightarrow{RP} = \overrightarrow{RA}$이다.

(9) $\{A\} = \overleftrightarrow{QA} \cap \overrightarrow{RA} = \overleftrightarrow{QP} \cap \overrightarrow{RP} = \{P\}$이므로 $P \in L$이다(모순).

(10) 그러므로 $P \in L$이고 단계 (2)에 의하여 증명이 끝난다. □

수직이등분선의 성질을 이용하여 등장사상 F와 G가 한 직선 위에 있지 않은 세 점에서 일치하면 F와 G는 같은 사상이라는 것을 쉽게 증명한다.

정리 8.2.9. 한 직선 위에 있지 않은 세 점 P, Q, R에 대하여 등장사상 F가 이 세 점을 고정시키면 F는 항등사상이다. 따라서 등장사상 F와 G가 세 점 P, Q, R에서 일치하면 $F = G$이다.

증명 (1) (귀류법 가정) $F \neq Id$라고 가정하자.

(2) $F(A) \neq A$인 점 A가 존재한다. $F(A) = B$라고 하면 $A \neq B$이다.

(3) $d(A, P) = d(F(A), F(P)) = d(B, P)$이므로 P는 선분 $\overline{AB}$의 수직이등분선 L에 속한다.

(4) 마찬가지로 $Q \in L, R \in L$이다.

(5) 따라서 세 점 P, Q, R은 한 직선 L 위의 점이다(모순).

(6) 그러므로 $F = Id$이다.

(7) $F(P) = G(P),\ F(Q) = G(Q),\ F(R) = G(R)$인 등장사상 F와 G가 존재한다고 하자.

(8) 등장사상의 역사상도 등장사상이고 $G^{-1} \circ F$는 세 점 P, Q, R을 고정시키므로 $G^{-1} \circ F = Id$이고 $F = G$이다. □

정리 8.2.7를 이용하여 삼각형의 세 변의 수직이등분선이 한 점에서 만난다는 것을 보일 수 있다. 이 점을 삼각형의 외심(circumcenter)이라고 하고 외심을 중심으로 하고 한 꼭지점을 지나는 원을 삼각형의 외접원(circumscribed circle)이라고 한다. 이때 외접원은 삼각형의 세 꼭지점을 모두 지난다.

정리 8.2.10. 주어진 삼각형 PQR의 세 변 $\overline{PQ}, \overline{QR}, \overline{RP}$의 수직이등분선 L_1, L_2, L_3는 한 점에서 만난다.

증명 (1) 우선 L_1과 L_2가 평행이라고 가정하자.

(2) L_1과 L_2가 수직(수평) 직선이라면 $\overleftrightarrow{PQ}$와 $\overleftrightarrow{QR}$은 수평(수직) 직선이고 한 점을 공유하므로 $\overleftrightarrow{PQ} = \overleftrightarrow{QR}$이다.

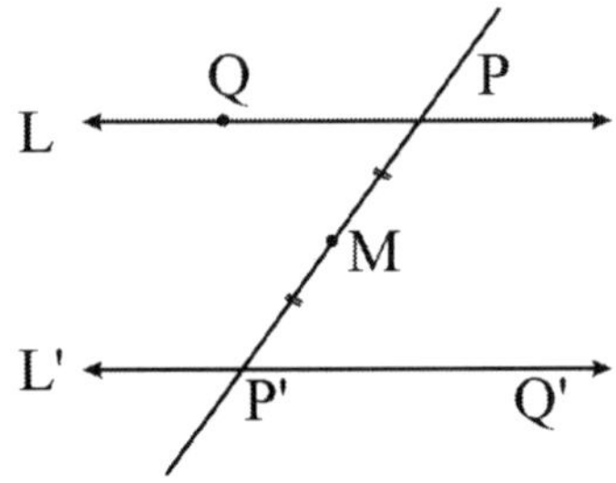

그림 8.4: 명제 8.2.11(엇각 정리의 역)

(3) L_1과 L_2가 수직 또는 수평 직선이 아니라면 L_1과 L_2는 같은 기울기 $m \neq 0$을 갖는다. 이들과 수직인 $\overleftrightarrow{PQ}$와 $\overleftrightarrow{QR}$도 기울기가 $-\frac{1}{m}$로 같고 점 Q를 공유하므로 $\overleftrightarrow{PQ} = \overleftrightarrow{QR}$이다.

(4) $\overleftrightarrow{PQ} = \overleftrightarrow{QR}$이면 세 점 P, Q, R이 한 직선 위에 있으므로 삼각형 PQR에 위배된다(모순).

(5) 그러므로 L_1과 L_2는 평행이 아니다. 점 C에서 만난다고 하자.

(6) 정리 8.2.7에 의하여 $\overline{PC} \simeq \overline{QC} \simeq \overline{RC}$이다.

(7) 역으로 $\overline{PC} \simeq \overline{RC}$이므로 정리 8.2.7에 의하여 C는 선분 $\overline{PR}$의 수직이등분선 L_3 위에 있다.

(8) 그러므로 세 직선 L_1, L_2, L_3는 모두 점 C를 지난다. □

주 . 외접원의 존재성은 Euclid의 평행선공리와 동치명제이다. 위의 증명의 단계 (2)와 (3)에서 두 직선의 기울기가 같고 한 점을 공유하면 두 직선은 일치한다는 결론은 Playfair의 평행선공리의 결과이다. 외접원의 존재성, Euclid의 평행선공리와 Playfair의 평행선공리가 모두 동치라는 사실을 제 11장에서 증명한다.

반회전을 이용하여 평행한 두 직선에 대한 횡단선의 엇각이 합동임을 보이자.

정리 8.2.11. 두 직선 L과 L'이 평행이면 L과 L'에 대한 임의의 횡단선의 엇각은 합동이다(그림 8.4 참조).

증명 (1) 직선 L과 L'의 임의의 횡단선을 $\overleftrightarrow{PP'}$이라고 하자. 이때 편의상 $P \in L$이고 $P' \in L'$라고 하자. $Q \in L$와 $Q' \in L'$는 $\overleftrightarrow{PP'}$에 대하여 반대쪽에 있다고 하자.

(2) 이때 $\angle QPP'$과 $\angle Q'P'P$는 엇각이다.

(3) 선분 $\overline{PP'}$의 중점을 M이라 하고 M을 중심으로 π 만큼 회전변환인 반회전 $\rho_{M,\pi}$를 생각하면 $\rho_{M,\pi}(\overrightarrow{PP'}) = \overrightarrow{P'P}$, $\rho_{M,\pi}(\overrightarrow{P'P}) = \overrightarrow{PP'}$이다.

(4) $\rho_{M,\pi}(X) = T_M \circ \rho_\pi \circ T_{-M}(X)$이므로 $L = \{ax + by = c\}$ 위의 점 $X = (x, y)$는 $(a, b) \cdot X = c$ 를 만족하고

$$X \overset{T_{-M}}{\longmapsto} X - M \overset{\rho_\pi}{\longmapsto} M - X \overset{T_M}{\longmapsto} 2M - X = Z$$

이다.

(5) $X = 2M - Z$이고 $(a, b) \circ X = (a, b) \circ (2M - Z) = c$이므로 $(a, b) \circ Z = 2(a, b) \circ M - c$이다. 즉, $Z = (u, v)$이고 $M = (m_1, m_2)$라고 놓으면,

$$\rho_{M,\pi}(L) = \{(u, v) \mid au + bv = 2am_1 + 2bm_2 - c\}$$

이고 $\rho_{M,\pi}(L)$과 L은 기울기가 같으므로 평행이다.

(6) $\rho_{M,\pi}(L)$은 P'을 지나고 L과 평행이다. 한편 L'도 P'을 지나고 L과 평행이므로 Playfair의 평행선공리에 의하여 $\rho_{M,\pi}(L) = L'$이다.

(7) 원점을 지나는 한 직선 위의 세 점 $Q - M$, O, $-(Q - M)$의 순서 $Q - M * O * -(Q - M)$가 M만큼 평행이동을 하여도 보존하므로 $Q * M * (2M - Q)$이다. 그리고 점 M은 두 점 Q와 $2M - Q$의 중점이다. 따라서 $2M - Q = \rho_{M,\pi}(Q)$이고 $Q \not\sim_{\overleftrightarrow{PP'}} \rho_{M,\pi}(Q)$이다.

(8) 분리공리 B-4 (II)에 의하여 $Q \not\sim_{\overleftrightarrow{PP'}} \rho_{M,\pi}(Q)$와 $Q \not\sim_{\overleftrightarrow{PP'}} Q'$은 $Q' \sim_{\overleftrightarrow{PP'}} \rho_{M,\pi}(Q)$를 함의한다.

(9) $\rho_{M,\pi}(Q), Q' \in L'$이므로 $\rho_{M,\pi}(\overrightarrow{PQ}) = \overrightarrow{P'Q'}$이다.

(10) 그러므로 $\rho_{M,\pi}(\angle QPP') = \angle Q'P'P$이고 임의의 횡단선의 엇각이 합동이다. ◻

다음으로 삼각형의 수심이 존재함을 보이기 위하여 평행사변형의 성질을 이용한다.

정의 8.2.1. 어느 세 점도 한 직선 위에 있지 않은 네 점 P, Q, R, S에 대하여 네 선분

$$\overline{PQ}, \quad \overline{QR}, \quad \overline{RS}, \quad \overline{SP}$$

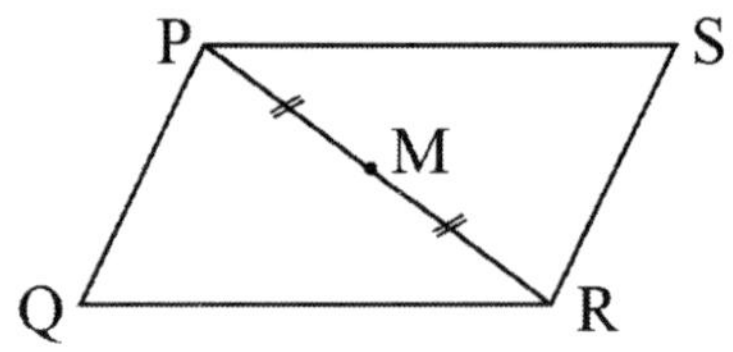

그림 8.5: 명제 8.2.12

가 끝점을 제외하고는 서로 만나지 않을 때, 네 선분의 합집합을 사변형 $PQRS$라고 한다. 네 점은 사변형의 꼭지점, 네 선분은 사변형의 변, $\overline{PQ}$와 $\overline{SR}$, 그리고 $\overline{QR}$와 $\overline{PS}$는 사변형의 대변, $\overline{PR}$과 $\overline{QS}$는 사변형의 대각선이라고 한다.

정의 8.2.2. 사변형 $PQRS$의 두 쌍의 대변이 평행일 때, 사변형 $PQRS$를 평행사변형이라고 한다.

정리 8.2.12. 평행사변형 $PQRS$의 대변은 합동이고 두 대각선은 서로를 이등분한다(그림 8.5 참조).

증명 (1) 대각선 $\overline{PR}$의 중점을 M이라 하고 M을 중심으로 π만큼 회전을 $\rho_{M,\pi}$로 놓자. 그때 $\rho_{M,\pi}(M) = M, \rho_{M,\pi}(P) = R, \rho_{M,\pi}(R) = P$이다.

(2) $\rho_{M,\pi}(\overleftrightarrow{PQ})$는 R을 지나고 $\overleftrightarrow{PQ}$와 평행인 직선이므로 $\rho_{M,\pi}(\overleftrightarrow{PQ}) = \overleftrightarrow{RS}$이다. 마찬가지로 $\rho_{M,\pi}(\overleftrightarrow{PS}) = \overleftrightarrow{RQ}$이다.

(3) $\{Q\} = \overleftrightarrow{PQ} \cap \overleftrightarrow{QR}$이므로 $\rho_{M,\pi}(Q) = \rho_{M,\pi}(\overleftrightarrow{PQ}) \cap \rho_{M,\pi}(\overleftrightarrow{QR}) = \overleftrightarrow{RS} \cap \overleftrightarrow{SP} = \{S\}$이다.

(4) 그러므로 $\rho_{M,\pi}(\overline{PQ}) = \overline{\rho_{M,\pi}(P)\rho_{M,\pi}(Q)} = \overline{RS}$이고 $\overline{PQ} \simeq \overline{RS}$이다.

(5) 같은 방법으로 $\overline{PS} \simeq \overline{QR}$임을 보일 수 있다.

(6) $\rho_{M,\pi}(Q) = 2M - Q = S$이므로 $M = \frac{Q+S}{2}$이고 대각선 $\overline{QS}$의 중점이다.

(7) 그러므로 두 대각선의 중점은 한 점 M에서 만난다. □

삼각형의 각 꼭지점에서 대변을 포함하는 직선으로 내린 세 수선이 한 점에서 만날 때 그 점을 수심(orthocenter)이라고 한다. Gausss는 다음과 같이 수심이 존재함을 보였다.

정리 8.2.13. 임의의 삼각형 PQR의 각 꼭지점에서 대변을 포함하는 직선으로 내린 세 수선은 한 점에서 만난다.

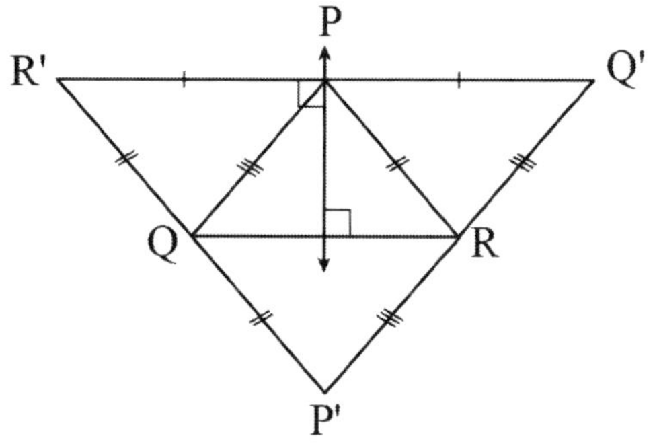

그림 8.6: 명제 8.2.13($\triangle PQR$의 수심 = $\triangle P'Q'R'$의 외심)

증명 (Gauss의 증명, 그림 8.6 참조)

(1) 삼각형 PQR의 각 꼭지점을 지나고 대변에 평행한 세 직선 L_P, L_Q, L_R이 만드는 삼각형 $P'Q'R'$가 존재한다.

(2) 정리 8.2.12에 의하여 평행사변형 $QRPR'$과 평행사변형 $QRQ'P$에서 변 $\overline{QR}$의 대변이 각각 $\overline{R'P}$과 $\overline{PQ'}$으로 $\overline{QR}$과 합동이므로 점 P가 $\overline{R'Q'}$의 중점이다.

(3) 마찬가지로 $\overline{R'P'}$의 중점은 Q이고 $\overline{P'Q'}$의 중점은 R이다.

(4) 정리 8.2.11에 의하여 평행인 두 직선에 대한 횡단선의 엇각이 합동이므로 $\overline{R'Q'}$의 수직이등분선은 직선 $\overleftrightarrow{QR}$과 수직으로 만난다. 따라서 $\overline{R'Q'}$의 수직이등분선은 $\triangle PQR$의 꼭지점 P에서 대변으로의 수선과 같다.

(5) 마찬가지로 $\triangle P'Q'R'$의 세 변의 수직이등분선은 $\triangle PQR$의 세 수선과 일치한다.

(6) 따라서 $\triangle P'Q'R'$의 외심은 $\triangle PQR$의 수심과 일치한다.

(7) 정리 8.2.10에 의하여 모든 삼각형의 외심이 존재하므로 삼각형 PQR의 수심이 존재한다. □

문제 8.2.1. 정리 8.2.13의 증명 단계 (1)에서 직선 L_P, L_Q, L_R에 의하여 삼각형 $P'Q'R'$이 존재함을 보이시오

이제 $\mathbb{R}^2$의 삼각형의 세 내각의 합이 π임을 증명할 준비가 되었다

정리 8.2.14. 임의의 삼각형 PQR의 세 내각의 합이 π이다(그림 8.2.14 참조).

증명 (1) P를 지나고 대변과 평행한 직선을 L이라고 하자.

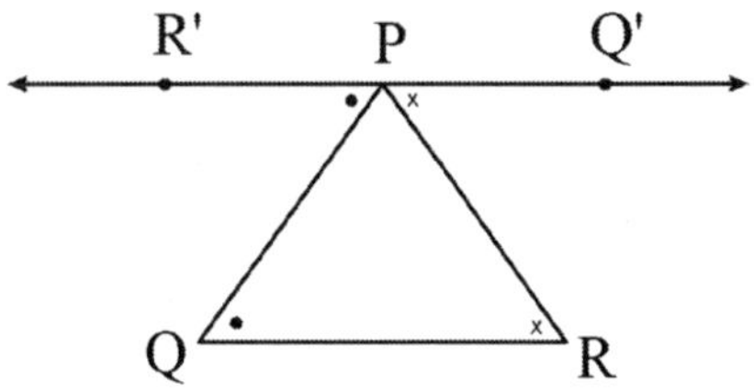

그림 8.7: 명제 8.2.14(삼각형의 세 내각의 합)

(2) $R \not\sim_{\overleftrightarrow{PQ}} R'$인 L 위의 한 점을 R'라고 하자.

(3) 정리 8.2.11(엇각 정리의 역)에 의하여 $\angle R'PQ \simeq \angle PQR$이다.

(4) $\angle QRP$와 $\angle RPQ'$은 횡단선 $\overleftrightarrow{PR}$에 대한 엇각이고 합동임을 보이기 위하여, $R' * P * Q'$인 Q'에 대하여 $Q \not\sim_{\overleftrightarrow{PR}} Q'$을 증명하자.

(5) (귀류법 가정) $Q \sim_{\overleftrightarrow{PR}} Q'$이라 하자.

(6) 단계 (2)와 (4)에서 $R \not\sim_{\overleftrightarrow{PQ}} R', R' \not\sim_{\overleftrightarrow{PQ}} Q'$이므로 순서공리 B-4에 의하여 $R \sim_{\overleftrightarrow{PQ}} Q'$이다.

(7) 단계 (5)와 (6)에 의하여 Q'이 $\angle QPR$의 내부에 있다. 그리고 점 Q'는 직선 L 위의 점이다.

(8) P를 지나고 대변에 평행한 직선 L은 $\angle P$의 내부점을 지나지 않으므로 정리 8.2.3과 단계 (7)은 모순이다.

(9) 따라서 $Q \not\sim_{\overleftrightarrow{PR}} Q'$이므로 $\angle RPQ'$과 $\angle QRP$는 횡단선 $\overleftrightarrow{PR}$의 엇각이고 합동이다.

(10)그러므로 단계 (3)과 (9)에 의하여 삼각형 PQR의 세 내각의 합 $\angle P + \angle Q + \angle R$은 평각 π와 같다. □

이제 등장사상을 이용하여 삼각형의 합동정리들을 증명하자.

정리 8.2.15. (ASA 합동정리) 삼각형 PQR과 삼각형 $P'Q'R'$에 대하여

$$\angle Q \simeq \angle Q', \quad \overline{QR} \simeq \overline{Q'R'}, \quad \angle R \simeq \angle R'$$

이면 삼각형 PQR과 삼각형 $P'Q'R'$은 합동이다.

증명 (1) $\overline{QR} \simeq \overline{Q'R'}$이므로 $F(\overline{QR}) = \overline{Q'R'}$인 등장사상 F가 존재한다.

(2) $F(P) = P_1$이라 하면 $\triangle PQR \simeq \triangle P_1Q'R'$이다.

(3) $P' \sim_{\overleftrightarrow{Q'R'}} P_1$이면 합동공리 C-4의 유일성에 의하여 $\overrightarrow{Q'P'} = \overrightarrow{Q'P_1}, \overrightarrow{R'P'} = \overrightarrow{R'P_1}$이다.

(4) $\{P'\} = \overrightarrow{Q'P'} \cap \overrightarrow{R'P'} = \overrightarrow{Q'P_1} \cap \overrightarrow{R'P_1} = \{P_1\}$이므로 $\triangle P_1Q'R' = \triangle P'Q'R'$이다. 즉 $\triangle PQR \simeq \triangle P'Q'R'$이다.

(5) $P' \not\sim_{\overleftrightarrow{Q'R'}} P_1$인 경우, 직선 $L = \overleftrightarrow{Q'R'}$에 대하여 대칭이동 R_L에 의하여 $R_L(P_1) = P_2$라면 $P' \sim_{\overleftrightarrow{Q'R'}} P_2$이다.

(6) 단계 (3)과 (4)에 의하여 $\triangle PQR \simeq \triangle P_2Q'R' \simeq \triangle P'Q'R'$이다. □

정리 8.2.16. (SSS 합동정리) 삼각형 PQR과 삼각형 $P'Q'R'$에 대하여

$$\overline{PQ} \simeq \overline{P'Q'}, \quad \overline{QR} \simeq \overline{Q'R'}, \quad \overline{RP} \simeq \overline{R'P'}$$

이면 삼각형 PQR과 삼각형 $P'Q'R'$은 합동이다.

증명 (1) $F(\overline{QR}) = \overline{Q'R'}$인 등장사상 F가 존재한다. 즉 $F(P) = P_1$라고 하면 $\triangle PQR \simeq \triangle P_1Q'R'$.

(2) 일반성을 잃지 않고 $P' \not\sim_{\overleftrightarrow{Q'R'}} P_1$라고 가정할 수 있다. 만일 아니라면 $\overleftrightarrow{Q'R'}$에 대하여 대칭이동을 한다.

(3) $\overline{P'P_1}$의 수직이등분선 L은 $L = \{A \mid P'A \simeq AP_1\}$이므로, $Q', R' \in L$이다.

(4) L에 대한 대칭이동을 R_L이라 하면 $R_L(\triangle P_1Q'R') = \triangle P'Q'R'$이다.

(5) 그러므로 $\triangle PQR \simeq \triangle P'Q'R'$이다. □

삼각형 PQR에서 각 꼭지점과 이 점의 대변의 중점을 지나는 세 중선(median)이 한 점에서 만날 때 이 점을 무게 중심(centroid)이라고 한다. 다음 보조정리를 이용하여 모든 삼각형의 무게중심이 존재함을 증명하자.

보조정리 8.2.17. 삼각형 PQR에서 변 $\overline{PQ}$와 변 $\overline{PR}$의 중점을 각각 A, B라고 하자. 그러면 $|AB| = \frac{1}{2}|\overline{QR}|$이고 $\overleftrightarrow{AB}$와 $\overleftrightarrow{QR}$은 평행하다.

증명 (1) $A * B * C$이고 $\overline{AB} \simeq \overline{BC}$인 점 C를 잡는다(그림 8.8 참조) .

(2) 맞꼭지각인 $\angle ABP$와 $\angle CBR$이 합동이므로 SAS 합동공리에 의하여 $\triangle ABP \simeq \triangle CBR$이다. 따라서 $\overline{AP} \simeq \overline{CR}$이고 $\angle BAP \simeq \angle BCR$이다.

(3) 직선 $\overleftrightarrow{PQ}$와 $\overleftrightarrow{RC}$의 횡단선 $\overleftrightarrow{AC}$에 대하여 엇각 $\angle BAP$와 $\angle BCR$이 합동이므로 $\overleftrightarrow{PQ}$와 $\overleftrightarrow{RC}$는 평행이다.

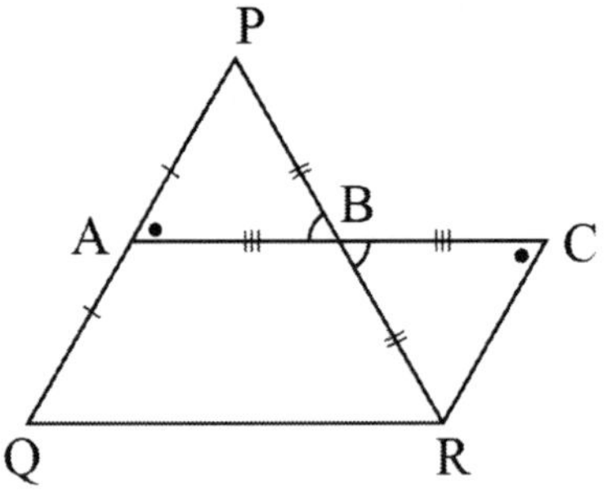

그림 8.8: 보조정리 8.2.17($|\overline{AB}| = \frac{1}{2}|\overline{QR}|$)

(4) 한편 정리 8.2.11(엇각 정리의 역)에 의하여, 직선 $\overleftrightarrow{PQ}$와 $\overleftrightarrow{RC}$의 횡단선 $\overleftrightarrow{AR}$에 대하여 엇각 $\angle QAR$와 $\angle ARC$이 합동이다.

(5) $\overline{AQ} \simeq \overline{RC}$이므로 SAS 합동공리에 의하여 $\triangle ARQ \simeq \triangle RAC$이다. 따라서 $\angle ARQ \simeq \angle RAC$이다.

(6) 엇각 정리에 의하여 $\overline{AC}$와 $\overline{QR}$는 평행이므로 사변형 $AQRC$는 평행사변형이다.

(7) 평행사변형 $AQRC$의 대변 $\overline{AC}$와 $\overline{QR}$는 합동이다.

(8) 점 B는 $\overline{AC}$의 중점이므로 $|\overline{AB}| = |\overline{BC}|$이고 $|\overline{AC}| = 2|\overline{AB}|$이다. 따라서 $|\overline{AB}| = \frac{1}{2}|\overline{QR}|$이다. □

다음으로 보조정리 8.2.17를 일반화한 닮음에 대한 기본정리를 살펴보자.

정리 8.2.18. (닮음에 대한 기본정리(Fundamental Theorem of Similarity)) 임의의 삼각형 PQR 과 $0 < r < 1$인 임의의 r에 대하여 두 점 $A \in \overline{PQ}, B \in \overline{PR}$가 $|\overline{PA}| = r|\overline{PQ}|, |\overline{PB}| = r|\overline{PR}|$를 만족할 때, 직선 $\overleftrightarrow{AB}$와 $\overleftrightarrow{QR}$가 평행하고 $|\overline{AB}| = r|\overline{QR}|$이다.

문제 8.2.2. 닮음에 대한 기본정리 8.2.18을 증명하시오.

정리 8.2.19. 임의의 삼각형 PQR의 세 중선이 한 점에서 만난다.

증명 (1) 변 $\overline{PQ}$와 변 $\overline{PR}$의 중점을 각각 A, B라고 하자(그림 8.9 참조).

(2) 보조정리 8.2.17에 의하여 $\overleftrightarrow{AB}$와 $\overleftrightarrow{QR}$은 평행이고 $|\overline{AB}| = \frac{1}{2}|\overline{QR}|$이다.

(3) 점 B가 $\overline{PR}$ 위의 점이므로 $\angle Q$의 내부점이다.

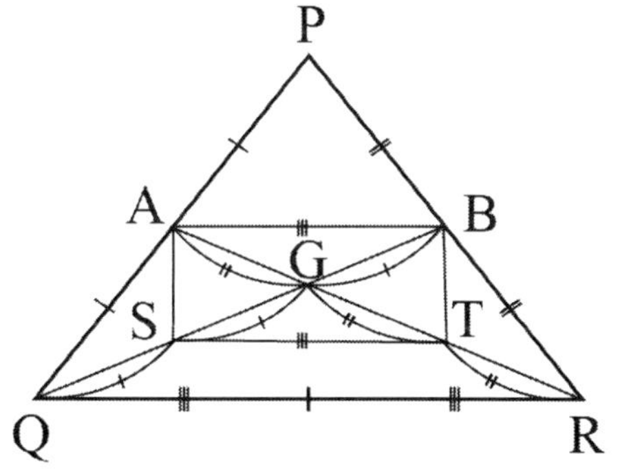

그림 8.9: 정리 8.2.19(두 중선의 교점)

(4) $\triangle AQR$에 대한 횡선 정리에 의하여 $\overrightarrow{QB}$는 변 $\overline{RA}$를 지난다. 이때 $\overline{RA} \cap \overrightarrow{QB} = \{G\}$라고 하자.

(5) $\triangle GQR$에 대하여 변 $\overline{GQ}$와 변 $\overline{GR}$의 중점을 각각 S, T라고 하면, 보조정리 8.2.17에 의하여 $\overleftrightarrow{ST}$와 $\overleftrightarrow{QR}$은 평행이고 $|\overline{ST}| = \frac{1}{2}|\overline{QR}|$이다.

(6) 단계 (2)와 (5)에 의하여 사변형 $ASTB$는 평행사변형이다.

(7) 평행사변형의 두 대각선은 서로를 양분하므로 $|\overline{QG}| = 2|\overline{GB}|, |\overline{RG}| = 2|\overline{GA}|$이다.

(8) 마찬가지로 변 $\overline{PQ}$와 변 $\overline{QR}$의 중점 A와 C로 시작하면

$$\overline{RA} \ \cap \ \overrightarrow{PC} = \{G_1\}, \quad |\overline{PG_1}| = 2|\overline{G_1C}|, \quad |\overline{RG_1}| = 2|\overline{G_1A}|$$

이다.

(9) $|\overline{RG}| = 2|\overline{GA}|$이고 $|\overline{RG_1}| = 2|\overline{G_1A}|$이므로 $|\overline{RA}| = 3|\overline{GA}| = 3|\overline{G_1A}|$이다. 따라서 $|\overline{GA}| = |\overline{G_1A}|$

(10) $G, G_1 \in \overrightarrow{AR}$이므로 합동공리 C-1의 유일성에 의하여 $G = G_1$이다.

(11) 그러므로 G는 세 중선의 교점이다. □

주 . 위의 증명과정에서 삼각형의 무게중심은 중선을 꼭지점으로부터 2:1로 내분하는 점임을 보였다.

제 9 장

중립기하학의 정리들

이 장에서는 Hilbert 공리계에서 평행선공리를 뺀 중립 기하학을 다룬다. §9.1과 §9.2에서 평행선공리없이 증명할 수 있는 정리들을 공부한다. §9.3에서는 Euclid의 평행선공리를 Euclid의 공리 1 Euclid의 공리 4로부터 증명하려고 시도한 역사를 살펴본다. 중립 기하학에서 Euclid의 평행선공리를 증명하려는 노력은 성과없이 19세기 초까지 이어졌다. Euclid의 평행선공리와 동치인 명제를 증명없이 직관적으로 가정하고 평행선공리를 증명하기도 하고 Euclid의 평행선공리를 좀 더 간단한 형태의 명제로 대체하기도 하였다.

§9.4에서는 중립기하학에서 평행선공리와 동치인 명제들을 찾아본다. 그리고 평행선공리를 부정한 명제를 쌍곡공리라 하고 중립기하학에서 쌍곡공리를 가정한 쌍곡기하학을 §9.5에서 다룬다. 귀류법으로 Euclid의 평행선공리를 증명하려는 시도는 모순을 찾지 못하여 실패하지만 대신 쌍곡기하학의 많은 결과들이 축적되어 이 기하학의 초석이 되었다. 쌍곡기하학에서는 Euclid 기하와는 다르게 두 직선 사이의 거리가 0인 평행선이 존재하고 새로운 개념인 평행각과 절대길이가 존재함을 보인다.

9.1 각의 덧셈, 삼분법과 직각

서로 합동인 두 각에 서로 합동인 두 각을 더하거나 빼더라도 합동이라는 것을 보이기 위하여 우리는 다음 정의와 보조정리가 필요하다.

정의 9.1.1. (I) 평각이 아닌 두 각의 꼭짓점이 같고 각의 한 변이 공통이고 나머지 두 변이 직선을 이룰 때 이 두 각을 서로 보각(supplementary angle)이라고 한다.

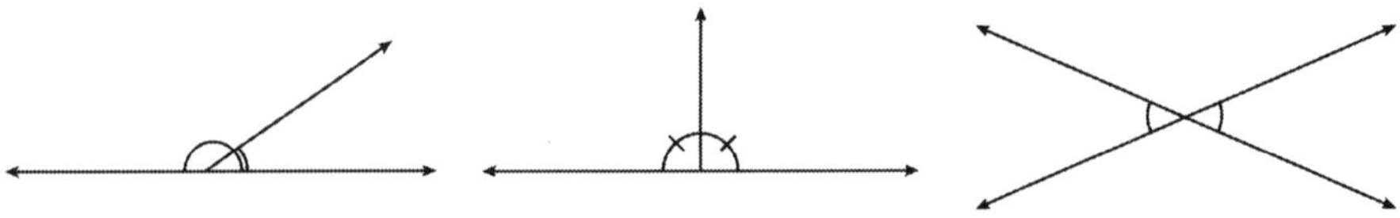

그림 9.1: 정의 9.1.1(보각, 직각, 맞꼭지각)

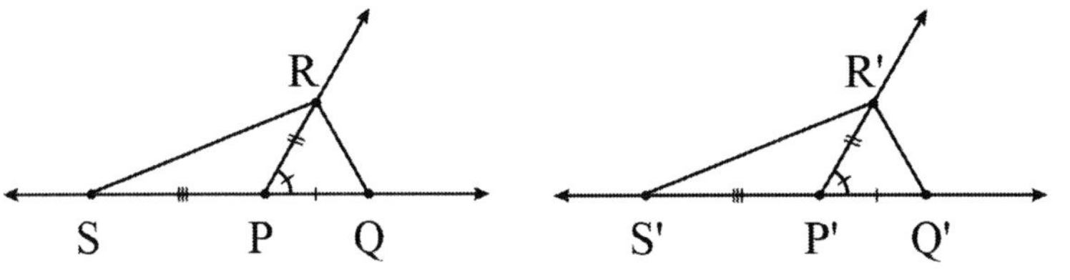

그림 9.2: 보조정리 9.1.1

(II) 자신의 보각과 합동인 각을 직각(right angle)이라고 한다.

(III) 평각이 아닌 두 각의 꼭짓점이 같고 두 각의 변들이 직선일 때 두 각을 맞꼭지각(vertical angle, opposite angle)이라고 한다(그림 9.1 참조).

보조정리 9.1.1. 두 각이 합동이면 이 두 각의 보각들도 합동이다(그림 9.2 참조).

증명 (1) $\angle QPR \simeq \angle Q'P'R'$이라고 하고 일반성을 잃지 않고 $\overline{PQ} \simeq \overline{P'Q'}, \overline{PR} \simeq \overline{P'R'}$라고 하자.

(2) SAS 합동공리 C–6에 의하여 $\triangle PQR \simeq \triangle P'Q'R'$이므로 $\overline{QR} \simeq \overline{Q'R'}$이고 $\angle Q \simeq \angle Q'$이다.

(3) $Q * P * S$이고 $Q' * P' * S'$라고 하면 $\angle RPS$과 $\angle R'P'S'$는 위의 두 각의 보각이 된다. 편의상 $\overline{PS} \simeq \overline{P'S'}$라고 가정하자.

(4) $\overline{PQ} \simeq \overline{P'Q'}$이고 $\overline{PS} \simeq \overline{P'S'}$이므로 합동공리 C-3에 의하여 $\overline{QS} \simeq \overline{Q'S'}$이다.

(5) SAS 합동공리 C-6에 의하여 $\triangle QRS \simeq \triangle Q'R'S'$이므로 $\angle S \simeq \angle S', \overline{RS} \simeq \overline{R'S'}$이다.

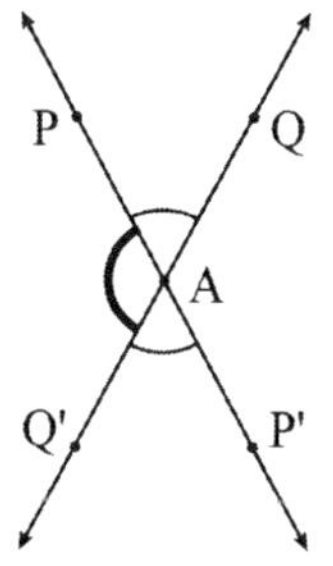

그림 9.3: 명제 9.1.2(맞꼭지각의 합동)

(6) SAS 합동공리 C-6에 의하여 $\triangle PRS \simeq \triangle P'R'S'$이므로 $\angle RPS \simeq \angle R'P'S'$이다. □

이제 보조정리 9.1.1를 이용하여 맞꼭지각이 합동임을 보이고 각의 덧셈에 대한 정리를 증명하자

명제 9.1.2. 맞꼭지각은 합동이다(그림 9.3 참조).

증명 (1) 두 직선 $\overleftrightarrow{PP'}$와 $\overleftrightarrow{QQ'}$이 점 A에서 만난다고 하자.

(2) 맞꼭지각 $\angle PAQ$과 $\angle P'AQ'$이 합동임을 보이자.

(3) 직선 $\overleftrightarrow{PP'}$에 대하여 각$\angle PAQ'$의 보각은 $\angle P'AQ'$이다.

(4) 직선 $\overleftrightarrow{QQ'}$에 대하여 각$\angle PAQ'$의 보각은 $\angle PAQ$이다.

(5) 합동공리 C-2의 (I)에 의하여 $\angle PAQ' \simeq \angle PAQ'$이다.

(6) 보조정리 9.1.1에 의하여 단계 (5)의 식에 보각 관계를 취하면 단계 (3)과 (4)로부터 $\angle PAQ \simeq \angle P'AQ'$이다. □

정리 9.1.3. (각의 덧셈) 점 A가 $\angle QPR$의 내부에 있고 점 A'도 $\angle Q'P'R'$의 내부에 있다고 하자. $\angle QPA \simeq \angle Q'P'A'$이고 $\angle APR \simeq \angle A'P'R'$이면 $\angle QPR \simeq \angle Q'P'R'$이다(그림 9.4 참조).

증명 (1) 편의상 $\overline{PQ} \simeq \overline{P'Q'}, \overline{PR} \simeq \overline{P'R'}$라고 가정하자. 횡선 정리에 의하여 $\overrightarrow{PA} \cap \overline{QR} = \{B\}$인 점 B가 존재한다.

(2) 합동공리 C-1에 의하여 $\overline{PB} \simeq \overline{P'B'}$인 점 $B' \in \overrightarrow{P'A'}$가 존재한다.

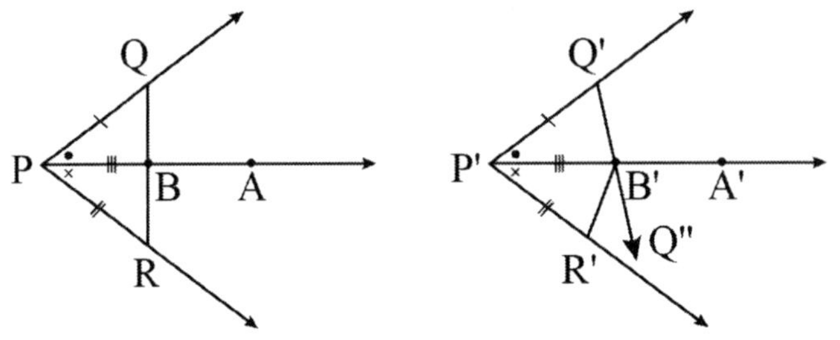

그림 9.4: 명제 9.1.3(각의 덧셈)

(3) SAS 합동공리에 의하여 $\triangle PQB \simeq \triangle P'Q'B'$이고 $\triangle BPR \simeq \triangle B'P'R'$이다. 대응각은 $\angle PBQ \simeq \angle P'B'Q'$이고 $\angle PBR \simeq \angle P'B'R'$이다.

(4) 보조정리 9.1.1에 의하여 식 $\angle PBQ \simeq \angle P'B'Q'$의 양변에 보각 관계를 취하면 $\angle PBR \simeq \angle P'B'Q''$이다. 여기서 $Q' * B' * Q''$를 만족한다.

(5) 한편 $\angle PBR \simeq \angle P'B'R'$이므로 $\angle P'B'R' \simeq \angle P'B'Q''$ 이다.

(6) $Q' \not\sim_{\overleftrightarrow{P'B'}} Q''$이고 $Q' \not\sim_{\overleftrightarrow{P'B'}} R'$이므로 순서공리 B-4 (II)에 의하여 $Q'' \sim_{\overleftrightarrow{P'B'}} R'$이다.

(7) $\angle P'B'R' \simeq \angle P'B'Q''$이고 $Q'' \sim_{\overleftrightarrow{P'B'}} R'$이므로 합동공리 C-4의 유일성에 의하여 $\overrightarrow{B'Q''} = \overrightarrow{B'R'}$이다.

(8) $R' \in \overrightarrow{B'Q''}$이므로 $B' * R' * Q''$이거나 $B' * Q'' * R'$이다.

(9) $Q' \not\sim_{\overleftrightarrow{P'B'}} Q''$이고 $R' \sim_{\overleftrightarrow{P'B'}} Q''$이므로 평면분리 공리 B-4 (II)에 의하여 $Q' \not\sim_{\overleftrightarrow{P'B'}} R'$이다. 즉, $\overline{Q'R'} \cap \overleftrightarrow{P'B'} = \{B'\}$이다.

(10) $Q' * B' * R'$이므로 선분의 덧셈 공리 C-3에 의하여 $\overline{QR} \simeq \overline{Q'R'}$이다.

(11) 단계 (3)의 결과로 $\angle Q \simeq \angle Q$이고 SAS 합동공리에 의하여 $\triangle PRQ \simeq \triangle P'R'Q'$이다. 따라서 $\angle P \simeq \angle P'$이다. □

앞에서 다룬 선분의 덧셈에 대한 순서공리 C-3으로부터 선분의 뺄셈 정리를 증명하는 과정을 그대로 따라가면 각의 덧셈 정리를 이용하여 각의 뺄셈도 성립함을 보일 수 있다.

정리 9.1.4. (각의 뺄셈) 점 A가 $\angle QPR$의 내부에 있고 점 A'도 $\angle Q'P'R'$의 내부에 있다고 하자. 만약 $\angle QPA \simeq \angle Q'P'A'$이고 $\angle QPR \simeq \angle Q'P'R'$라면 $\angle APR \simeq \angle A'P'R'$이다.

문제 9.1.1. 정리 9.1.4(각의 뺄셈)를 증명하시오.

합동인 두 선분에서 한 선분의 내부점에 대하여 다른 선분의 한 내부점이 대응하여 서로 합동인 두 쌍의 선분으로 나뉘어지는 것을 정리 6.1.2에서 보였다. 마찬가지로 각에 대하여도 이 사실이 성립한다.

보조정리 9.1.5. $\angle QPR \simeq \angle Q'P'R'$이고 점 A가 각 $\angle QPR$의 내부에 있을 때 $\angle QPA \simeq \angle Q'P'A', \angle APR \simeq \angle A'P'R'$를 만족하는 점 A'이 $\angle Q'P'R'$의 내부에 존재한다.

증명 (1) 편의상 $\overline{PQ} \simeq \overline{P'Q'}, \overline{PR} \simeq \overline{P'R'}$라고 하면 $\triangle PQR \simeq \triangle P'Q'R'$이다.

(2) $\angle Q \simeq \angle Q', \angle R \simeq \angle R', \overline{QR} \simeq \overline{Q'R'}$이다.

(3) 정리 4.3.3(횡선 정리)에 의하여 $\overrightarrow{PA} \cap \overline{QR} = \{B\}$인 B가 존재한다.

(4) 정리 6.1.2에 의하여 $\overline{QB} \simeq \overline{Q'A'}$이고 $Q' * A' * R'$인 점 A'이 유일하게 존재한다. 이때 A'는 $\angle Q'P'R'$의 내부에 있다.

(5) SAS 합동공리 C-6에 의하여 $\triangle QPB \simeq \triangle Q'P'A'$이므로 $\angle QPA \simeq \angle Q'P'A'$이다.

(6) 합동공리 C-1에 의하여 $\angle APR \simeq \angle A'P'S'$을 만족하는 점 S'이 $\overleftrightarrow{P'A'}$에 대하여 R'과 같은 쪽에서 존재한다.

(7) 각의 덧셈에 의하여 $\angle QPR \simeq \angle Q'P'S'$이다.

(8) $\angle QPR \simeq \angle Q'P'R'$이므로 합동공리 C-5에 의하여 $\angle Q'P'R' \simeq \angle Q'P'S'$이다.

(9) 정리 9.1.4에 의하여 $\angle A'P'R' \simeq \angle A'P'S'$이다.

(10) $R' \sim_{\overleftrightarrow{P'A'}} S'$이므로 합동공리 C-4의 유일성에 의하여 $\overrightarrow{P'R'} = \overrightarrow{P'S'}$이다.

(11) 단계 (6)에 의하여 $\angle APR \simeq \angle A'P'R'$이다.

(12) 따라서 단계 (5)와 (11)에 의하여 점 A'이 우리가 원하는 점이다. □

보조정리 9.1.5를 사용하여 각에 대한 삼분법을 보이자.

정리 9.1.6. (각에 대한 삼분법) 임의의 두 각 $\angle QPR, \angle Q'P'R'$에 대하여 $\angle QPR < \angle Q'P'R'$이거나 $\angle QPR \simeq \angle Q'P'R'$이거나 $\angle QPR > \angle Q'P'R'$ 중 오직 하나만 성립한다.

문제 9.1.2. 선분에 대한 삼분법을 증명하는 방법을 참고하여 정리 9.1.6(각에 대한 삼분법)을 증명하시오.

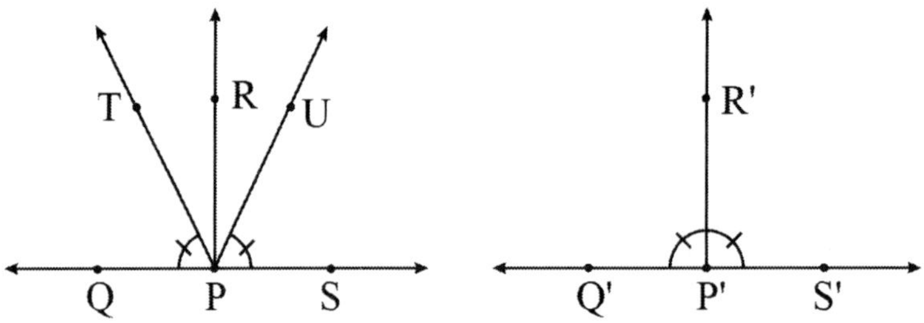

그림 9.5: 정리 9.1.7(직각의 합동)

Euclid가 《원론》에서 '모든 직각은 합동이다'라는 사실을 Euclid의 공리 4로 설정하였지만 이제 보조정리 9.1.5를 이용하여 증명할 수 있다.

정리 9.1.7. 모든 직각은 합동이다(그림 9.5 참조).

증명 (1) $Q * P * S$와 $Q' * P' * S'$를 만족하고 직각의 정의에 따라

$$\angle QPR \simeq \angle SPR, \quad \angle Q'P'R' \simeq \angle S'P'R'$$

이라고 하자.

(2) (귀류법 가정) $\angle QPR \not\simeq \angle Q'P'R'$이라 가정하고 편의상 $\angle QPR > \angle Q'P'R'$라 놓자.

(3) 합동공리 C-1에 의하여 $\angle Q'P'R' \simeq \angle QPT$이고 $T \sim_{\overleftrightarrow{PQ}} R$인 T가 존재한다. 단계 (2)에 의하여 T는 $\angle QPR$의 내부에 있다. 즉, $T \sim_{\overleftrightarrow{PR}} Q$이다.

(4) $\angle QPT \simeq \angle Q'P'R'$이므로 보조정리 9.1.1에 의하여

$$\angle SPT \simeq (\angle Q'P'R'\text{의 보각}) \simeq \angle Q'P'R'$$

이다.

(5) 한편 $\angle QPR \simeq \angle SPR$이고 점 T가 $\angle QPR$의 내부점이므로 보조정리 9.1.5에 의하여 $\angle QPT \simeq \angle SPU$인 점 U가 $\angle SPR$의 내부에 존재한다. 이때 $U \sim_{\overleftrightarrow{PR}} S$이다.

(6) $\angle QPT \simeq \angle Q'P'R'$이므로 $\angle SPU \simeq \angle Q'P'R'$이다.

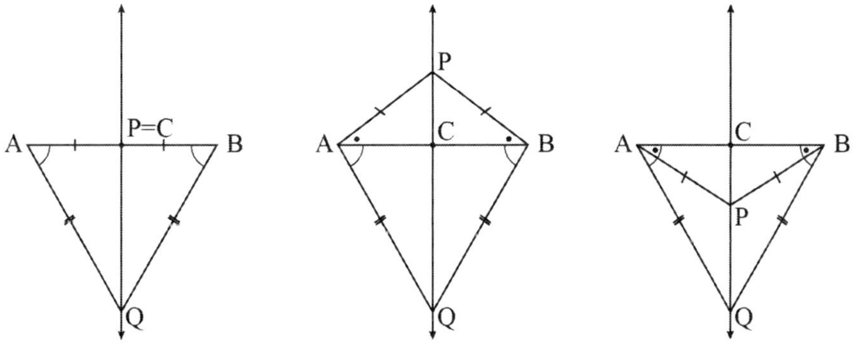

그림 9.6: 정리 9.1.8($\angle PQA \simeq \angle PQB$)

(7) 단계 (4)과 (6)에 의하여 $\angle SPU \simeq \angle SPT$이다.

(8) 합동공리 C-4의 유일성에 의하여 $\overrightarrow{PT} = \overrightarrow{PU}$이고 $T \sim_{\overleftrightarrow{PR}} U$이다.

(9) 그러나 $Q * P * S$와 단계 (3)와 (5)에 의하여 $T \not\sim_{\overleftrightarrow{PR}} U$이므로 모순이다. □

주 . 모든 직각이 서로 합동이므로 예각과 둔각을 잘 정의할 수 있다.

정리 9.1.8. 직선 $\overleftrightarrow{PQ}$에 대하여 서로 반대 쪽에 점 A, B가 있다고 하자. 만약 $\overline{PA} \simeq \overline{PB}$이고 $\overline{QA} \simeq \overline{QB}$이면 $\angle PQA \simeq \angle PQB$이다(그림 9.6 참조).

증명 (1) $A \not\sim_{\overleftrightarrow{PQ}} B$이므로 $\overleftrightarrow{PQ} \cap \overline{AB} = \{C\}$이다.

(2) (경우 1) $C = P$이거나 Q이면, 가령 $C = P$라면 $\triangle QAB$는 이등변삼각형이므로 $\angle BAQ \simeq \angle ABQ$이다. 즉, $\angle PAQ \simeq \angle PBQ$이다.

(3) $C \neq P, Q$라면 $\triangle PAB$와 $\triangle QAB$가 이등변삼각형이므로 $\angle PAB \simeq \angle PBA$이고 $\angle QAB \simeq \angle QBA$이다.

(4) 순서공리 B-3에 의하여 $P * C * Q$이거나 $C * P * Q$이거나 $C * Q * P$이다.

(5) (경우 2) $P * C * Q$이면 점 C는 $\angle PAQ$의 내부점이고 $\angle PBQ$의 내부점이므로 각의 덧셈에 의하여 $\angle PAQ \simeq \angle PBQ$이다.

(6) (경우 3) $C * P * Q$이면 점 P가 $\angle QAC$와 $\angle QBC$의 내부점이므로 각의 뺄셈에 의하여 $\angle PAQ \simeq \angle PBQ$이다.

(7) (경우 4) $C * Q * P$이면 단계 (6)처럼 성립한다.

(8) 따라서 모든 경우 $\angle PAQ \simeq \angle PBQ$이다.

(9) SAS 합동공리 C-6에 의하여 $\triangle PAQ \simeq \triangle PBQ$이므로 대응각이 $\angle PQA \simeq \angle PQB$이다. □

정리 9.1.8를 이용하여 삼각형의 대응변이 모두 합동이면 두 삼각형이 합동임을 보일 수 있다.

정리 9.1.9. (SSS 합동정리) 삼각형 PQR과 삼각형 $P'Q'R'$에 대하여

$$\overline{PQ} \simeq \overline{P'Q'},\ \overline{QR} \simeq \overline{Q'R'},\ \overline{RP} \simeq \overline{R'P'}$$

이면 삼각형 PQR과 삼각형 $P'Q'R'$이 합동이다.

증명 (1) 합동공리 C-4에 의하여 $\angle P'Q'R' \simeq \angle PQA$이고 $R \not\sim_{\overleftrightarrow{PQ}} A$인 점 A가 존재한다. 편의상 $\overline{QA} \simeq \overline{Q'R'}$이라고 하자.

(2) SAS 합동공리 C-6에 의하여 $\triangle PQA \simeq \triangle P'Q'R'$이므로 $\overline{PA} \simeq \overline{P'R'}$이고 $\overline{QA} \simeq \overline{Q'R'}$이다.

(3) 가정에 의하여 $\overline{PA} \simeq \overline{PR}$이다.

(4) 정리 9.1.8에 의하여 $\angle PQR \simeq \angle PQA$이다.

(5) SAS 합동공리 C-6에 의하여 $\triangle PQR \simeq \triangle PQA$이다.

(6) 단계 (2)와 (5)에 의하여 $\triangle PQR \simeq \triangle P'Q'R'$이 성립한다. □

9.2 엇각 정리와 외각 정리

Euclid는 《원론》 제 1권에서 처음 28개의 명제는 평행선공리를 사용하지 않고 증명하였다. 그 중에는 명제 2.1.16(외각 정리)와 명제 2.1.27(엇각 정리)도 포함되어 있다. 그러나 《원론》에서는 순서와 합동의 개념없이 그림 또는 직관에 의존하여 증명하였으므로 이 절에서 다시 증명한다.

정의 9.2.1. 두 직선 L과 L'이 또 다른 직선 T와 각각 만날 때, T를 L과 L'의 횡단선(transversal)이라고 한다. L 위의 세 점 $P * Q * R$과 L' 위의 세 점 $P' * Q' * R'$이 $T = \overleftrightarrow{QQ'}$이고 $P \sim_T P'$일 때

$$\angle PQQ',\quad \angle P'Q'Q,\quad \angle RQQ',\quad \angle R'Q'Q$$

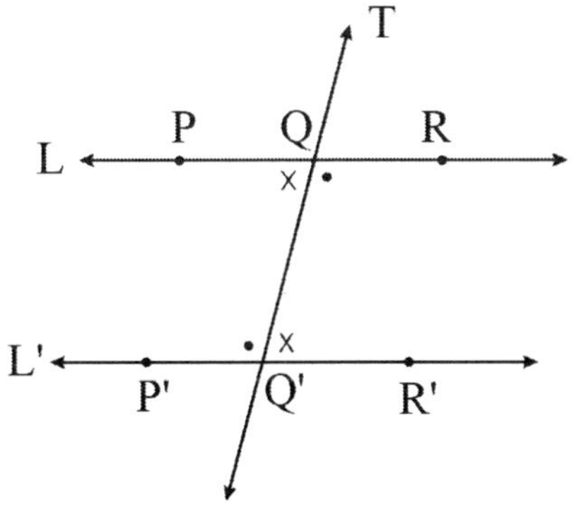

그림 9.7: 정의 9.2.1(L과 L'에 대한 횡단선 T의 엇각)

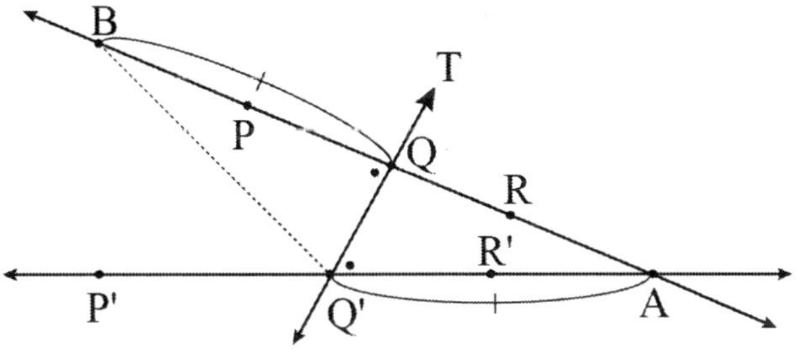

그림 9.8: 정리 9.2.1(엇각 정리)

를 내각(interior angle)이라 하고 두 쌍 $(\angle PQQ', \angle R'Q'P)$와 $(\angle P'Q'Q, \angle RQQ')$을 각각 L과 L'에 대한 횡단선 T의 엇각(alternate interior angle)이라고 한다(그림 9.7 참조).

정리 9.2.1. (엇각 정리) 두 직선 L과 L'에 대한 횡단선 T의 엇각이 합동이라면 두 직선 L과 L'은 평행이다.

증명 (1) (귀류법 가정) $L = \overleftrightarrow{PQ}$와 $L' = \overleftrightarrow{P'Q'}$에 대한 횡단선 T의 엇각이 합동$\angle PQQ' \simeq \angle R'Q'Q$이지만 $L \cap L' = \{A\}$인 점 A가 존재한다고 하자(그림 9.8 참조).

(2) 점 A가 T에 대하여 R, R'과 같은 쪽에 있다고 하자.

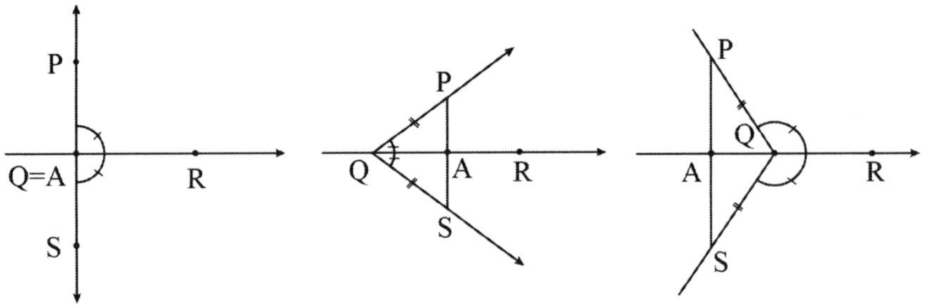

그림 9.9: 정리 9.2.2(수선)

(3) 합동공리 C-1에 의하여 $\overline{Q'A} \simeq \overline{QB}$인 점 $B \neq Q$가 $\overrightarrow{QP}$ 위에 존재한다. 이때 $A \not\sim_L B$이다.

(4) SAS 합동공리에 의하여 $\triangle AQ'Q \simeq \triangle BQQ'$이다.

(5) 대응각이 $\angle AQQ' \simeq \angle BQ'Q$이고 양변에 보각관계를 취하면

$$\angle PQQ' \simeq (\angle BQ'Q\text{의 보각})$$

이다.

(6) $\angle PQQ' \simeq \angle R'Q'Q$이므로 $\angle R'Q'Q \simeq (\angle BQ'Q$의 보각)이다. 다시 양변에 보각관계를 취하면

$$\angle P'Q'Q \simeq ((\angle BQ'Q\text{의 보각})\text{의 보각}) \simeq \angle BQ'Q$$

이다.

(7) $\angle P'Q'Q \simeq \angle BQ'Q$이고 두 점 P', B는 직선 T에 대하여 A와 반대쪽에 있으므로 합동공리 C-4의 유일성에 의하여 $\overrightarrow{Q'P'} = \overrightarrow{Q'B}$이다.

(8) $B \in \overleftrightarrow{P'Q'} = L'$이므로 $A, B \in L \cap L'$이다(모순).

(9) 그러므로 L과 L'은 평행이다. □

정리 9.2.2. 임의의 직선 L과 임의의 점 P에 대하여 P를 지나고 L과 수직인 직선이 존재한다.

증명 (1) (경우 1) $P \notin L$라고 가정하자(그림 9.9 참조).

(2) L 위의 두 점을 Q, R이라고 하자.

(3) 합동공리 C-1에 의하여 $\angle PQR \simeq \angle SQR$이고 $P \not\sim_L S$인 점 S가 존재한다. 편의상 $\overline{QP} \simeq \overline{QS}$라고 하자.

(4) $P \not\sim_L S$이므로 $\overline{PS} \cap L = \{A\}$인 점 A가 존재한다.

(5) $A = Q$라면 $Q \in \overleftrightarrow{PS}$이다. 그래서 $\angle RQP \simeq \angle RQS$는 서로 보각이면서 합동이므로 직각이다.

(6) $A \neq Q$라면 $A \in \overrightarrow{QR}$이거나 $A \notin \overrightarrow{QR}$이다.

(7) $A \in \overrightarrow{QR}$일 때 SAS 합동공리 C-6에 의하여 $\triangle PQA$와 $\triangle SQA$는 합동이다.

(8) 그러므로 대응각 $\angle PAQ \simeq \angle SAQ$는 보각이면서 합동이므로 직각이다.

(9) $A \notin \overrightarrow{QR}$일 때 $\angle PQA$는 $\angle PQR$의 보각이고 $\angle SQA$는 $\angle SQR$의 보각이다.

(10) 합동인 각의 보각도 합동이므로 $\angle PQA \simeq \angle SQA$이다.

(11) SAS 합동공리 C-6에 의하여 $\triangle PQA \simeq \triangle SQA$이고 대응각 $\angle PAQ \simeq \angle SAQ$는 보각이면서 합동이므로 직각이다.

(12) (경우 2) $P \in L$일 때, 명제 3.1.2에 의하여 L 위에 있지 않은 점 Q가 존재한다.

(13) (경우 1)에 의하여 Q로부터 L과 수직인 직선 $\overleftrightarrow{QR}$이 존재한다.

(14) 합동공리 C-1에 의하여 단계 (13)에서 만들어진 직각을 P를 꼭지점으로 갖고 한 반직선 $r \subset L$을 변으로 갖는 각으로 옮길 수 있다. □

주 . 정리 9.2.2에서는 수직선의 존재성을 보였으나 유일성은 보이지 않았다. 유일성의 증명에는 삼각형의 세 내각의 합이 π보다 작거나 같다는 Saccheri-Legendre 정리가 필요한데 이는 제 10장에서 다룬다. 직선 L 위에 있지 않은 점 P로부터 L의 수선이 두 개 $L_1 \neq L_2$가 존재한다고 하자. 각각의 수선의 발을 Q_1, Q_2라고 하면 세 점 P, Q_1, Q_2는 한 직선 위에 있지 않으므로 삼각형 PQ_1Q_2가 존재한다. 이때 이 삼각형의 세 내각의 합이 π보다 크다. 그러므로 삼각형의 세 내각의 합이 π보다 작거나 같을 때 수선이 유일하게 존재한다. 중립기하학에서는 Saccheri-Legendre 정리에 의하여 수선이 유일하게 존재한다. 그러나 구면에서와 같이 삼각형의 세 내각의 합이 π보다 큰 경우에는 수선이 유일하지 않을 수도 있다. 예를 들면 모든 경선은 북극을 지나고 적도와 수직으로 만난다(그림 9.10 참조).

구면에서는 모든 직선들이 만나므로 평행선이 존재하지 않는다. 그러나 중립기하학에서는 평행선공리없이도 다음 조건을 만족하는 평행선이 존재한다.

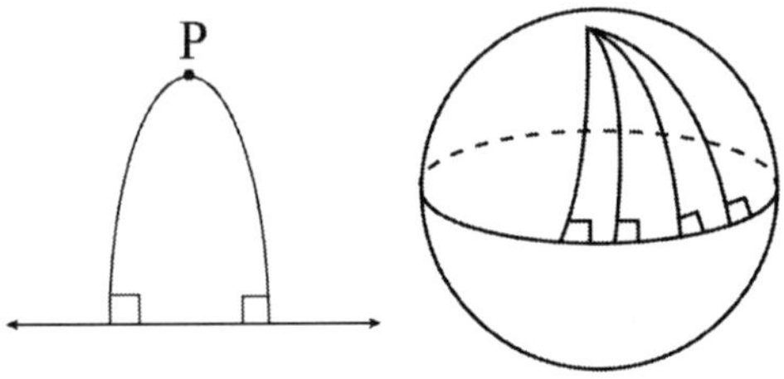

그림 9.10: 수선의 유일성

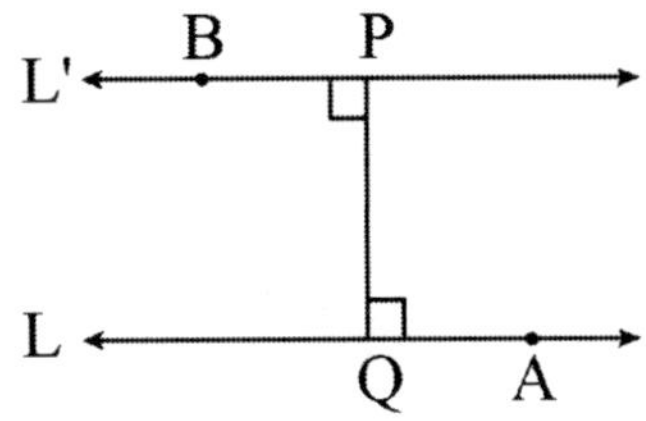

그림 9.11: 정리 9.2.3(평행선의 존재성)

정리 9.2.3. 임의의 직선 L과 임의의 점 $P \notin L$에 대하여 P를 지나고 L과 평행인 직선이 적어도 하나 존재한다(그림 9.11 참조).

증명 (1) 정리 9.2.2에 의하여 P로부터 L에 내린 수선이 존재하고 이 수선의 발을 Q라고 하자.

(2) P를 지나고 직선 $\overleftrightarrow{PQ}$에 수직한 직선을 L'이라고 하자.

(3) P와 Q가 아닌 L 위의 점 A와 L' 위의 점 B가 존재한다.

(4) (경우 1) $A \not\sim_{\overleftrightarrow{PQ}} B$라면 $\angle AQP$와 $\angle BPQ$은 횡단선 $\overleftrightarrow{PQ}$의 엇각이다.

(5) $\angle AQP$와 $\angle BPQ$는 각각 직각이므로 정리 9.1.7에 의하여 합동이다.

(6) 정리 9.2.1(엇각 정리)에 의하여 L과 L'은 평행이다.

(7) (경우 2) $A \sim_{\overleftrightarrow{PQ}} B$라면 $B * P * B'$인 B'이 존재하고 $A \not\sim_{\overleftrightarrow{PQ}} B'$이므로 (경우 1)처럼 L과 L'은 평행하다. □

정리 9.2.1(엇각 정리)를 이용하여 《원론》 제 1권에서 다룬 명제 2.1.16 (외각 정리)와 명제 2.1.17를 증명하자.

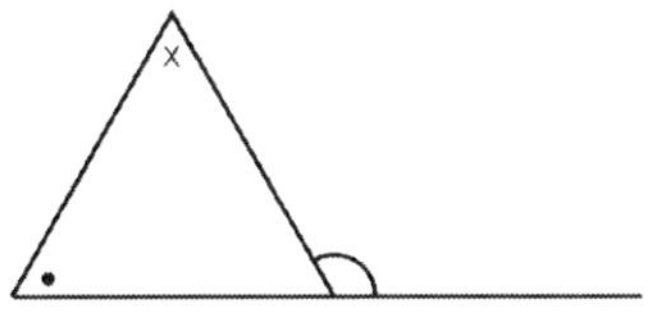

그림 9.12: 정의 9.2.2(외각과 내대각)

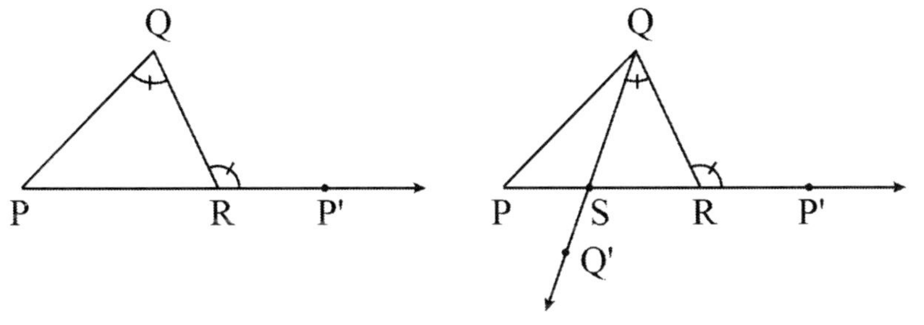

그림 9.13: 정리 9.2.4(외각 정리)

정의 9.2.2. 삼각형의 한 내각의 보각을 삼각형의 외각(exterior angle)이라고 한다. 이 외각과 인접하지 않은 삼각형의 두 각을 내대각(remote interior angle)이라고 한다(그림 9.12 참조).

정리 9.2.4. (I) (외각 정리) 삼각형 PQR의 외각은 내대각보다 크다.

(II) 모든 삼각형의 두 내각의 합은 π보다 작다.

증명 (1) $P*R*P'$인 P'을 잡으면 삼각형 PQR의 내각 $\angle R$의 외각은 $\angle P'RQ$이다.

(2) (귀류법 가정) 삼각형의 내각 $\angle PQR$이 외각 $\angle P'RQ$보다 크지 않다고 가정하자(그림 9.13 참조).

(3) (경우 1) 두 각 $\angle PQR$과 $\angle P'RQ$가 합동이라고 하자.

(4) $\angle PQR$과 $\angle P'RQ$는 $\overleftrightarrow{PQ}$와 $\overleftrightarrow{RP'}$에 대한 횡단선 $\overleftrightarrow{QR}$의 엇각이므로 정리 9.2.1(엇각 정리)에 의하여 $\overleftrightarrow{PQ}$과 $\overleftrightarrow{RP'}$는 평행이지만 두 직선은 점 P를 지난다(모순).

(5) (경우 2) 내각 $\angle PQR$이 외각 $\angle P'RQ$보다 크다고 하면 $\angle P'RQ \simeq \angle RQQ'$인 점 Q'이 각 $\angle PQR$의 내부에 존재한다.

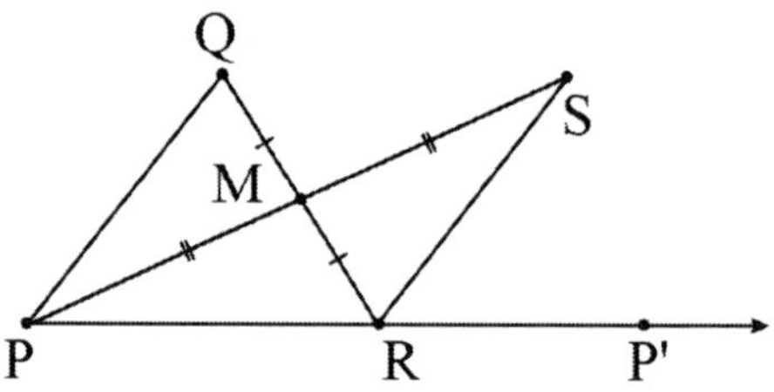

그림 9.14: 《원론》의 명제 2.1.16(외각 정리)

(6) 정리 4.3.3(횡선 정리)에 의하여 반직선 $\overrightarrow{QQ'}$는 변 $\overline{PR}$와 만난다. 이 점을 S라고 하자.

(7) 두 각 $\angle P'RQ$와 $\angle RQQ'$은 $\overleftrightarrow{QQ'}$과 $\overleftrightarrow{RP'}$에 대한 횡단선 $\overleftrightarrow{QR}$의 엇각이고 합동다.

(8) 따라서 정리 9.2.1(엇각 정리)에 의하여 $\overleftrightarrow{QQ'}$과 $\overleftrightarrow{RP'}$는 평행이지만 두 직선은 점 S에서 만난다(모순).

(9) 그러므로 $\angle PQR < \angle P'RQ$이고 양변에 내각 $\angle PRQ$를 더하면

$$\angle PQR + \angle PRQ < \angle P'RQ + \angle PRQ = \pi$$

이다. □

주 . 우리는 정리 9.2.4(외각 정리)를 증명할 때 정리 9.2.1(엇각 정리)를 사용하였다. 반대로 Euclid는 《원론》에서 명제 2.1.16 (외각 정리)를 먼저 증명하고 이를 이용하여 명제 2.1.27 (엇각 정리)를 간단하게 증명하였다. Euclid가 《원론》에서 명제 2.1.16(외각 정리)를 증명할 때 각의 덧셈을 직관적으로 사용하였으므로 《원론》의 증명법을 보충하여 다시 증명을 해보자. 단계 (5)–(8)은 《원론》의 증명에는 나와 있지 않다.

《원론》의 명제 *2.1.16*(외각 정리)의 증명 (1) $P * R * P'$인 P'을 잡으면 삼각형 PQR의 내각 $\angle R$의 외각은 $\angle P'RQ$이다.

(2) 변 $\overline{QR}$의 중점을 M이라 하자. $\overline{PM} \simeq \overline{MS}$이고 $P * M * S$인 점 S가 존재한다.

(3) 맞꼭지각이 합동이므로 SAS 합동공리 C-6에 의하여 $\triangle MPQ \simeq \triangle MSR$이다.

(4) 대응각으로서 내각 $\angle Q \simeq \angle MRS$이다.

(5) 점 S가 $\angle P'RQ$의 내부에 있음을 보이자.

(6) $P * M * S$이므로 $M \not\sim_{\overleftrightarrow{PP'}} S$이다.

(7) $P * M * S$이고 $P * R * P'$이므로 $P \not\sim_{\overleftrightarrow{MR}} S, P \not\sim_{\overleftrightarrow{MR}} P'$이고 이는 $P' \sim_{\overleftrightarrow{QR}} S$이다.

(8) 따라서 점 S가 $\angle QRP'$의 내부에 있음으로 $\angle QRS < \angle QRP'$이다.

(9) 내각 $\angle Q \simeq \angle QRS$이므로 (내각 $\angle Q$) < (외각 $\angle QRP'$)이다.

(10) 변 $\overline{PR}$의 중점을 통하여 삼각형을 만들면 (내각 $\angle P$) < $\angle QRP'$을 보일 수 있다. □

제 10 장

중립기하학에서 삼각형의 세 내각의 합과 평행선공리

중립기하학에서 삼각형의 세 내각의 합이 π보다 작거나 같다는 Saccheri-Legendre 정리를 §10.1에서 증명하고 만약 어떤 한 삼각형의 세 내각의 합이 π와 같다면(π보다 작다면) 모든 삼각형의 세 내각의 합이 π와 같다(π보다 작다)는 Legendre 정리와 이것과 동치인 명제들을 §10.2에서 다룬다.

그리고 삼각형의 세 내각의 합이 π라는 것과 Euclid의 평행선공리가 동치라는 것을 제 11장에서 보인다. 역사적으로 Euclid의 평행선공리를 증명하려는 시도가 2000년 이상 계속되었으나 증명에는 성공하지 못했고 대신 Euclid의 평행선공리와 동치인 명제들이 축적되었다. §10.3에서는 시대순으로 제기된 동치명제들을 열거하여 본다.

10.1 Saccheri-Legendre 정리

이제 삼각형의 세 내각의 합은 π보다 작거나 같다는 것을 보이기 위하여 다음 보조정리가 필요하다.

보조정리 10.1.1. 임의의 삼각형 PQR에 대하여 다음 두 조건을 만족하는 삼각형 $P_1Q_1R_1$이 존재한다.

(I) $\angle P + \angle Q + \angle R = \angle P_1 + \angle Q_1 + \angle R_1$.

(II) $\angle P_1 \le \frac{1}{2}\angle P$.

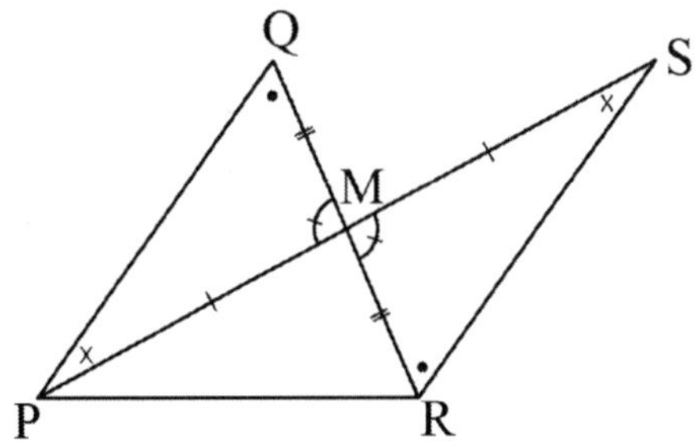

그림 10.1: 보조정리 10.1.1

증명 (1) 변 $\overline{QR}$의 중점 M을 잡고 $\overline{PM} \simeq \overline{MS}$이고 $P * M * S$인 점 S를 잡는다 (그림 10.1 참조).

(2) 맞꼭지각이 합동이므로 SAS 합동공리 C-6에 의하여 $\triangle MQP \simeq \triangle MRS$이다.

(3) 대응각은 $\angle MQP \simeq \angle MRS$이고 $\angle MPQ \simeq \angle MSR$이다.

(4) 선분 $\overline{QR}$ 위의 점인 M은 $\angle QPR$의 내부점이므로 $\angle QPR \simeq \angle QPM + \angle MPR$이다.

(5) 선분 $\overline{PS}$ 위의 점인 M은 $\angle PRS$의 내부점이므로 $\angle PRS \simeq \angle PRM + \angle MRS$이다.

(6) 삼각형 PRS의 세 내각의 합은

$$\begin{aligned}\angle MSR + \angle MPR + \angle PRS &\simeq (\angle MPQ + \angle MPR) + \angle PRM + \angle MRS \\ &\simeq \angle QPR + \angle PRQ + \angle PQR\end{aligned}$$

이다.

(7) 한편

$$\angle QPR \simeq \angle MPQ + \angle MPR \simeq \angle MSR + \angle MPR$$

이므로 $\angle MSR$이나 $\angle MPR$ 중 어느 하나는 $\frac{1}{2}\angle QPR$과 같거나 작다. $\angle MSR$이 작거나 같다면 $P_1 = S$라 하고 아니라면 $P_1 = P$라 하자.

(8) 따라서 삼각형 PRS가 우리가 원하는 삼각형이고 점 P_1은 P이거나 S이다.

□

정리 10.1.3(Saccheri-Legendre 정리)를 증명하기 위하여 다음 정리에서 설명하는 각의 크기를 정의할 필요가 있다.

정리 10.1.2. 임의의 각 $\angle P$에 대하여 다음 조건을 만족하는 실수값 $|\angle P|$이 $(0, \pi)$에서 유일하게 존재한다.

(1) $\angle P$가 직각일 때만 $|\angle P| = \frac{\pi}{2}$이다.

(2) $\angle P \simeq \angle Q$와 $|\angle P| = |\angle Q|$는 동치이다.

(3) 점 A가 $\angle QPR$의 내부에 있다면

$$|\angle QPR| = |\angle QPA| + |\angle PAR|$$

이다.

(4) 0과 π 사이의 임의의 값 α에 대하여 $|\angle P| = \alpha$인 각 $\angle P$가 존재한다.

(5) $\angle P$와 $\angle Q$가 서로 보각관계라면 $|\angle P| + |\angle Q| = \pi$ 이다.

(6) $\angle P < \angle Q$와 $|\angle P| < |\angle Q|$는 동치이다.

정의 10.1.1. 임의의 각 $\angle P$에 대하여 정리 10.1.2에서 결정된 유일한 실수값 $|\angle P|$를 각 $\angle P$의 크기라고 하고 단위는 래디안(radian)으로 한다.

정리 10.1.2의 성질에 따라 두 각의 합과 두 각의 크기의 합을 혼돈하여 사용하기도 한다.

정리 10.1.3. (Saccheri-Legendre 정리) 임의의 삼각형 PQR의 세 내각의 합은 π보다 작거나 같다.

증명 (1) (귀류법 가정) 삼각형 PQR의 세 내각의 합은 π보다 크다고 하자. 즉

$$|\angle P| + |\angle Q| + |\angle R| = \pi + \delta$$

인 $\delta > 0$가 존재한다.

(2) $\frac{1}{2^n}|\angle P| < \frac{\delta}{2}$인 자연수 n이 존재한다.

(3) 보조정리 10.1.1에 의하여

$$|\angle P_1| + |\angle Q_1| + |\angle R_1| = \pi + \delta, \quad |\angle P_1| = \frac{1}{2}|\angle P|$$

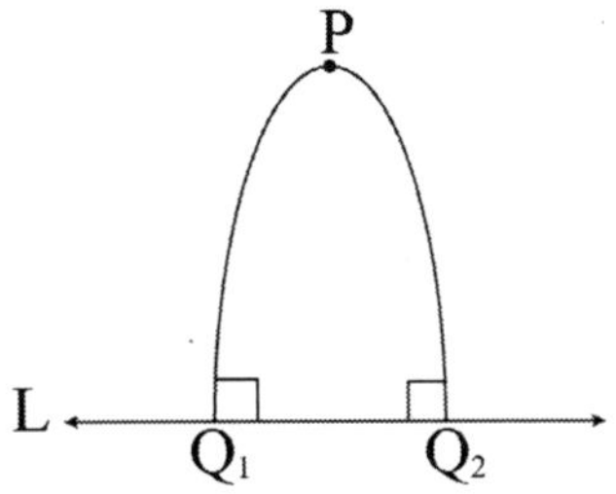

그림 10.2: 보조정리 10.1.4(수선의 유일성)

인 삼각형 $P_1Q_1R_1$이 존재한다.

(4) 이를 n번 반복하면

$$|\angle P_n| + |\angle Q_n| + |\angle R_n| = \pi + \delta, \quad |\angle P_n| = \frac{1}{2^n}|\angle P| < \frac{\delta}{2}$$

인 삼각형 $P_nQ_nR_n$이 존재한다.

(5) $|\angle Q_n| + |\angle R_n| = \pi + \delta - |\angle P_n| > \pi + \frac{\delta}{2}$이다.

(6) 삼각형 $P_nQ_nR_n$의 두 각의 합이 π보다 크다.

(7) 정리 9.2.4에 의하여 $|\angle Q_n| + |\angle R_n| < \pi$이므로 단계 (6)은 모순이다.

(8) 그러므로 모든 삼각형의 세 내각의 합은 π보다 작거나 같다. □

정리 10.1.3(Saccheri-Legendre 정리)에 의하여 수선이 유일하게 존재함을 보인다.

따름정리 10.1.4. 직선 L 위에 있지 않은 점 P에서 L로 내린 수선은 유일하다.

증명 (1) (귀류법 가정) 점 P에서 L로 내린 수선 $L_1 \neq L_2$가 존재한다고 하고 각각의 수선의 발을 Q_1, Q_2라고 하자(그림 10.2 참조).

(2) 만약 $Q_1 = Q_2$라면 L_1과 L_2가 두 점 P와 $Q_1 = Q_2$를 지나므로 $L_1 = L_2$이다(모순).

(3) 한편 삼각형 PQ_1Q_2의 세 내각의 합은 π보다 크다.

(4) 정리 10.1.3(Saccheri-Legendre 정리)에 의하여 삼각형 PQ_1Q_2의 세 내각의 합은 π보다 작거나 같아야 한다(모순). □

삼각형의 세 내각의 합에 대한 정리를 증명하는데 다음에 정의하는 삼각형의 결손이라는 개념이 유용하게 쓰인다.

정의 10.1.2. 삼각형 PQR에 대하여 삼각형 PQR의 결손(defect)을

$$\pi - (\angle P + \angle Q + \angle R)$$

으로 정의하고 $\delta(\triangle PQR)$로 표기한다.

그러므로 정리 10.1.3(Saccheri-Legendre 정리)에 의하여 중립기하학에서 모든 삼각형 PQR의 결손 $\delta(\triangle PQR)$이

$$\delta(\triangle PQR) \geq 0$$

이다.

10.2 Legendre의 제 2정리

정리 10.1.3(Saccheri-Legendre 정리)은 Saccheri(1667 – 1733)의 증명보다 Legendre(1752 – 1833)의 증명이 더 세련되었기 때문에 Legendre의 제 1정리로 더 잘 알려졌다. 이 정리에 따르면 어떤 삼각형의 세 내각의 합은 π이고 또 다른 삼각형의 내각의 합은 π보다 작을 수도 있는데 이런 경우는 없다고 Saccheri와 Legendre가 증명하였다. 그러나 이 정리도 Legendre의 제 2정리라고 불린다.

정리 10.2.1. (Legendre의 제 2정리) 만일 세 내각의 합이 π인 삼각형이 존재한다면 모든 삼각형의 세 내각의 합은 π이다.

정리 10.2.1(Legendre의 제 2정리)의 대우 명제로서 다음의 따름정리가 성립한다.

따름정리 10.2.2. 만일 세 내각의 합이 π보다 작은 삼각형이 하나 존재한다면 모든 삼각형의 세 내각의 합이 π보다 작다.

Legendre의 제 2정리를 증명하는데 결손의 가법성이라고 불리는 다음 보조정리가 필요하다.

보조정리 10.2.3. 삼각형 PQR에 대하여 $Q * S * R$이라면

$$\delta(\triangle PQR) = \delta(\triangle PQS) + \delta(\triangle PSQ)$$

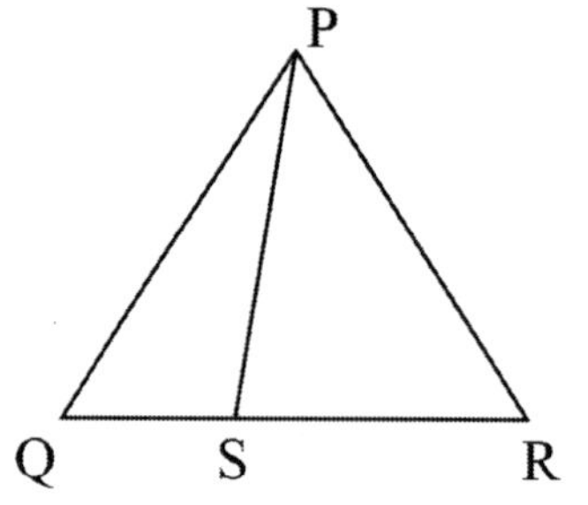

그림 10.3: 결손의 합

이다. 그리고 $\delta(\triangle PQR) = 0$이 성립할 필요충분조건은

$$\delta(\triangle PQS) = \delta(\triangle PSQ) = 0$$

인 것이다.

증명 (1) 점 S가 $Q * S * R$을 만족하므로 명제 4.3.1에 의하여 점 S는 $\angle QPR$의 내부에 있다.

(2) $|\angle P| = |\angle QPS| + |\angle SPR|$이다.

(3) $|\angle PSQ| + |\angle PSR|$은 평각이므로 π이다.

(4) 그러므로

$$\begin{aligned}\delta(\triangle PQS) + \delta(\triangle PSR) =& \pi - (|\angle QPS| + |\angle Q| + |\angle QSP|)\\ &+ (\pi - (|\angle SPR| + |\angle R| + |\angle RSP|))\\ =& \pi - (|\angle P| + |\angle Q| + |\angle R|)\\ =& \delta(\triangle PQR)\end{aligned}$$

이다.

(5) 정리 10.1.3(Saccheri-Legendre 정리)에 의하여 모든 삼각형의 결손이 음수가 아니므로 $\delta(\triangle PQR) = 0$라면 $\delta(\triangle PQS) = \delta(\triangle PSQ) = 0$이고 역도 성립한다. □

정리 10.2.1(Legendre의 제 2정리)는 다음 정리를 이용하여 증명한다.

정리 10.2.4. 다음 명제들은 동치이다.

(I) 세 내각의 합이 π인 삼각형이 존재한다.

(II) 세 내각의 합이 π인 직각삼각형이 존재한다.

(III) 직사각형이 존재한다.

(IV) 모든 직각삼각형의 세 내각의 합이 π이다.

(V) 모든 삼각형의 세 내각의 합이 π이다.

(VI) 모든 삼각형의 세 내각의 합이 같다.

증명 ((I) $\Rightarrow$ (II)의 증명)

(1) 세 내각의 합이 π인 삼각형을 $\triangle PQR$이라고 하면 $\delta(\triangle PQR) = 0$이다.

(2) 세 내각 중 가장 큰 각을 $\angle P$라고 하자.

(3) 꼭지점 P에서 직선 $\overleftrightarrow{QR}$로 유일한 수선을 내리고, 그 수선의 발을 S라고 하자.

(4) $S = Q$ 또는 $S = R$이라면 $\triangle PQR$은 직각삼각형이다.

(5) $S \neq Q, R$라면 순서공리 B-3에 의하여 $S*Q*R$거나 $Q*S*R$거나 $Q*R*S$ 중 어느 하나만 성립한다.

(6) $S*Q*R$ 이라면 삼각형 PSQ의 외각 $\angle PQR$은 내대각 $\angle S$보다 크므로 $\angle Q > \frac{\pi}{2}$이다.

(7) $\angle P \geq \angle Q > \frac{\pi}{2}$이므로 $\angle P + \angle Q > \pi$이다. 이는 정리 10.1.3(Saccheri-Legendre 정리)에 위배된다.

(8) $Q*R*S$인 경우에도 똑같은 논리에 의하여 모순이 나온다.

(9) 따라서 $Q*S*R$ 이다.

(10) 보조정리 10.2.3에 의하여 $\delta(\triangle PQR) = \delta(\triangle PQS) + \delta(\triangle PSQ)$이고 가정에 의하여 $\delta(\triangle PQR) = 0$이다.

(11) 모든 삼각형에 대해서 $\delta \geq 0$이므로 $\delta(\triangle PQS) = \delta(\triangle PSQ) = 0$이다.

(12) 그러므로 삼각형 PQS과 삼각형 PSQ는 결손이 0인 직각삼각형이다. □

증명 ((II) $\Rightarrow$ (III)의 증명)

(1) 각 $\angle Q$가 직각이고 결손이 0인 직각삼각형 $\triangle PQR$이 존재한다고 하자.

(2) 합동공리 C-4에 의하여 $\angle PRQ \simeq \angle RPS$이고 $Q \not\sim_{\overline{PR}} S$인 점 S가 존재한다.

(3) 일반성을 잃지 않고 $\overline{QR} \simeq \overline{PS}$라고 가정하자.

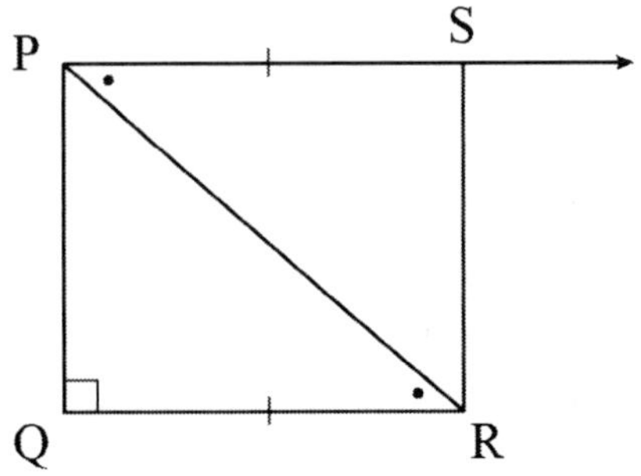

그림 10.4: (II) ⇒ (III)의 증명

(4) SAS 삼각형 합동공리 C-6에 의하여 $\triangle PRQ \simeq \triangle RPS$이다.

(5) 대응각 $\angle Q$와 $\angle S$는 직각이고 $\angle QPR$와 $\angle PRS$는 합동이다.

(6) $S \not\sim_{\overleftrightarrow{PR}} Q$이므로 $\angle QPR$와 $\angle PRS$는 $\overleftrightarrow{PQ}$와 $\overleftrightarrow{SR}$에 대한 횡단선 $\overleftrightarrow{PR}$의 엇각이고 합동이다. 엇각 정리에 의하여 $\overleftrightarrow{PQ}$와 $\overleftrightarrow{RS}$가 평행하다. 그러므로 $R \sim_{\overleftrightarrow{PQ}} S$이다.

(7) 마찬가지로 $\overleftrightarrow{PS}$와 $\overleftrightarrow{QR}$에 대한 횡단선 $\overleftrightarrow{PR}$의 엇각이 합동이고 $\overleftrightarrow{PS}$와 $\overleftrightarrow{QR}$이 평행이므로 $Q \sim_{\overleftrightarrow{PS}} R$이다.

(8) 단계 (6)과 (7)에 의하여 점 R은 각 $\angle QPS$의 내부에 있다.

(9) 그러므로

$$\begin{aligned}\angle QPS &\simeq \angle QPR + \angle RPS \\ &\simeq \angle QPR + \angle PRQ \\ &\simeq (\triangle PQR\text{의 세 내각의 합}) - \angle Q \\ &= \pi - \frac{\pi}{2} = \frac{\pi}{2}\end{aligned}$$

이다.

(10) 같은 논리로 $\angle QRS = \frac{\pi}{2}$임을 보일 수 있다. 그러므로 사변형 $PQRS$는 네 내각이 직각인 직사각형이다.

(11) 이 직사각형을 이어붙이기를 하여 큰 직사각형을 만들수 있다. 즉, 모든 자연수 n, m에 대하여 두 변이 $n \cdot \overline{PQ}$이고 $m \cdot \overline{PS}$인 직사각형이 존재한다. □

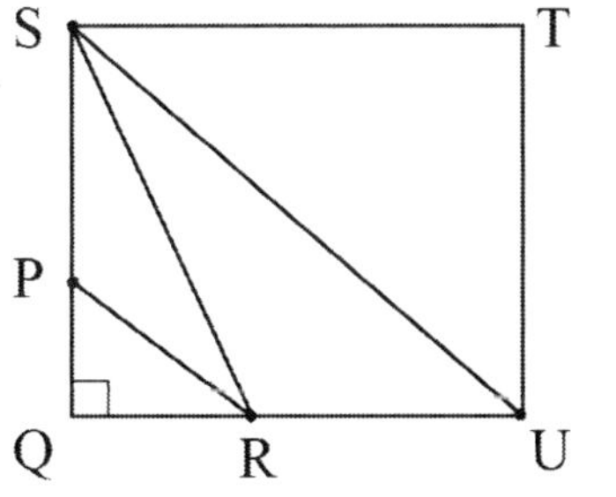

그림 10.5: (III) ⇒ (IV)의 증명

증명 ((III) ⇒ (IV)의 증명)

(1) 직사각형이 존재한다면 이어붙이기를 하여 충분히 큰 직사각형을 만들 수 있다.

(2) 각 $\angle Q$가 직각인 임의의 직각삼각형 PQR에 대하여 $Q * P * S$과 $Q * R * U$를 만족하는 직사각형 $QSTU$가 존재한다.

(3) 직사각형을 이등분한 삼각형 SQU의 결손은 0이다.

(4) 삼각형 SQU의 부분인 삼각형 SQR의 결손도 0이다.

(5) 삼각형 SQR의 부분인 삼각형 PQR의 결손도 0이다. □

증명 ((IV) ⇒ (V)의 증명)

(1) 임의의 삼각형 PQR의 가장 큰 각을 갖는 꼭지점에서 대변으로 수선을 내려 두 개의 직각삼각형을 만든다.

(2) 두 개의 직각삼각형의 결손이 0이므로 보조정리 10.2.3에 의하여 삼각형 PQR이 결손도 0이다.

(3) 그러므로 모든 삼각형의 결손은 0이다 □

증명 ((V) ⇒ (VI)의 증명)

모든 삼각형의 세 내각의 합이 π로 같다. □

증명 ((VI) ⇒ (I)의 증명)

(1) 삼각형 PQR에서 $Q * S * R$인 점 S를 잡으면 보조정리 10.2.3에 의하여

$$\delta(\triangle PQR) = \delta(\triangle PQS) + \delta(\triangle PSQ)$$

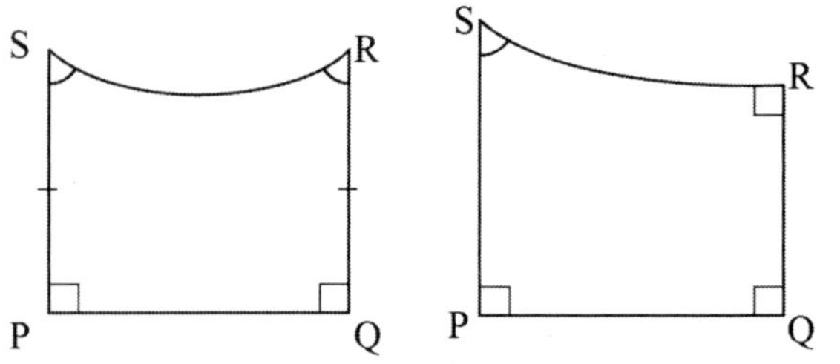

그림 10.6: Saccheri 사변형과 Lambert 사변형

이다.

(2) 모든 삼각형의 세 내각의 합이 상수값이므로 모든 삼각형의 결손도 상수값 c이다. 단계 (1)의 식은 $c = c + c$이므로 $c = 0$이다. 따라서 삼각형의 세 내각의 합은 π이다. □

정의 10.2.1. 각 $\angle P \simeq \angle Q \simeq \pi/2$이고 $\overline{PS} \simeq \overline{QR}$인 사변형 $PQRS$를 Saccheri 사변형이라고 한다.

정의 10.2.2. 각 $\angle P \simeq \angle Q \simeq \angle R \simeq \pi/2$인 사변형 $PQRS$를 Lambert 사변형이라고 한다.

문제 10.2.1. Saccheri 사변형 $PQRS$의 윗각 $\angle R \simeq \angle S$가 합동임을 보이시오.

문제 10.2.2. 삼각형의 세 내각의 합이 π이면 Saccheri 사변형 $PQRS$의 두 윗각이 직각임을 보이시오.

Saccheri-Legendre 정리에 의하여 Saccheri 사변형의 두 윗각과 Lambert(1728–1777) 사변형의 나머지 한 각은 직각보다 작거나 같다. 만약 삼각형의 세 내각의 합이 π이면 Saccheri 사변형의 두 윗각과 Lambert 사변형의 나머지 한 각은 직각이다. 역으로 Saccheri 사변형의 두 윗각이나 Lambert 사변형의 나머지 한 각이 직각이면 이 사각형들이 직사각형이어서 정리 10.2.4에 의하여 모든 삼각형의 세 내각의 합이 π이다. 그러므로 다음의 따름정리가 성립한다.

따름정리 10.2.5. 다음 명제들은 동치이다.

(I) 모든 삼각형의 세 내각의 합이 π이다.

(II) Saccheri 사변형의 두 윗각이 직각이다.

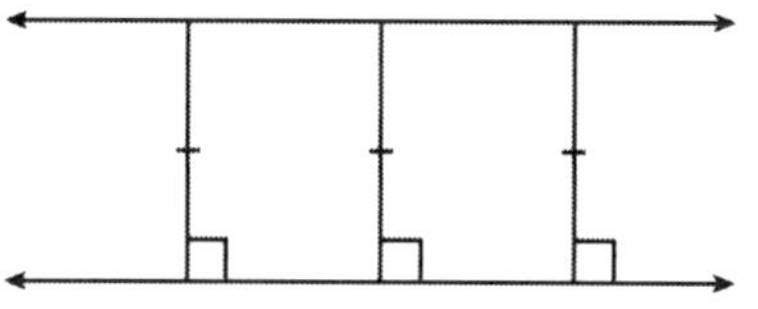

그림 10.7: Posidonius의 등거리공리

(III) Lambert 사변형의 나머지 한 각이 직각이다.

10.3 평행선공리의 역사

기원전 3세기에 Euclid가 《원론》 제 1권에서 처음 28개의 명제의 증명에 평행선공리를 사용하지 않았다. 그래서 수학 사학자들은 Euclid 자신도 평행선공리를 공리로 정한 것을 꺼림칙했다고 생각하였다. 다른 공리가 단순하고 명백해 보이는 것에 비하여 다섯 번째 공리는 복잡한 서술을 하고 있어서 공리군에서 제외시키고 나머지 공리들로부터 증명될 수 있는 명제라는 기대를 하게 된다.

> (Euclid의 평행선공리) 두 직선이 한 직선(횡단선)과 만날 때 그 횡단선에 대하여 같은 쪽에 있는 두 내각의 합이 두 직각보다 작으면 두 직선은 그 쪽에서 만난다.

Proclus(410 – 485)는 《원론》의 주석서에 Posidonius(기원전 135 – 51)가 처음으로 Euclid의 공리 1– Euclid의 공리 4로부터 Euclid의 평행선공리를 증명하려는 시도를 하였다고 썼다. Posidonius는 평행선을 양방향으로 무한히 늘려도 거리가 같은 두 직선으로 정의하고 Euclid의 평행선공리를 증명하였다. 그러나 그의 평행선 정의는 Euclid의 평행선공리와 동치인 명제이다.

> (Posidonius의 평행선공리) 평행인 두 직선을 양방향으로 아무리 늘여도 두 직선 사이의 거리는 일정하다(등거리).

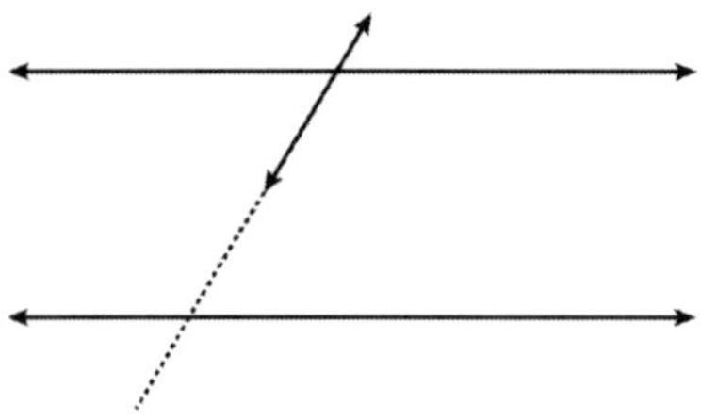

그림 10.8: Proclus의 평행선공리

Proclus는 Euclid의 공리 1–4만을 가지고 다음 명제를 증명하였다고 착각을 하고 이로부터 평행선공리의 증명에 성공했다고 생각했다.

(Proclus의 평행선공리) 어떤 직선이 평행한 두 직선 중 어느 한 직선과 만나면 다른 직선과도 만난다.

그러나 이 명제는 평행선공리와 동치인 명제로 Euclid의 공리 1–Euclid의 공리 4로부터 증명이 불가능한 것이다. Proclus의 시도와 같은 헛된 노력이 19세기 초반까지 계속되었다. 직관에 의지하여 평행선공리와 동치인 명제를 Euclid의 공리 1–Euclid의 공리 4만 가지고 증명하였다고 착각한 것이다. 그리고 이를 이용하여 평행선공리의 증명에 성공하였다고 생각하였다. 중세 시대에는 Nasiraldin(1201–1274)같은 아랍수학자들도 이런 시도를 하였다고 전해진다. 영국의 Wallis(1616–1703)는 평행선공리를 다음과 같이 대체하였다.

(Wallis의 닮음 삼각형공리) 삼각형과 선분이 주어졌을 때 그 선분을 한 변으로 갖고 주어진 삼각형과 닮은 삼각형이 존재한다.

이탈리아 파비아의 예수회 신부 Saccheri가 1733년에 발표한 《모든 결점이 제거된 Euclid(Euclides ab omni naevo vindicatus, Euclid freed of every flow)》에서 비 Euclid 기하학의 역사가 시작되었다고 생각할 수 있다. Saccheri는 Euclid의 공리 1–Euclid의 공리 4로부터 평행선공리을 증명하는 방법으로 귀류법을 사용하였다. Euclid의 공리 5(평행선공리)를 부정하여 시작하는 증명 속에서 모순을 이끌어냄으로써 평행선공리가 증명되었다고 할 텐데, 수많은 시도 속에서도 모순은 나오지 않고 많은 결과들만 쌓여갔다. 이 결과물들이 결국은 비 Euclid 기하학의 초석이 되었다. Saccheri는 사변형 $PQRS$ 중 각 $\angle P$와 $\angle Q$가 직각이고 $\overline{PS} \simeq \overline{QR}$인 Saccheri 사변형을 가지고 연구하였다. Euclid의 공리 1–Euclid의 공리 4만 가지고 두 윗각 $\angle R$과 $\angle S$는 합동이고 직각보다 작거나 같음을 보일 수 있다. 그리고 만약 윗각이 직각이라고 하면 직사각형이 존재하고 이는 평행선공리와 동치이다.

(Saccheri 사변형의 공리) Saccheri 사변형의 두 윗각은 직각이다.

그러므로 Euclid의 평행선공리를 부정한다는 것은 윗각이 직각보다 작다는 예각 가정이 된다. 이 예각 가정으로부터 모순이 나올 것을 기대하였지만 Euclid 기하학에서는 생각할 수 없는 신기한 결과들만 계속 나왔다. 이런 결과들이 상식과 모순됨으로 평행선공리가 성립해야만 한다고 결론을 내리려고 하였다. 그러나 이 결론에 자신이 없었던 Saccheri는 죽기 직전에야 Euclid 기하학과는 다른 이상한 결과들을 모아 책으로 발표하였다. 이 결과물이 비 Euclid 기하학의 시작이 되었다.

1763년 Klügel(1739–1812)은 그 전까지 발표된 평행선공리의 증명 방법들을 면밀히 살펴보고 증명이 불가능할 거라는 의구심을 표현하였으나 많은 수학자들이 그 후 반세기 이상 동안 여전히 평행선공리를 증명하려고 노력하였다. 스위스의 수학자 Lambert는 《평행선이론(Die theorie der parallellinien)》에서 Saccheri의 연구를 이어나갔다. 세 각이 직각인 Lambert 사변형에서 네 번째 각이 직각이 아니고 예각인 경우 삼각형의 넓이와 세 내각의 합 사이의 관계를 이끌어내었다.

(Lambert 사변형의 공리) Lambert 사변형의 네번째 각은 직각이다.

삼각형의 넓이가 $\pi -$ (세 내각의 합)에 비례한다는 사실을 알아내고 이로부터 Euclid 기하학과는 달리 모든 삼각형의 세 내각이 π보다 작고 닮음 삼각형이 존재하지 않는다는 것을 유도하였다. 평행인 두 직선 사이의 거리가 0인 경우도 발생하고 평행각이라는 Euclid 기하학에서는 생소한 개념들도 알아냈다. 이 개념을 이용하여 길이에 대한 절대 단위를 정의할 수 있었다. 그리고 구면기하학에서의 삼각법과 유사한 삼각법을 알아내고 예각 가정을 한 기하학을 반경이 허수 $R\sqrt{-1}$인 허구면(imaginary spherical surface) 위의 기하학이라고 말했다. 당시에는 세상이 Euclid 기하학의 원리에 따른다는 생각이 지배적이었기 때문에 애석하게도 허수 반지름의 구인 예각 가정은 더 이상 연구되지 않았다. 그리고 나서 이런 멋진 결과를

가지고도 논리적으로 아무 문제가 없는 절대 길이의 존재성이 모순이라는 결론을 내렸다. 즉, Euclid 기하학과 다르다는 이유로 모순으로 여겼다. Playfair는 Euclid의 공리 5가 다른 공리들로부터 증명이 안된다면 좀 더 단순한 공리로 대체할 것을 제안하였는데 다음은 그가 대체한 명제이다.

(Playfair의 평행선공리) 주어진 직선 L과 직선 L에 있지 않은 점 P에 대하여 P를 지나고 L과 평행인 직선은 유일하게 존재한다.

Legendre도 Saccheri나 Lambert와 똑같은 오류를 범한다. 다음과 같은 Legendre의 평행선공리를 가지고 Euclid의 평행선공리를 증명하려고 하였다.

(Legendre의 평행선공리) $\angle QPR$의 내부의 점 A에 대하여 A를 포함하는 직선 L은 각의 변 $\overrightarrow{PQ}$과 만나거나 $\overrightarrow{PR}$과 만난다.

그러나 이 명제는 평행선공리와 동치인 명제이다. Legendre는 평행선공리가 빠진 중립기하학에서 삼각형의 세 내각의 합에 대한 중요한 정리를 얻었다. 헝가리의 Farkas Bolyai(1775–1856)는 괴팅겐 대학에 유학하면서 알게 된 Gauss와 일생 동안 친구로 지내며 여러 번 평행선공리의 잘못된 증명을 Gauss에게 보냈다. 그 중 한 증명에서 외접원의 존재성을 이용하여 Euclid의 평행선공리를 증명하였다.

(Bolyai의 외접원 공리) 일직선 상에 있지 않은 세 점 P, Q, R에 대하여 세 점을 모두 지나는 원이 존재한다.

이런 외접원의 존재도 평행선공리와 동치이다. 1823년 경 Farkas Bolyai의 아들 Janos Bolyai(1802–1860)는 Euclid의 평행선공리 대신 이 공리의 부정인 명제를 공리로 받아들이더라도 모순이 없는 새로운 기하가 만들어진다고 선언하였다. 비슷한 시기에 러시아의 Lobachevski(1793–1856)도 같은 결론을 러시아어로 발표하였다. 제 12장에서 새로운 기하의 발견을 자세히 살펴본다. 고대 그리스 시대 이후 2천여 년 동안 많은 수학자들이 오류를 범한 이유는 무엇일까? 그 이유는 기하학이 실체가 없는 추상과학으로 개념들만 다루기 때문일 것이다. 예를 들면 Euclid의 《원론》의 첫 번째 정의인 '점이란 부분이 없는 것이다'에서 보듯이 점은 실제세계에 존재하는 것이 아니라 상상 속에 있는 것이다. 기하를 실생활과 분리시키려는 시도로 19세기에 Steiner(1796–1863)는 기하수업을 어둠 속에서 했다고 한다. 그러나 완전한 분리는 종종 실패로 귀결되었다. 평행선공리를 부정하였을 때 나오는 결과들이 논리에 의하여 모순이라는 것이 아니고 우리가 경험한 세상의 것과 다르다고 모순이라고 선언하였다. 평행선이 등거리가 아니라든가, 두 선 사이의 거리가 0인 평행선의 존재성, 절대 단위의 존재성, 닮음 삼각형이 존재하지 않는다는 것 등 논리적 모순이 아니라 비상식적이라는 이유로 모순으로 취급되었다.

제 11 장

중립기하학에서 Euclid의 평행선공리와 쌍곡공리

평행선공리를 다른 공리로부터 증명하려는 역사 속에서 평행선공리와 동치인 명제들이 많이 제기되었다. §10.3에서 시대순으로 나열한 명제들이 실제로 Euclid의 평행선공리와 동치임을 §11.1에서 증명한다. §11.2절에서는 평행선공리를 부정한 명제인 쌍곡공리로부터 보편쌍곡성질을 증명한다. 그리고 중립기하학에서 쌍곡공리를 선택한 공리계인 쌍곡기하학의 중요한 성질들을 §11.3에서 공부한다. 쌍곡기하학은 Euclid 기하학과는 다른 평행선에 대한 성질이 있다. 쌍곡기하학에서는 공통수선이 존재하는 평행선과 두 직선 사이의 거리가 0인 평행선 등 두 종류의 평행선이 존재한다. 거리가 0인 평행선을 이용하여 평행각과 절대단위를 정의할 수 있다.

11.1 Euclid의 평행선공리와 동치인 명제들

19세기 초까지 Euclid의 공리 1–Euclid의 공리 4를 가지고 Euclid의 평행선공리를 증명하려는 시도가 성공하지 못한다. Euclid의 평행선공리와 동치인 명제를 증명없이 직관적으로 가정하고 증명을 하는 오류를 범하기도 하고 Euclid의 평행선공리를 대신하여 좀 더 간단한 형태의 공리로 대체하기도 한다. §10.3에서 역사적으로 제시되었던 명제들이 Euclid의 평행선공리와 동치임을 증명한다.

정리 11.1.1. Euclid의 평행선공리와 다음의 Playfair의 평행선공리는 동치이다.

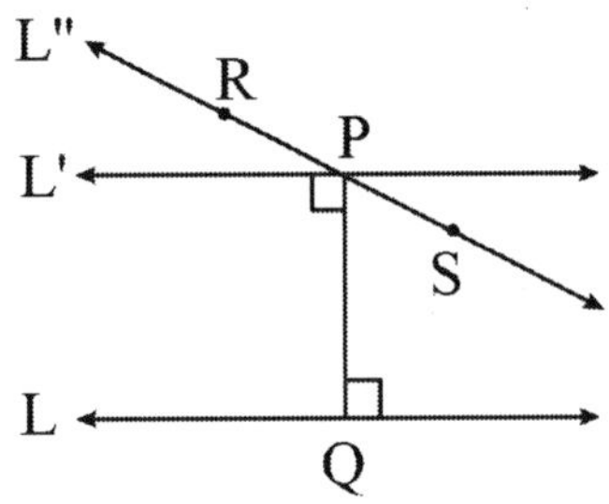

그림 11.1: Euclid의 평행선공리 ⇒ Playfair의 평행선공리

(Euclid의 평행선공리) 두 직선이 한 직선(횡단선)과 만날 때 그 횡단선에 대하여 같은 쪽에 있는 두 내각의 합이 두 직각보다 작으면 두 직선은 그 쪽에서 만난다.

(Playfair의 평행선공리) 임의의 직선 L과 L 위에 있지 않은 점 P에 대하여 P를 지나고 L과 평행한 직선이 유일하게 존재한다.

증명 (Euclid의 평행선공리 ⇒ Playfair의 평행선공리)

(1) 임의의 직선 L과 L 위에 있지 않은 점 P에 대하여 P에서 직선 L로 수선을 내리고 그 수선의 발을 Q라고 하자(그림 11.1 참조).

(2) 점 P를 지나고 직선 $\overleftrightarrow{PQ}$와 수직한 직선을 L'이라고 하면 엇각 정리에 의하여 L과 L'은 평행하다.

(3) 점 P를 지나는 직선으로 L'이 아닌 직선을 L''이라고 하자. 이 직선 L''이 L과 만나는 것을 보이자.

(4) L'' 위에 $R * P * S$인 점 R과 S를 잡는다. 이때 $\angle QPS + \angle QPR = \pi$이다.

(5) 두 각 $\angle QPS$와 $\angle QPR$이 $\pi/2$라면 $L' = L''$이므로 모순이다.

(6) 그러므로 둘 중 하나는 $\pi/2$보다 작다. 이 각을 $\angle QPS$라고 하자.

(7) 두 직선 L과 L''의 횡단선 $\overleftrightarrow{PQ}$에 대하여 점 S와 같은 쪽의 두 내각의 합이 π보다 작게 된다.

(8) Euclid의 평행선공리에 의하여 S가 있는 쪽에서 L과 L'' 이 만난다.

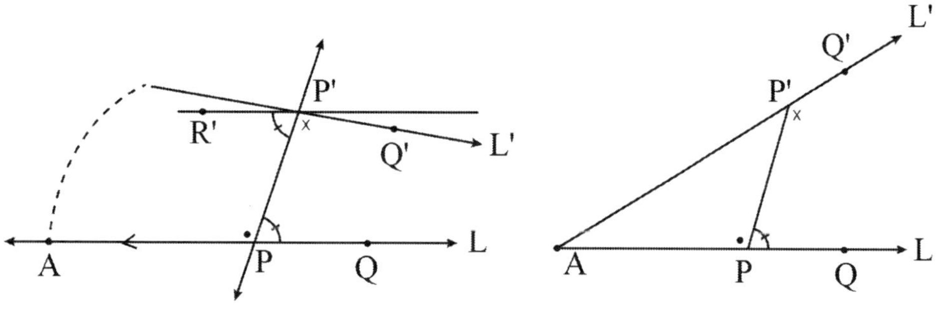

그림 11.2: Playfair의 평행선공리 ⇒ Euclid의 평행선공리

(9) 따라서 L''은 L'이 아닌 P를 지나는 임의의 직선이므로 P를 지나는 평행선은 직선 L'뿐이다. □

증명 (Playfair의 평행선공리 ⇒ Euclid의 평행선공리)

(1) 두 직선 L과 L'의 횡단선 $\overleftrightarrow{PP'}$에 대하여 $Q \sim_{\overleftrightarrow{PP'}} Q'$이고 $P, Q \in L, P', Q' \in L'$이고 두 내각의 합 $\angle QPP' + \angle Q'P'P < \pi$ 라고 하자(그림 11.2 참조).

(2) $\angle QPP' \simeq \angle PP'R'$이고 $R' \not\sim_{\overleftrightarrow{PP'}} Q'$ 인 R'이 존재하고 정리 9.2.1(엇각 정리)에 의하여 $\overleftrightarrow{P'R'}$은 L과 평행이다.

(3) 만약 $L' = \overleftrightarrow{P'R'}$이라면 $\angle PP'R'$의 보각은 $\angle Q'P'P$이므로

$$\pi = \angle PP'R' + \angle Q'P'P = \angle QPP' + \angle Q'P'P < \pi$$

이다(모순). 따라서 $L' \neq \overleftrightarrow{P'R'}$이다.

(4) $L' \neq \overleftrightarrow{Q'R'}$이므로 Playfair의 평행선공리에 의하여 L과 L'은 평행이 아니므로 두 직선의 교점 A가 존재한다.

(5) (귀류법 가정) $A \notin \overrightarrow{PQ}$이라고 하자.

(6) 삼각형 APP'에서 정리 9.2.4(외각 정리)를 적용하면 $\angle APP' < \angle PP'Q'$이고 양변에 $\angle QPP'$를 더하면

$$\angle APP' + \angle QPP' = \pi < \angle Q'P'P + \angle QPP' < \pi$$

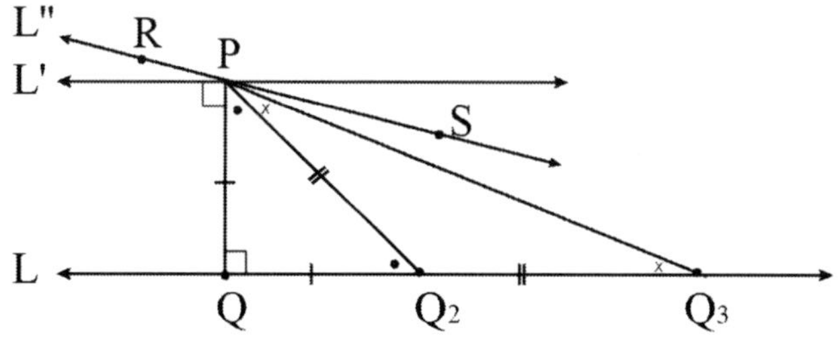

그림 11.3: (I) (삼각형의 결손 = 0) ⇒ (II) Hilbert의 평행선공리

이다(모순).

(7) 그러므로 $A \in \overrightarrow{PQ}$이다. 즉, 직선 L과 L'은 $\overleftrightarrow{PP'}$에 대하여 내각의 합이 π보다 작은 쪽에서 만난다. □

정리 11.1.2. 다음 명제들은 동치이다.

(I) 모든 삼각형의 세 내각의 합이 π이다.

(II) (Hilbert의 평행선공리) 직선 L과 L 위에 있지 않은 점 P에 대하여 P를 지나고 L과 평행한 직선이 많아야 하나 존재한다.

(III) (Playfair의 평행선공리) 직선 L과 L 위에 있지 않은 점 P에 대하여 P를 지나고 L과 평행한 직선이 유일하게 존재한다.

(IV) (Proclus의 평행선공리) L과 L'이 평행이고 L''이 L과 만나면 L''은 L'과도 만난다.

(V) L과 L'이 평행이고 L과 L''이 평행이면 L'과 L''이 평행이다.

(VI) (엇각 정리의 역) L과 L'이 평행이면 횡단선의 엇각이 합동이다.

(VII) L과 L'이 평행이고 L''이 L과 직교하면 L''은 L'과도 직교한다.

증명 ((I) (삼각형의 결손 = 0) ⇒ (II) Hilbert의 평행선공리)

(1) 직선 L과 L 위에 있지 않은 점 P에 대하여 P에서 직선 L로 수선을 내리고 그 수선의 발을 Q라고 하자(그림 11.3 참조).

(2) 직선 $\overleftrightarrow{PQ}$ 위의 점 P를 지나고 직선 $\overleftrightarrow{PQ}$와 수직한 직선을 L'이라고 하면 정리 9.2.1(엇각 정리)에 의하여 L과 L'은 평행하다.

(3) 점 P를 지나고 L'이 아닌 직선을 L''라고 하자.

(4) L'' 위에 $R*P*S$인 점 R과 S를 잡는다. 두 각 $\angle QPS$와 $\angle QPR$ 중 하나는 $\pi/2$보다 작으므로 그 각을 $\angle QPS$라고 하고 $\pi/2 - \angle QPS = \delta > 0$라 놓자.

(5) $Q = Q_1$이라 하고 $\overline{PQ_1} \simeq \overline{Q_1Q_2}$이고 $Q_2 \sim_{\overleftrightarrow{PQ}} S$인 점 Q_2을 잡는다. 삼각형 PQ_1Q_2는 이등변삼각형이고 $\angle P + \angle Q_1 + \angle Q_2 = \pi$이므로 밑각은

$$\angle PQ_2Q = \angle Q_2PQ = \frac{\angle Q}{2}$$

이다.

(6) 만약 $Q_1, \cdots, Q_k$가 존재하고 $\angle PQ_kQ = \angle Q/2^{k-1}$라고 가정하면, $\overline{PQ_k} \simeq \overline{Q_kQ_{k+1}}$이고 $Q*Q_k*Q_{k+1}$인 Q_{k+1}에 의하여 이등변삼각형 PQ_kQ_{k+1}이 존재한다.

(7) 이때 $\angle PQ_{k+1}Q = \angle PQ_kQ/2 = \angle Q/2^k$이다.

(8) 수학적 귀납법에 의하여 모든 자연수 k에 대하여 $\angle PQ_kQ = \angle Q/2^{k-1}$인 $Q_1, Q_2, \cdots$가 존재한다.

(9) 충분히 큰 n에 대하여 $\angle PQ_nQ = (1/2^{n-1})\angle Q < \delta$가 성립하는 n를 고정시키면 삼각형 PQ_nQ의 세 내각의 합은 $\angle QPQ_n + \angle PQQ_n + \angle PQ_nQ = \pi$이고

$$\begin{aligned}\angle QPQ_n &= \pi - (\angle PQQ_n + \angle PQ_nQ) \\ &> \pi - \frac{\pi}{2} - \delta \\ &= \frac{\pi}{2} - \delta = \angle QPS\end{aligned}$$

이다. 각의 크기의 정의에 의하여 반직선 $\overrightarrow{PS}$는 $\overrightarrow{PQ}$ 와 $\overrightarrow{PQ_n}$ 사이에 있다.

(10) 삼각형 PQ_nQ에 대하여 정리 4.3.3(횡선 정리)에 의하여 반직선 $\overrightarrow{PS}$는 P의 대변 $\overline{QQ_n}$을 지난다. 즉, 직선 L''는 L과 만난다. □

증명 ((II) Hilbert의 평행선공리 ⇒ (III) Playfair의 평행선공리)

(1) 정리 9.2.1(엇각 정리)에 의하여 P를 지나는 L과 평행인 직선이 존재한다.

(2) 이런 평행선이 하나거나 없다는 가정에 의하여 평행선은 유일하게 존재한다. □

증명 ((III) Playfair의 평행선공리 ⇒ (IV) Proclus의 평행선공리)

(1) L과 L'이 평행이고 $L'' \cap L = \{P\}$이라고 하자(그림 11.4 참조).

(2) (귀류법 가정) L''와 L'이 평행이라고 가정하자.

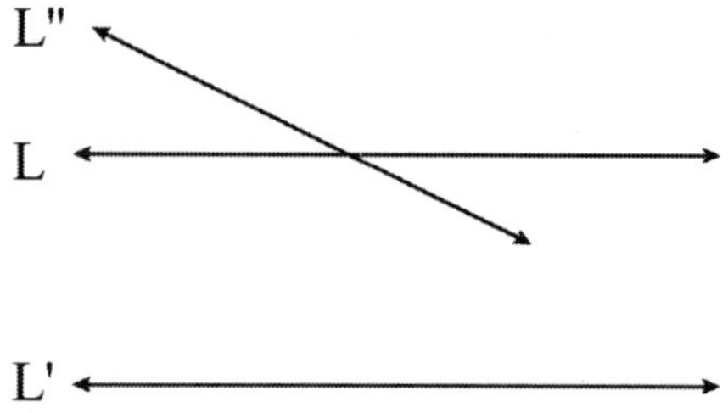

그림 11.4: (III) Playfair의 평행선공리 ⇒ (IV) Proclus의 평행선공리

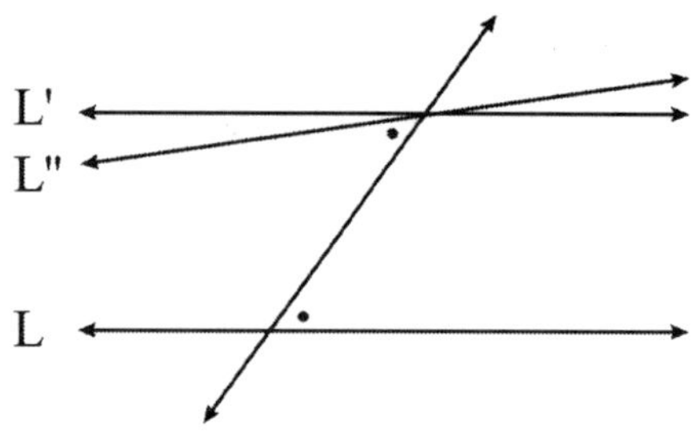

그림 11.5: (V) $(L \parallel L', L \parallel L'' \Rightarrow L' \parallel L'')$ ⇒ (VI) 엇각 정리의 역

(3) P를 지나는 L'의 평행선 L과 L''이 존재하므로 모순이다.

(4) 따라서 L''와 L'은 만난다. □

증명 ((IV) Proclus의 평행선공리 ⇒ (V) $(L \parallel L', L \parallel L'' \Rightarrow L' \parallel L'')$)

(1) L과 L'이 평행이고 L과 L''이 평행이라고 하자.

(2) (귀류법 가정) L'과 L''이 평행이 아니라고 하자.

(3) L과 L'이 평행이고 L''이 L'과 만나면 (IV)에 의하여 L''은 L과도 만나야 한다. 즉, L과 L''은 평행이 아니다(모순).

(4) 따라서 L'와 L''은 평행이다. □

증명 ((V) $(L \parallel L', L \parallel L'' \Rightarrow L' \parallel L'')$ ⇒ (VI) 엇각 정리의 역)

(1) (귀류법 가정) L과 L'이 평행이고 횡단선에 대하여 엇각 α, β가 합동이 아니라고 가정하자. 일반성을 잃지 않고 $\alpha < \beta$라고 놓자(그림 11.5 참조).

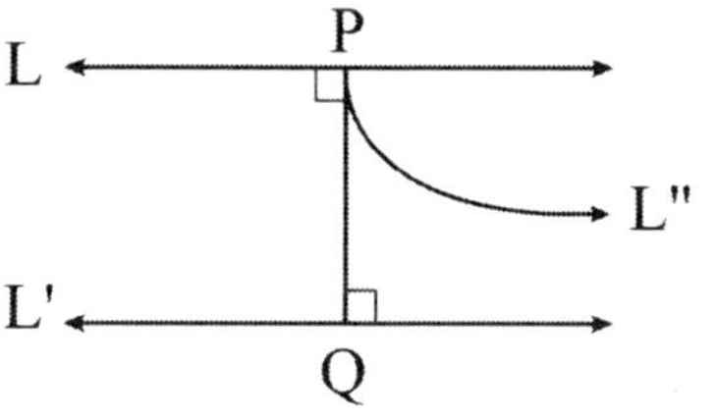

그림 11.6: (VI) 엇각 정리의 역 ⇒ (VII) ($L \parallel L', L \perp L'' \Rightarrow L' \perp L''$)

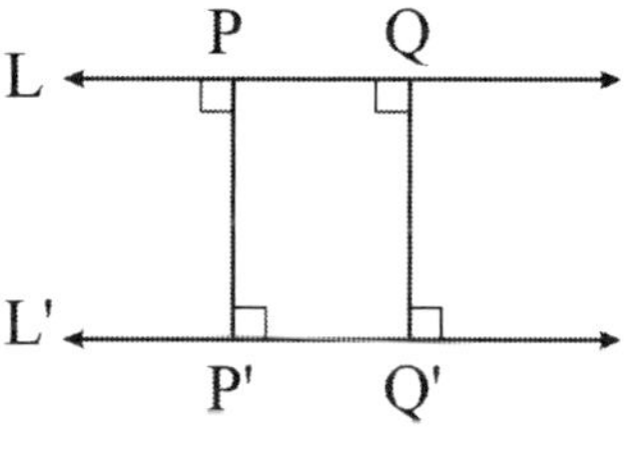

그림 11.7: (VII) ($L \parallel L', L \perp L'' \Rightarrow L' \perp L''$) ⇒ (I) (삼각형의 결손 $= 0$)

(2) L'에 있는 β의 내부에 α와 합동인 각을 만들면 정리 9.2.1(엇각 정리)에 의하여 L'과 다른 L의 평행선 L''이 존재한다.

(3) L과 L'이 평행이고 L과 L''이 평행이므로 (V)에 의하여 L'과 L''도 평행이어야 한다. 그러나 L'과 L''은 β의 꼭지점에서 만난다(모순).

(4) 따라서 L과 L'에 대한 횡단선의 엇각은 합동이다. □

증명 ((VI) 엇각 정리의 역 ⇒ (VII) ($L \parallel L', L \perp L'' \Rightarrow L' \perp L''$))

(1) L과 L'이 평행이고 L''와 L이 점 P에서 직교한다고 가정하자(그림 11.6 참조).

(2) P에서 L'으로 수선을 잡고 수선의 발을 Q라고 하면 L과 L'이 평행이므로 횡단선 $\overleftrightarrow{PQ}$에 의한 엇각이 직각이다. 따라서 L과 $\overleftrightarrow{PQ}$는 직교한다.

(3) L 위의 점 P에서 수직인 직선은 유일하므로 $\overleftrightarrow{PQ} = L''$이다.

(4) 그러므로 단계 (2)에 의하여 L''과 L'은 직교한다. □

증명 ((VII) ($L \parallel L', L \perp L'' \Rightarrow L' \perp L''$) ⇒ (I) (삼각형의 결손 $= 0$))

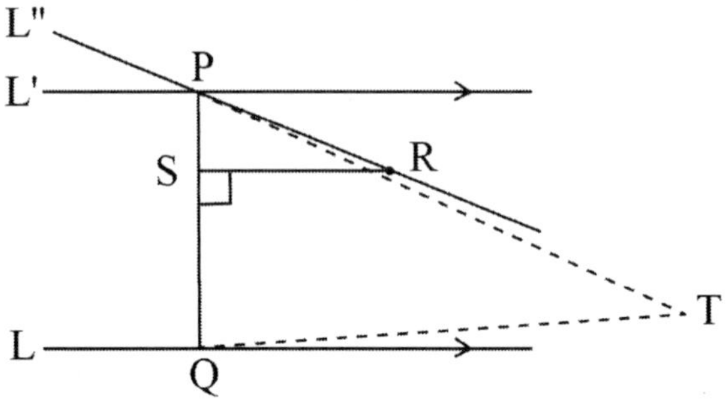

그림 11.8: Wallis의 닮음 삼각형공리 ⇒ Playfair의 평행선공리

(1) 두 직선 L과 L'이 평행이고 L 위의 두 점 P, Q를 지나는 L의 수선을 각각 L_1과 L_2라고 하자(그림 11.7 참조).

(2) (VII)에 의하여 L_1과 L_2는 L'과도 수직으로 만난다. 이때 만나는 점을 각각 P'과 Q'이라고 하자.

(3) 만약 $P' = Q'$이라면 삼각형 PQP'의 세 내각의 합이 π보다 크게 되므로 정리 10.1.3(Saccheri-Legendre 정리)에 의하여 $P' \neq Q'$이다.

(4) 그러므로 사변형 $PP'Q'Q$는 직사각형이다.

(5) 정리 10.2.4에 의하여 직사각형의 존재는 (I)과 동치이다. □

문제 11.1.1. 다음 명제가 Playfair의 평행선공리와 동치임을 보이시오.

> L과 L'이 평행이고 T_1가 L과 직교하고 T_2가 L'과 직교하면 $T_1 = T_2$이거나 T_1과 T_2는 평행하다.

정리 11.1.3. Playfair의 평행선공리와 다음의 Wallis의 닮음 삼각형공리는 동치이다.

> (Wallis의 닮음 삼각형공리) 삼각형 PQR과 선분 $\overline{P'Q'}$과 직선 $\overleftrightarrow{P'Q'}$을 경계로 하는 반평면 $\mathbb{H}$에 대하여 $R' \in \mathbb{H}$이고 삼각형 PQR과 닮음 삼각형인 삼각형 $P'Q'R'$이 존재한다.

증명 (Wallis의 닮음 삼각형공리 ⇒ Playfair의 평행선공리)

(1) 직선 L과 L 위에 있지 않은 점 P에 대하여 P에서 직선 L로 수선을 내리고 그 수선의 발을 Q라고 하자(그림 11.8 참조).

(2) 직선 $\overleftrightarrow{PQ}$ 위의 점 P에서 직선 $\overleftrightarrow{PQ}$와 수직인 직선을 L'이라고 하면 정리 9.2.1(엇각 정리)에 의하여 L과 L'은 평행하다.

(3) 점 P를 지나고 L'과 다른 직선을 L''라고 하자.

(4) $\angle QPR$이 예각인 점 R이 L'' 위에 존재한다.

(5) 점 R로부터 직선 $\overleftrightarrow{PQ}$에 수선을 내리고 그 수선의 발을 S라고 하자.

(6) 삼각형 PSR와 선분 $\overline{PQ}$에 대하여 Wallis의 닮음 삼각형공리를 적용하면 $R \sim_{\overleftrightarrow{PQ}} T$인 닮음 삼각형 PQT가 존재한다.

(7) 그러므로 $\angle PSR$과 $\angle PQT$는 합동이다. 따라서 $\angle PQT$는 직각이다.

(8) $\overleftrightarrow{PQ}$와 L이 직교하므로 T는 L 위의 점이 된다.

(9) $\angle RPQ \simeq \angle TPQ$이고 $R \sim_{\overleftrightarrow{PQ}} T$이므로 $\overrightarrow{PR} = \overrightarrow{PT}$이다. 즉, $T \in L''$이다.

(10) $L \cap L'' = \{T\}$이므로 L''는 L과 평행하지 않다.

(11) 따라서 L''는 L'과 다른 임의의 직선이므로 P를 지나고 L과 평행인 직선은 L'뿐으로 유일하다. □

증명 (Playfair의 평행선공리 ⇒ Wallis의 닮음 삼각형공리)

(1) 주어진 삼각형 PQR과 선분 $\overline{P'Q'}$과 직선 $\overleftrightarrow{P'Q'}$에 대한 반평면 $\mathbb{H}$에 대하여 합동공리 C-4에 의하여 $\angle QPR \simeq \angle Q'P'S$이 되는 반직선 $\overrightarrow{P'S}$이 $\mathbb{H}$에 존재한다.

(2) 마찬가지로 $\angle PQR \simeq \angle P'Q'T$이 되는 반직선 $\overrightarrow{Q'T}$가 $\mathbb{H}$에 존재한다.

(3) Saccheri-Legendre 정리에 의하여

$$\angle Q'P'S + \angle P'Q'T \simeq \angle QPR + \angle PQR < \pi$$

이다.

(4) Playfair의 평행선공리와 동치인 Euclid의 평행선공리에 의하여 $\overrightarrow{P'S} \cap \overrightarrow{Q'T} = \{R'\}$인 R'이 $\mathbb{H}$에 존재한다.

(5) 정리 11.1.2에 의하여 Playfair의 평행선공리와 모든 삼각형의 세 내각의 합

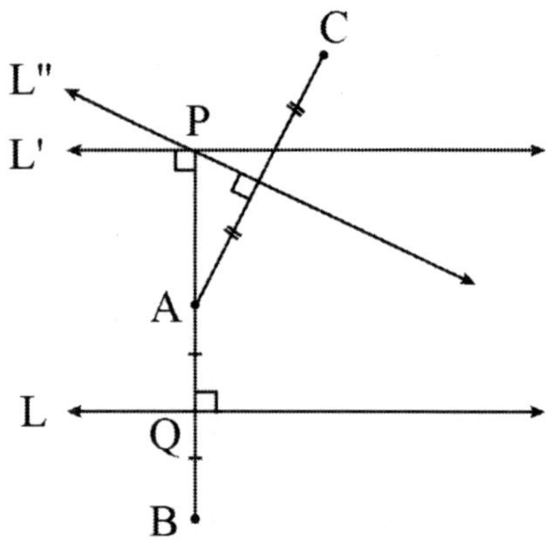

그림 11.9: Bolyai의 외접원 공리 ⇒ Playfair의 평행선공리

이 π라는 것이 동치이므로

$$\begin{aligned}\angle PRQ &\simeq \pi - (\angle QPR + \angle PQR) \\ &\simeq \pi - (\angle Q'P'R' + \angle P'Q'R') \simeq \angle P'R'Q'\end{aligned}$$

이다.

(6) 그러므로 삼각형 PQR과 삼각형 $P'Q'R'$의 세 내각이 각각 합동이므로 두 삼각형은 닮음 삼각형이다. □

정리 11.1.4. Playfair의 평행선공리와 다음의 Bolyai의 외접원 공리는 동치이다.

> (Bolyai의 외접원 공리) 한 직선 위에 있지 않은 세 점 P, Q, R에 대하여 세 점을 모두 지나는 원(외접원)이 존재한다.

증명 (Bolyai의 외접원 공리 ⇒ Playfair의 평행선공리) (1) 주어진 직선 L과 점 $P \notin L$에 대하여 P로부터 L로 수선을 내리고 그 수선의 발을 Q라고 하자(그림 11.9 참조).

(2) 점 P에서 직선 $\overleftrightarrow{PQ}$의 수선 L'을 잡으면 L과 L'은 평행이다.

(3) P를 지나는 L'이 아닌 직선을 L''라고 놓자.

(4) 직선 $\overleftrightarrow{PQ}$ 위에 $P * A * Q$인 점 A를 잡는다.

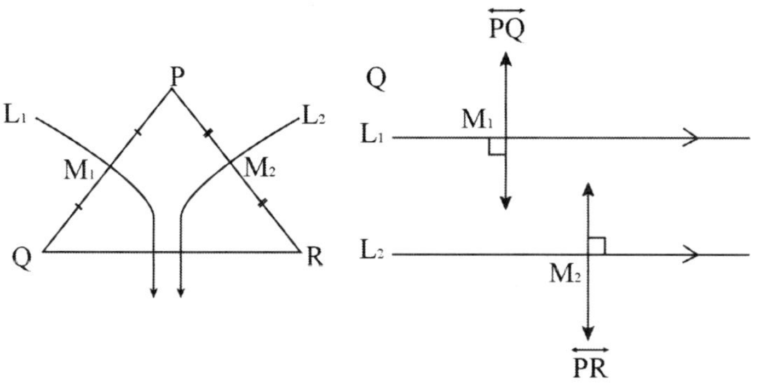

그림 11.10: Playfair의 평행선공리 ⇒ Bolyai의 외접원 공리

(5) $A * Q * B$이고 $\overline{AQ} \simeq \overline{QB}$인 점 B를 잡는다.

(6) 직선 L''에 대한 대칭이동 $R_{L''}$은 점 A를 점 C로 보낸다. 즉, L''은 선분 $\overline{AC}$의 수직이등분선이다.

(7) 만약 A, B, C가 한 직선 위의 점이라면 $C \in \overleftrightarrow{AB} = \overleftrightarrow{PQ}$이므로 $\overline{AC}$의 이등분점이 $\overleftrightarrow{PQ}$와 L''에 속하므로 점 P이어야 한다.

(8) $\overline{AC}$의 수직이등분선 L''은 점 P에서의 $\overleftrightarrow{PQ}$의 수직선이므로 $L'' = L'$이다 (모순).

(9) 따라서 점 A, B, C는 한 직선 위의 점이 아니므로 이 세 점을 지나는 유일한 원 Γ가 존재한다.

(10) 한편 선분 $\overline{ST}$의 수직이등분선은 집합 $\{X \mid \overline{SX} \simeq \overline{XT}\}$와 같다.

(11) 원 Γ의 중심 O는 $\overline{AO} = \overline{BO} = \overline{CO}$이므로 $\overline{AB}$의 수직이등분선 L과 $\overline{AC}$의 수직이등분선 L''은 O를 지난다.

(12) 그러므로 L''은 L'이 아닌 임의의 직선이므로 P를 지나고 L과 평행인 직선은 유일하게 L'뿐이다. □

증명 (Playfair의 평행선공리 ⇒ Bolyai의 외접원 공리)

(1) 한 직선 위에 있지 않은 세 점 P, Q, R에 대하여 $\overline{PQ}$의 수직이등분선 L_1과 $\overline{PR}$의 수직이등분선 L_2를 생각하자($\overline{PQ} \cap L_1 = M_1, \overline{PR} \cap L_2 = M_2$).

(2) (귀류법 가정) L_1과 L_2가 평행이라 하자(그림 11.10 참조).

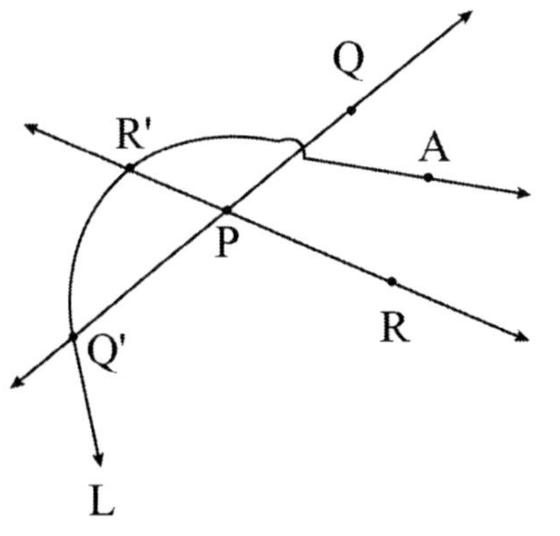

그림 11.11: Playfair의 평행선공리 ⇒ Legendre의 평행선공리

(3) $\overleftrightarrow{PQ} \perp L_1$이고 $\overleftrightarrow{PR} \perp L_2$이므로 연습문제 11.1.1에서 다룬 Playfair의 평행선공리의 동치인 명제에 의하여 $\overleftrightarrow{PQ} = \overleftrightarrow{PR}$이거나 $\overleftrightarrow{PQ}$와 $\overleftrightarrow{PR}$이 평행이어야 한다 (모순).

(4) 그러므로 L_1과 L_2는 평행이 아니다. $L_1 \cap L_2 = \{O\}$라면 $\overline{PO} \simeq \overline{QO}$이고 $\overline{PO} \simeq \overline{RO}$이므로 O는 세 점을 지나는 원의 중심이 되고 반지름도 결정되어 삼각형 PQR의 유일한 외접원이 존재한다. □

정리 11.1.5. Playfair의 평행선공리와 다음의 Legendre의 평행선공리는 동치이다.

> (Legendre의 평행선공리) $\angle QPR$의 내부의 점 A에 대하여 A를 포함하는 직선 L은 각의 변 $\overrightarrow{PQ}$와 만나거나 $\overrightarrow{PR}$과 만난다.

증명 (Playfair의 평행선공리 ⇒ Legendre의 평행선공리)

(1) (귀류법 가정) $\overrightarrow{PQ} \cap L = \varnothing$이고 $\overrightarrow{PR} \cap L = \varnothing$라고 가정하자(그림 11.11 참조).

(2) $\overrightarrow{PQ}$의 반대 방향의 반직선과 L이 Q'에서 만난다고 하자. 즉 $Q * P * Q'$이다.

(3) $Q \sim_{\overleftrightarrow{PR}} A, Q \nsim_{\overleftrightarrow{PR}} Q'$이므로 $A \nsim_{\overleftrightarrow{PR}} Q'$이다. 즉, $\overline{AQ'} \cap \overleftrightarrow{PR} = \{R'\}$인 R'이 존재한다.

(4) $A * R' * Q'$이므로 $A \sim_{\overleftrightarrow{PQ'}} R'$이다.

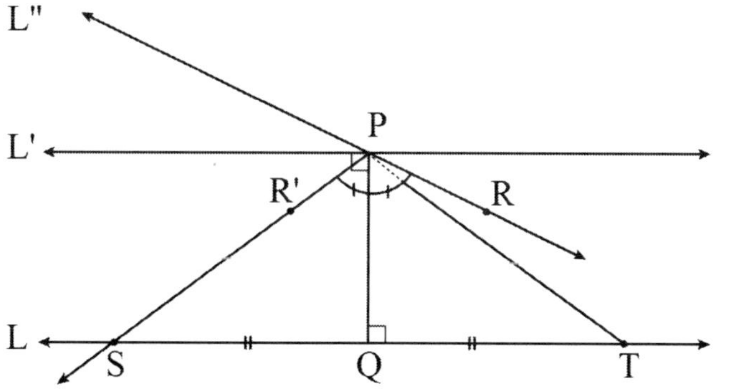

그림 11.12: Legendre의 평행선공리 ⇒ Playfair의 평행선공리

(5) $R' \in \overleftrightarrow{PR} \cap L$이고 $\overrightarrow{PR} \cap L = \varnothing$이므로 $R * P * R'$이고 $R \not\sim_{\overleftrightarrow{PQ}} R'$이다.

(6) 단계 (4)와 (5)에 의하여 $A \not\sim_{\overleftrightarrow{PQ}} R$이다. 그런데 점 A가 $\angle QPR$의 내부의 점이므로 $A \sim_{\overleftrightarrow{PQ}} R$이어서 모순이다.

(7) 따라서 $\overleftrightarrow{PQ} \cap L = \varnothing$이다. 마찬가지로 $\overleftrightarrow{PR} \cap L = \varnothing$이다.

(8) 따라서 P를 지나고 L과 평행인 직선이 두 개 $\overleftrightarrow{PQ}$와 $\overleftrightarrow{PR}$이 존재하므로 Playfair의 평행선공리에 모순이다.

(9) 그러므로 점 A를 지나는 임의의 직선 L은 각의 변 중 어느 한 변과 만난다. □

증명 (Legendre의 평행선공리 ⇒ Playfair의 평행선공리)

(1) 주어진 직선 L과 점 $P \notin L$에 대하여 P로부터 L에 수선을 내리고 그 수선의 발을 Q라고 하자(그림 11.12 참조).

(2) 점 P에서 직선 $\overleftrightarrow{PQ}$의 수선 L'을 잡으면 L과 L'은 평행이다.

(3) 점 P를 지나고 L'과 다른 임의의 직선을 L''라고 하자.

(4) $\angle QPR$이 예각인 점 R이 L'' 위에 존재한다.

(5) 합동공리 B-4에 의하여 $\angle QPR \simeq \angle QPR'$이고 $R \not\sim_{\overleftrightarrow{PQ}} R'$인 점 R'이 존재한다.

(6) 이때 $\overline{RR'} \cap \overleftrightarrow{PQ} = \{A\}$라고 하면 점 A는 $\angle RPR'$의 내부에 있다.

(7) $\angle QPR$과 $\angle QPR'$이 예각이므로 $Q \sim_{L'} R$이고 $Q \sim_{L'} R'$이다. 즉, $R \sim_{L'} R'$이고 따라서 $R \sim_{L'} A$이다.

(8) 단계 (7)에 의하여 $Q \sim_{L'} A$이므로 $Q \in \overrightarrow{PA}$이고 점 Q는 $\angle RPR'$의 내부에 있다.

(9) 점 Q는 $\angle RPR'$의 내부에 있으므로 Legendre의 평행선공리에 의하여 Q을 지나는 직선 L은 $\angle RPR'$의 변 $\overrightarrow{PR}$이나 $\overrightarrow{PR'}$과 만난다.

(10) 만약 직선 L이 $\overrightarrow{PR'}$과 점 S에서 만난다고 하자.

(11) 합동공리 B-1에 의하여 $\overline{QS} \simeq \overline{QT}$이고 $S \not\sim_{\overleftrightarrow{PQ}} T$인 T가 L 위에 존재한다. 이때 $S \sim_{\overleftrightarrow{PQ}} R'$이고 $R' \not\sim_{\overleftrightarrow{PQ}} R$이므로 $R \sim_{\overleftrightarrow{PQ}} T$이다.

(12) SAS 합동공리 C-6에 의하여 $\triangle QPS \simeq \triangle QPT$이므로 $\angle QPS \simeq \angle QPT$이다.

(13) 단계 (5)에 의하여 $\angle QPR \simeq \angle QPT$이고 $R \sim_{\overleftrightarrow{PQ}} T$이므로 합동공리 B-4의 유일성에 의하여 $\overrightarrow{PR} = \overrightarrow{PT}$이다. 즉, $T \in \overrightarrow{PR}$이다.

(14) 그러므로 L''는 L과 점 T에서 만난다.

(15) 따라서 점 P를 지나는 L의 평행선은 L'뿐이다. □

두 집합 S와 S' 사이의 거리 $d(S, S')$를

$$d(S, S') = \inf\{d(P, P') \mid P \in S, P' \in S'\}$$

로 정의한다. 예를 들면 $d(P, L') = \inf\{d(P, P') \mid P' \in L'\}$이다. 특별히 $d(P, L') = d(Q, L')$이라면 점 P와 Q는 L'으로부터 등거리라고 한다.

문제 11.1.2. P로부터 L'에 수선을 내렸을 때 수선의 발을 P'이라고 하면 $d(P, L') = d(P, P')$임을 보이시오.

정의 11.1.1. 직선 L과 L'에 대하여 L의 임의의 두 점 P와 Q가 L'으로부터 등거리라면 L과 L'이 등거리라고 한다.

정리 11.1.6. Playfair의 평행선공리는 다음의 Posidonius의 등거리공리와 동치이다.

> (Posidonius의 등거리공리) 평행한 두 직선은 등거리이다.

증명 (Playfair의 평행선공리 ⇒ Posidonius의 등거리공리)

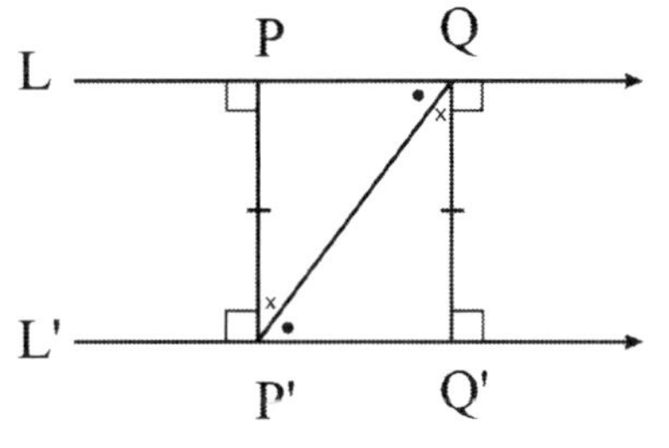

그림 11.13: Playfair의 평행선공리 ⇒ Posidonius의 등거리공리

(1) L과 L'이 평행이라고 하고 L의 임의의 두 점 P와 Q로부터 L'에 수선을 내렸을 때 그 수선의 발을 각각 P', Q'이라고 하자(그림 11.13 참조).

(2) $\overleftrightarrow{PP'}$과 $\overleftrightarrow{QQ'}$이 각각 L'과 수직으로 만나므로 정리 9.2.1(엇각 정리)에 의하여 $\overleftrightarrow{PP'}$과 $\overleftrightarrow{QQ'}$은 평행이다.

(3) L과 L'이 평행이고 $\overleftrightarrow{PP'}$과 $\overleftrightarrow{QQ'}$도 평행이므로 정리 11.1.2(Playfair의 평행선공리와 동치인 엇각 정리의 역)에 의하여

$$\angle PQP' \simeq \angle QP'Q', \quad \angle PP'Q \simeq \angle P'QQ'$$

이다.

(4) 정리 6.1.4(ASA 합동정리)에 의하여 $\triangle PP'Q' \simeq \triangle Q'QP'$이고 $\overline{PP'} \simeq \overline{Q'Q}$이다.

(5) P와 Q는 임의의 점이므로 L과 L'은 등거리이다. □

증명 (Posidonius의 등거리공리 ⇒ Playfair의 평행선공리)

(1) 평행인 두 직선 L과 L'이 등거리이므로 L의 임의의 세 점 P, Q, R에서 L'에 수선을 내리고 각각의 수선의 발을 P', Q', R'이라고 하면 $\overline{PP'} \simeq \overline{QQ'} \simeq \overline{RR'}$이다 (그림 11.14 참조).

(2) 사변형 $PP'Q'Q$와 사변형 $QQ'R'R$과 사변형 $PP'R'R$은 Saccheri 사변형이므로 각 사변형의 윗각이 합동이다. 따라서

$$\angle P'PQ \simeq \angle Q'QP, \ \angle Q'QR \simeq \angle R'RQ, \ \angle P'PQ \simeq \angle R'RQ$$

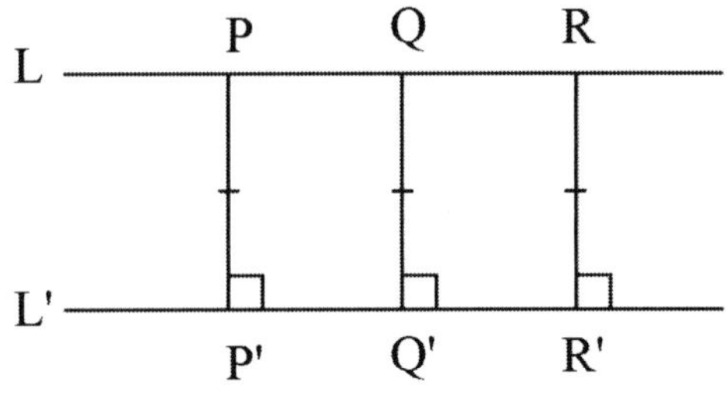

그림 11.14: Posidonius의 등거리공리 ⇒ Playfair의 평행선공리

이다.

(3) $\angle Q'QP \simeq \angle Q'QR$이고 두 각은 서로 보각관계이므로 직각의 정의에 의하여 두 각은 직각이고 이 두 각과 합동인 $\angle P'PQ \simeq \angle R'RQ$도 직각이다.

(4) 세 개의 Saccheri 사변형은 모두 직사각형이다.

(5) 정리 10.2.4와 정리 11.1.2에 의하여 직사각형의 존재성과 Playfair의 공리와 동치이므로 Playfair의 공리가 증명되었다. □

주 . 정리 11.1.6의 증명과정에서 우리는 다음과 같은 결과를 얻었다. 중립기하학에서 L과 L'이 평행이고 L 위의 세 점에서 L'과 등거리이면 직사각형이 존재하고 Euclid의 평행선공리를 만족하는 것을 증명하였다. 따라서 Euclid의 평행선공리를 부정한 중립기하학(쌍곡기하학)에서는 평행인 두 직선 L과 L'에 대하여 L'으로부터 등거리인 L 위의 점은 많아야 두 개이어야 한다. 실제로 등거리인 점이 아예 없거나 두 점이 존재하는 두 경우로 나뉜다.

11.2 쌍곡공리

Euclid의 평행선공리를 부정한 명제를 쌍곡공리(hyperbolic axiom)라고 하고 중립기하학에 쌍곡공리를 채택한 기하를 쌍곡기하학(hyperbolic geometry)라고 한다. 쌍곡공리는 논리적으로 Euclid의 평행선공리와 동치인 Playfair의 평행선공리를 부정하는 것과 같다. Playfair의 공리를 부정하면 '특별한 직선 L_0와 L_0 위에 있지 않은 특별한 점 P_0가 존재하여 P_0를 지나고 L_0와 평행인 직선이 없거나 두 개 이상 존재한다'가 되지만 정리 9.2.1(엇각 정리)에 의하여 이런 평행선은 항상 존재한다. 따라서 Euclid의 평행선공리를 부정한 명제는 다음 쌍곡공리와 동치이다.

(쌍곡공리, hyperbolic axiom) 어떤 직선 L_0와 L_0 위에 있지 않은 어떤 점 P_0가 존재하여 P_0를 지나고 L_0와 평행인 직선이 두 개 이상 존재한다.

쌍곡공리는 특별한 직선과 점에 대하여 평행선이 유일하지 않다고 하는데 이럴 경우 다른 직선과 그 직선 위에 있지 않은 다른 점에 대해서도 마찬가지로 평행선이 두 개 이상 존재할까? 이 문제를 해결하기 위하여 우선 쌍곡공리와 동치인 명제들이 어떤 것들이 있는지 살펴보자. 앞에서 다룬 Euclid의 평행선공리와 동치인 명제들의 부정들이 쌍곡공리와 동치인 명제가 된다($p \Leftrightarrow q \equiv \sim p \Leftrightarrow \sim q$).

다음 명제들은 동치이다. (I) 쌍곡공리 (II) 모든 삼각형의 세 내각의 합이 π보다 작다 (III) 세 내각의 합이 π보다 작은 삼각형이 존재한다. (IV) 삼각형의 세 내각의 합이 상수가 아니다. (V) 직사각형이 존재하지 않는다. (VI) 등거리가 아닌 평행선이 존재한다. (VII) 닮음 삼각형이 존재하지 않는다. (VIII) 외접원이 없는 삼각형이 존재한다.

이제 쌍곡기하학에서 직사각형이 존재하지 않는다는 사실를 이용하여 다음을 증명하자.

정리 11.2.1. (보편 쌍곡정리, universal hyperbolic theorem) 쌍곡기하학에서 주어진 직선 L과 L 위에 있지 않은 점 P에 대하여 P를 지나고 L과 평행한 직선이 두 개 이상 존재한다.

증명 (1) 직선 L과 L 위에 있지 않은 점 P에 대하여 P로부터 L에 수선을 내리고 수선의 발을 Q라고 하자. 그리고 P에서 직선 $\overleftrightarrow{PQ}$의 수선 L'을 잡는다(그림 11.15 참조).

(2) Q와 다른 L 위의 점 R을 잡고 R에서 L의 수선 L''을 잡는다.

(3) 점 P에서 L''로 수선을 내리고 수선의 발을 S라고 하자.

(4) 정리 9.2.1(엇각 정리)에 의하여 $\overleftrightarrow{PS}$와 L은 평행이다.

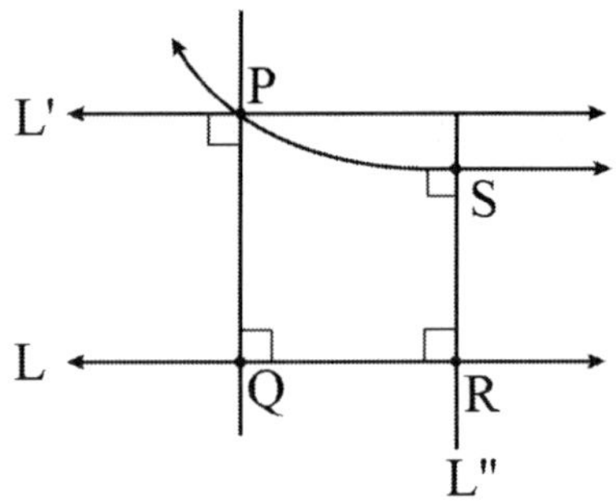

그림 11.15: 정리 11.2.1(쌍곡공리 ⇒ 보편 쌍곡정리)

(5) 만약 L'과 직선 $\overleftrightarrow{PS}$가 같다면 $S \in L'$이므로 $\angle QPS = \pi/2$이다. 그러므로 직사각형 $PQRS$가 존재한다(모순).

(6) 따라서 두 직선 L'과 $\overleftrightarrow{PS}$는 P를 지나고 L과 평행이다. □

문제 11.2.1. 논리율에서 다루는 조건문의 부정을 상기하여 Euclid의 평행선공리의 부정을 서술하고 쌍곡기하학에서 이 부정 명제가 성립함을 직접 증명하시오.

11.3 쌍곡기하학에서의 평행선과 평행각

쌍곡기하학에서의 평행선은 두 종류가 있다. 등거리인 점이 두 개인 경우와 없는 경우로 나뉜다. 이제 등거리인 점이 두 개인 경우에는 공통수선이 존재하고 두 직선 사이의 거리가 공통수선의 길이가 되고, 등거리인 점이 없는 경우에는 두 점 사이의 거리가 0이 됨을 보인다.

정리 11.3.1. 쌍곡기하학에서 평행선 L과 L'에 대하여 $d(P, L') = d(Q, L')$인 L 위의 점 P와 Q가 존재한다면 L과 L'의 공통수선이 존재하고 두 직선 사이의 거리가 공통수선의 길이와 같다.

증명 (1) L 위의 점 P와 Q로부터 L'으로 수선을 내리고 수선의 발을 각각 P'과 Q'이라고 하면 가정에 의하여 $d(P, P') = d(Q, Q')$이다(그림 11.16 참조).

(2) 선분 $\overline{PQ}$와 $\overline{P'Q'}$의 중점을 각각 M과 M'이라고 하자. SAS 합동공리 C-6에 의하여 삼각형 $PP'M'$과 삼각형 $QQ'M'$은 합동이다. 그리고 대응변은 $\overline{PM'} \simeq \overline{QM'}$이다.

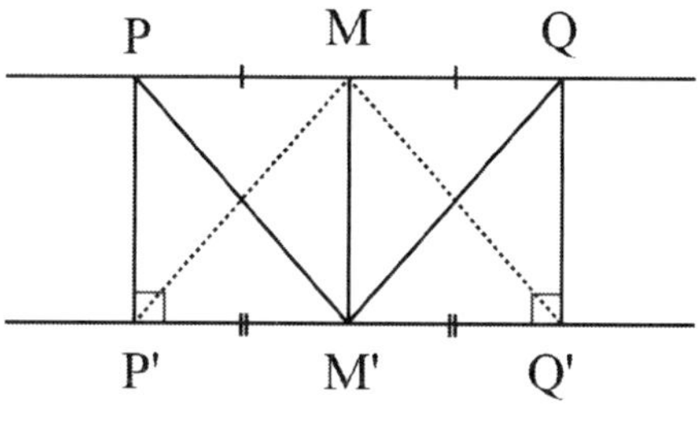

그림 11.16: 정리 11.3.1(공통수선의 존재성)

(3) 정리 9.1.9(SSS 합동정리)에 의하여 삼각형 PMM'과 삼각형 QMM'은 합동이다. 그리고 대응각은 $\angle PMM' \simeq \angle QMM'$이다.

(4) $\angle PMM'$과 $\angle QMM'$은 보각이면서 합동이므로 직각이다.

(5) Saccheri 사변형 $PP'Q'Q$의 윗각 $\angle P$와 $\angle Q$가 합동이므로 SAS 합동공리에 의하여 $\triangle PP'M \simeq \triangle QQ'M$이다. 즉, $\overline{P'M} \simeq Q'M$이다.

(6) 정리 9.1.9(SSS 합동정리)에 의하여 $\triangle P'M'M \simeq \triangle Q'M'M$이다. $\angle P'M'M \simeq \angle Q'M'M$이고 보각관계이므로 직각이다.

(7) 단계 (4)과 (6)에 의하여 $\overline{MM'}$은 L과 L'의 공통수선이다.

(8) L의 임의의 점 $R \neq M$에 대하여 R로부터 L'에 내린 수선의 발을 R'으로 하면 사변형 $RR'M'M$은 Lambert 사변형이 되고 네 번째 각 $\angle MRR'$은 예각이다. 따라서 $\overline{RR'} > \overline{MM'}$이다.

(9) 마찬가지로 L'의 임의의 점 S'에 대하여 S'으로부터 L에 내린 수선의 발을 S라고 하면 $\overline{SS'} > \overline{MM'}$이므로 $d(M, M') = d(L, L')$이다. □

문제 11.3.1. 다음 문제를 증명하여 단계 (8)과 (9)를 정당화하시오. (1) 사변형 $PP'Q'Q$의 밑각 $\angle P'$과 $\angle Q'$이 직각이라고 하자. $\overline{PP'} < \overline{QQ'}$일 필요충분조건이 $\angle P > \angle Q$이다(그림 11.17 참조).

(2) Lambert 사변형 $PP'Q'Q$에서 $\angle P', \angle Q', \angle Q$를 직각이라고 하자.

(a) $\angle P$가 예각이라면 $\overline{PP'} > \overline{QQ'}$이다.

(b) $\angle P$가 직각이라면 $\overline{PP'} = \overline{QQ'}$이다.

(c) $\angle P$가 둔각이 될 수 없다.

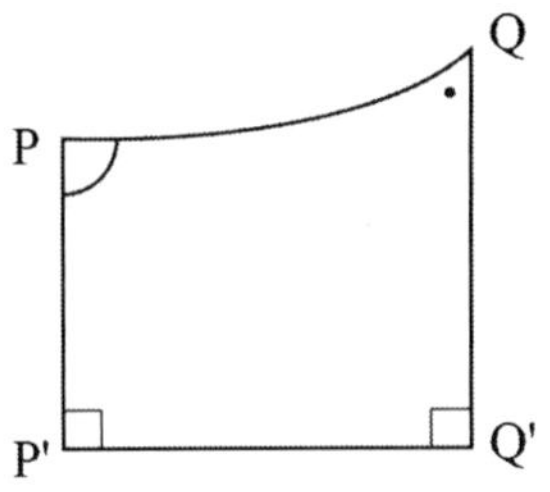

그림 11.17: 문제 11.3.1($\overline{PP'} < \overline{QQ'} \Leftrightarrow \angle P > \angle Q$)

(3) 두 직선 L과 L'이 공통수선 $\overline{MM'}$을 갖는다면

$$d(L, L') = \inf\{d(P, P') \mid P \in L, P' \in L'\} = d(M, M')$$

이다.

문제 11.3.2. 쌍곡기하학에서 두 평행선 L과 L'이 공통수선 $\overline{MM'}$을 갖고 $M \in L$일 때, L 위의 점 A가 점 M으로부터 점점 멀어지면 A와 L' 사이의 거리도 더 커진다. 즉, 직선 L 위의 점 P와 Q가 $M * P * Q$를 만족하면

$$d(P, L') < d(Q, L')$$

임을 보이시오.

정리 11.3.2. 직선 L 위에 있지 않은 점 P에서 L로 내린 수선의 발을 Q라고 하자. 이때 다음 세 조건을 만족하는 반직선 $\overrightarrow{PA}$와 $\overrightarrow{PB}$가 존재한다.

(I) $\overrightarrow{PA}$와 $\overrightarrow{PB}$는 L과 만나지 않는다.

(II) 반직선 $\overrightarrow{PC}$가 직선 L과 만날 필요충분조건은 $\overrightarrow{PC}$이 $\overrightarrow{PA}$와 $\overrightarrow{PB}$ 사이에 있는 것이다.

(III) $\angle QPA \simeq \angle QPB$이다.

증명 (1) 점 P에서 직선 $\overleftrightarrow{PQ}$로 수선을 내리고 이 수선 위에 점 $R(\neq P)$을 잡는다 (그림 11.18 참조).

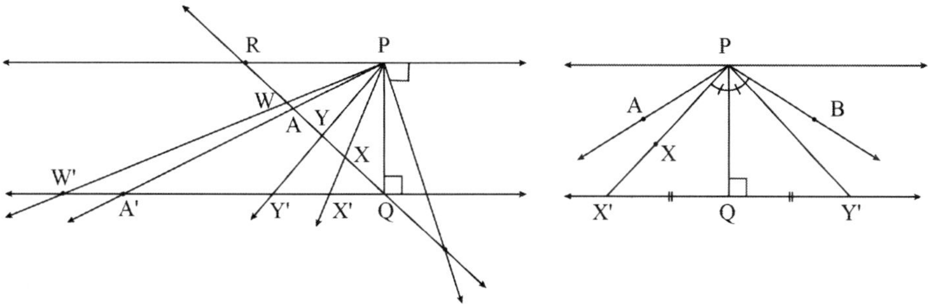

그림 11.18: 정리 11.3.2(평행각의 존재성)

(2) 직선 $\overleftrightarrow{QR}$의 두 부분집합 (Σ_1, Σ_2)을

$$\Sigma_1 = \left\{X \in \overleftrightarrow{QR} \mid \overrightarrow{PX} \cap L \neq \varnothing\right\}$$
$$\Sigma_2 = \overleftrightarrow{QR} \setminus \Sigma_1$$

로 정의했을 때 (Σ_1, Σ_2)가 $\overleftrightarrow{QR}$의 Dedekind 절단이 됨을 보이자.

(3) $Q \in \Sigma_1$이고 $R \in \Sigma_2$이므로 Σ_1과 Σ_2는 공집합이 아니다.

(4) $X, Y \in \Sigma_1$이면

$$\overrightarrow{PX} \cap L = \{X'\}, \quad \overrightarrow{PY} \cap L = \{Y'\}$$

인 X'과 Y'이 존재한다. $Z \in \overline{XY}$라면 Z는 $\angle XPY$의 내부에 있으므로 삼각형 $PX'Y'$에 대한 정리 4.3.3(횡선 정리)에 의하여 $\overrightarrow{PZ}$는 꼭지점 P의 대변 $\overline{X'Y'}$과 만난다. 즉, $Z \in \Sigma_1$이고 Σ_1은 볼록집합이다.

(5) $X \in \overleftrightarrow{QR}$인 점 X에 대하여 $P \not\sim_L X$라면 $\overline{PX} \cap L \neq \varnothing$이므로 $X \in \Sigma_1$이다. 이때 이것의 대우 명제인 $X \in \Sigma_2$이면 $P \sim_L X$도 참이다.

(6) (귀류법 가정) 만약 $X, Y \in \Sigma_2$ 이고 $X * Z * Y$이지만 $Z \in \Sigma_1$인 Z가 존재한다고 가정하자.

(7) 단계 (5)에 의하여 $P \sim_L X$이고 $P \sim_L Y$이므로 $X \sim_L Y$, 즉, $\overline{XY} \cap L = \varnothing$이다.

(8) $X \not\sim_{\overleftrightarrow{PZ}} Y$이므로 $X \sim_{\overleftrightarrow{PZ}} Q$이거나 $Y \sim_{\overleftrightarrow{PZ}} Q$이다. 일반성을 잃지 않고

$X \sim_{\overleftrightarrow{PZ}} Q$라고 가정하자. 이때 $Z \notin \overline{XQ}$이므로 순서공리 B-3(삼분법)에 의하여 $Q * X * Z$이거나 $X * Q * Z$이다.

(9) $Q * X * Z$라면 $Q, Z \in \Sigma_1$이므로 단계 (4)에 의하여 $X \in \Sigma_1$이다(모순). $X * Q * Z$라면 단계 (7)에 의하여 $\{Q\} = \overline{XZ} \cap L \subset \overline{XY} \cap L = \varnothing$이다(모순).

(10) 그러므로 Σ_2도 볼록집합이고 (Σ_1, Σ_2)이 $\overleftrightarrow{QR}$의 Dedekind 절단이다

(11) Dedekind의 공리에 의하여 $P_1 * A * P_2$가 성립할 필요충분조건은 $P_1 \in \Sigma_1, P_2 \in \Sigma_2, A \neq P_1, P_2$인 $A \in \overleftrightarrow{QR}$가 유일하게 존재하는 것이다.

(12) (귀류법 가정) 다음으로 $\overrightarrow{PA}$과 L이 만나지 않음을 증명하자. $\overrightarrow{PA} \cap L = \{A'\}$ 이라고 하자.

(13) $W' * A' * Q$ 인 $W' \in L$을 잡으면 $A' \sim_{\overleftrightarrow{QR}} W', A' \not\sim_{\overleftrightarrow{QR}} P$이므로 $P \not\sim W'$이다. 즉, $\overline{PW'} \cap \overleftrightarrow{QR} = \{W\}$인 $W \in \overleftrightarrow{QR}$에 존재하고 $\overrightarrow{PW} \cap L = \{W'\}$이므로 $W \in \Sigma_1$이다.

(14) 한편 점 $A' \in \overline{QW'}$은 각 $\angle QPW'$의 내부에 있고, 점 A도 이 각의 내부에 있다. 점 $A \in \overleftrightarrow{QW}$가 각 $\angle QPW$의 내부점일 필요충분조건은 $A \in \overline{QW}$이므로 $Q * A * W$이다.

(15) Dedekind의 공리에 의하여 $Q \in \Sigma_1$이므로 $W \in \Sigma_2$이다. 이는 단계 (13)에 위배된다. 따라서 $\overrightarrow{PA} \cap L = \varnothing$이다.

(16) 마찬가지로 직선 $\overleftrightarrow{PQ}$에 대하여 A의 반대 쪽에서 반직선 $\overrightarrow{PB}$를 얻을 수 있다.

(17) (귀류법 가정) 다음으로 $\angle QPA \simeq \angle QPB$를 보이기 위하여 $\angle QPA > \angle QPB$라고 가정하자.

(18) $\angle QPB \simeq \angle QPX$이고 $X \sim_{\overleftrightarrow{PQ}} B$를 만족하는 $\overrightarrow{PX}$가 $\overrightarrow{PQ}$와 $\overrightarrow{PA}$ 사이에 존재한다. 그러므로 $\overrightarrow{PX} \cap L = \{X'\}$인 X'이 존재한다.

(19) $\overline{QX'} \simeq \overline{QY'}$이고 $X' * Q * Y'$인 Y'을 잡으면 SAS 합동공리 C-6에 의하여 $\triangle PQX'$과 $\triangle PQY'$은 합동이고 두 대응각은 합동이다. 즉, $\angle QPX'$과 $\angle QPY'$이다.

(20) $\angle QPX' \simeq \angle QPB$이므로 $\angle QPB \simeq \angle QPY'$이다. $B \sim_{\overleftrightarrow{PQ}} Y'$이므로 합동공리 C-4의 유일성에 의하여 $\overrightarrow{PB} = \overrightarrow{PY'}$이다.

(21) $\overrightarrow{PB}$는 L과 교점이 없지만 $\overrightarrow{PY'}$은 Y'에서 L과 만난다(모순).

(22) 그러므로 $\angle QPA \simeq \angle QPB$이다. □

정의 11.3.1. 정리 11.3.2에서 구한 반직선 $\overrightarrow{PA}$와 $\overrightarrow{PB}$를 L의 극한평행반직선(lim-

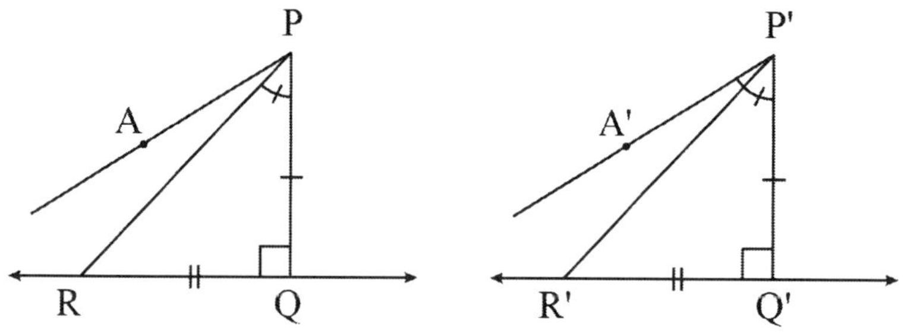

그림 11.19: 정리 11.3.3(평행각 $\Pi(d(\overline{PQ}))$

iting parallel ray)이라 하고 합동인 두 각 $\angle QPA$와 $\angle QPB$를 직선 L에 대한 점 P에서의 평행각(angle of parallelism)이라 한다.

§13.3에서 평행인 두 직선 L과 $\overleftrightarrow{PA}$ 사이의 거리는 $d(L, \overleftrightarrow{PA}) = 0$이 됨을 모형을 통하여 보일 것이다. 이런 이유로 L과 $\overleftrightarrow{PA}$를 점근평행선(asymptotic parallel)이라고 한다. 이 두 직선의 공통수선이 존재하지 않고 등거리인 점들도 없다.

문제 11.3.3. 쌍곡기하학에서 두 점근평행선 L과 L'에 대하여 두 평행선의 공통수선과 등거리인 점들이 없음을 $d(L, L') = 0$를 이용하여 보이시오.

한편 공통수선 $\overline{MM'}$을 가진 두 직선 L과 L'은 평행이고 등거리인 점이 두 개 존재하고 $d(L, L') = d(M, M') > 0$이다. 그리고 문제 11.3.2에 의하여 직선 L의 점 A가 점 M으로부터 양 쪽으로 멀어지면 A와 직선 L'과의 거리도 커지므로 이런 평행선을 발산평행선(divergent parallel) 또는 초평행선(ultraparallel)이라고 한다. 쌍곡기하학에는 이런 두 종류의 평행선만 존재한다.

다음 정리에서 직선 L에 대한 점 P에서의 평행각이 점 P와 직선 L 사이의 거리에 따라 결정됨을 보일 것이다.

정리 11.3.3. 직선 L, L'에 대한 점 P, P'의 평행각을 각각 $\angle QPA, \angle Q'P'A'$라 하자. 이때 $\overline{PQ} \simeq \overline{P'Q'}$이면 두 평행각이 합동이다.

증명 (1) (귀류법 가정) $\angle QPA \not\simeq \angle Q'P'A'$이라고 하자. 편의상 $\angle QPA > \angle Q'P'A'$이라고 가정하면 $\angle Q'P'A' \simeq \angle QPR$인 $\overrightarrow{PR}$이 $\overrightarrow{PQ}$와 $\overrightarrow{PA}$ 사이에 존재한다(그림 11.19 참조).

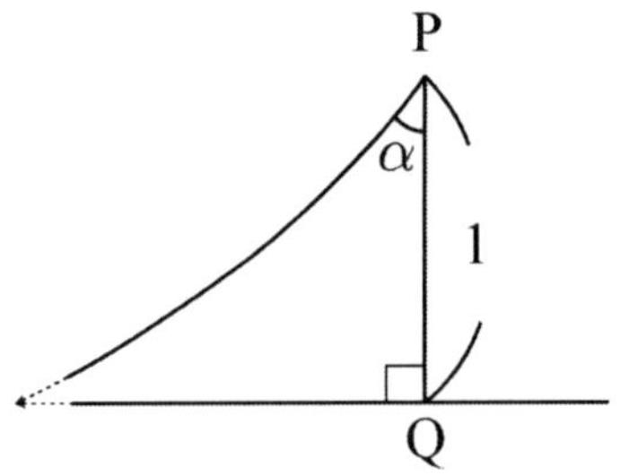

그림 11.20: 절대길이의 존재성

(2) $\overrightarrow{PA}$가 극한평행반직선이므로 정의에 의하여 $\overrightarrow{PR}$은 L과 만난다. 따라서 일반성을 잃지 않고 $R \in L$라고 하자.

(3) $\overline{QR} \simeq \overline{Q'R'}$이고 $R' \sim_{\overleftrightarrow{P'Q'}} A'$인 $R' \in L'$이 존재한다. SAS 합동공리 C-6에 의하여 $\triangle PQR \simeq \triangle P'Q'R'$이다.

(4) 대응각이 $\angle QPR \simeq \angle Q'P'R'$이고 $\angle QPR \simeq \angle Q'P'A'$이므로 $\angle Q'P'A' \simeq \angle Q'P'R'$이다.

(5) $A' \sim_{\overleftrightarrow{P'Q'}} R'$이므로 합동공리 C-4의 유일성에 의하여 $\overrightarrow{P'A'} = \overrightarrow{P'R'}$이다. $\overrightarrow{P'A'} \cap L' = \varnothing$이고 $\overrightarrow{P'R'} \cap L' = \{R'\}$이므로 모순이다.

(6) 따라서 평행각은 $\overline{PQ}$의 길이에 의하여 결정된다. □

이 정리에 의하여 평행각은 P로부터 L까지의 거리인 $d(P, L) = d(P, Q)$의 함수가 되므로 $\Pi(d(\overline{PQ}))$로 표기할 수 있다. Lobachevski와 Bolyai의 위대한 업적 중의 하나가 평행각과 거리의 관계를 나타내는 식

$$e^{-d/R} = \tan\frac{\Pi(d)}{2} \qquad (3.1)$$

를 구한 것이다. 이 식은 쌍곡기하학에서 중요한 역할을 한다. 여기서 R은 쌍곡기하학의 Gauss 곡률$(-1/R^2)$에 의하여 결정되는 상수이다. Gauss 곡률은 제 14장에서 다룬다.

우리는 관계식 (3.1)을 제 13장에서 모형을 이용하여 보일 것이다. $d = 1$을 만족하는 평행각 $\Pi(1)$을 α라고 하면 즉, $e^{-1/R} = \tan\alpha/2$이면 그림 11.20에서처럼 $\overline{PQ}$를 단위길이로 잡을 수 있다. 그러므로 쌍곡기하학에는 절대길이가 존재한다. Euclid 기하학에는 이와 비슷한 관계식이 존재하지 않는다.

제 12 장

쌍곡기하학

제 11장에서 중립기하학에 쌍곡공리를 첨가한 기하학을 쌍곡기하학이라고 하고 쌍곡공리와 합동인 명제들을 알아보았다. 그리고 쌍곡기하학에서는 두 종류의 평행선이 있고 그 중 두 평행선 사이의 거리가 0인 경우 평행각의 개념을 정의할 수 있었다.

이 장에서 쌍곡기하학의 모형인 Poincaré의 원판모형을 다룬다. §12.1에서 쌍곡기하학를 시작한 19세기 초반의 수학자들과 쌍곡기하학의 모형을 만들어 구체화시킨 19세기 후반의 수학자들을 살펴본다. §12.2에서 Riemann이 1854년 취임강연에서 발표한 Riemann 개량의 개념을 이용하여 이 모형 위에 두 점 사이의 거리를 준다. 각 점마다 그 점에서 시작하는 벡터들 사이에 내적을 주고 이로부터 곡선의 길이를 정의할 수 있다. 그리고 두 점 사이의 거리는 두 점을 잇는 곡선의 길이의 최소상계로 정의하고 이 거리를 가능하게 한 내적을 Riemann 계량(Riemannian metric)이라 한다.

그리고 이렇게 만들어진 거리를 보존하는 등장사상을 찾기 위하여 복소함수인 선형분수변환의 기본적인 성질들을 §12.3에서 공부한다. §12.4에서 원판에서 원판위로의 모든 선형분수변환이 Poincaré의 원판모형의 등장사상임을 증명한다.

12.1 쌍곡기하학의 시작

역사적으로 Euclid의 평행선공리를 다른 공리들로부터 증명하려고 하였는데 평행선공리를 부정하고 모순을 찾아 증명하는 귀류법에 의한 시도는 성공하지 못한 대신 자연스럽게 쌍곡기하학의 많은 결과들이 축적되었다. Wallis, Saccheri, Lambert,

Legendre 등이 모순을 찾으려고 노력한 대표적 수학자들이고 19세기 전반에 와서야 Gauss, Lobachevski(1793–1856), J. Bolyai(1802–1860)에 의하여 Euclid의 평행선공리를 부정하더라도 모순이 없는 새로운 기하학을 만들 수 있다는 생각을 하게 되었다.

1826년 러시아의 Lobachevski는 Euclid의 평행선공리를 대신하여 쌍곡공리를 채택하여도 모순이 없는 기하학이 성립한다고 최초로 강연을 하고 1829년 러시아어로 《기하의 원리(A concise outline of the foundations of geometry)》를 발표하였다. 그리고 1823년 헝가리의 21세 청년 Janos Bolyai도 수학자인 그의 아버지 Farkas Bolyai(1775–1856)와의 편지 속에서 '나는 무에서 새로운 세계를 창조했다'고 말하며 비 Euclid 기하학의 발견을 알렸다. 그의 논문 《절대공간의 과학(The science absolute of space)》은 1832년 아버지가 쓴 책의 부록으로 발표되었다. Bolyai는 중립기하학을 절대기하학(absolute geometry)이라고 하고 이 공간에서 매개변수 k에 따라 Euclid 기하학과 쌍곡기하학이 된다고 논문에서 보였다.

Gauss는 철학적 논쟁에 휘말리는 것을 두려워하여 비 Euclid 기하학에 대한 논문을 발표하지는 않았지만 1792년부터 비 Euclid 기하학을 연구하였다는 증거가 있다. Gauss가 1817년에 Olbers(1758–1840)에게 보낸 편지와 1824년에 Taurinus(1794–1874)에게 보낸 편지에서 비 Euclid 기하학의 주요 결과들을 언급하고 있다. 1855년 Gauss가 죽고 난 후에 편지, 일기 등을 통해 Gauss가 얻은 많은 결과들이 알려지면서 Beltrami(1835–1900), Klein(1849–1925), Poincaré(1854–1912), Riemann(1826–1866) 등 많은 수학자들이 비 Euclid 기하학에 관심을 갖고 연구를 시작하게 되었다.

Lobachevski와 Bolyai가 쌍곡기하학이 모순이 없는 새로운 기하학이라고 확신할 수 있었던 것은 이 기하학에서 유도한 삼각법이 구면기하학에서의 삼각법과 놀랄만큼 유사성이 있었다는 점이다. 이탈리아 수학자 Beltrami는 최초로 쌍곡기하학이 Euclid 기하학만큼 정당한 기하학임을 증명하였다.

Beltrami는 1868년 《비유클리드 기하학의 해석에 대한 에세이(Essay on an interpretation of non-Euclidean geometry)》에서 의구면 위에서의 직선(측지선)을 정의하여 쌍곡기하학의 모형을 제시하였다. Minding(1806–1885)이 1840년에 의구면(pseudosphere)에서 구면 삼각법과 유사한 삼각법과 측지 삼각형에 대하여 이미 발표하였지만 Beltrami는 의구면이 쌍곡기하학의 모형이 됨을 보였다. 견인선을 회전한 곡면인 의구면은 Euclid 공간 $\mathbb{R}^3$에 있는 모형이므로 Euclid 기하학이 모순이 없다면 쌍곡기하학도 모순이 없다고 하였다. 그러나 이 논문의 문제점은 의구면은 한 쪽이 유계인 반면 쌍곡평면기하학은 어느 방향으로든 연장되어진다는 것이다. 즉, 의구면의 기하학은 쌍곡평면기하학의 일부분이다.

이런 문제점을 해소하려고 Beltrami는 쌍곡기하학을 Euclid 평면 $\mathbb{R}^2$ 위로 직선의 모양이나 길이, 각 등을 왜곡하여 집어 넣는 세 가지 방법을 고안했다. 같은 해에 $\mathbb{R}^2$의 원판 모형, 상반평면 모형, Beltrami-Klein 모형에 대한 논문 《상수 곡률을 가지는 공간의 기본 이론(Fundamental theory of spaces of constant curvature)》을 발표하였다. 앞의 두 모형은 1915년 Poincaré가 재발견함으로써 Poincaré 모형으로 더 널리 알려져있고 1871년에 Klein이 쌍곡평면을 사영기하학의 입장에서 재해석하여 Beltrami-Klein 모형으로 불리어진다. Beltrami는 고차원의 모형까지 포함하였으므로 쌍곡평면인 경우에 Beltrami-Klein 모형으로보다는 Klein 모형으로 불려진다. 1901년 Hilbert는 Euclid 공간 안에 쌍곡평면기하학의 전체를 등장적으로 포함하는 곡면(모형)은 존재하지 않는다고 증명하였다.

Beltrami가 Euclid 기하학의 모형 $\mathbb{R}^2$ 속에 쌍곡기하학의 모형을 만들었다는 것은 상대적 무모순성에 의하여 Euclid 기하학이 모순이 없다면 쌍곡기하학도 모순이 없다는 것을 의미한다. 그리고 Euclid의 평행선공리가 다른 공리들로부터 증명될 수가 없다는 결론도 가능하게 되었다. 이로써 Beltrami는 Euclid 기하학에 대한 쌍곡기하학의 상대적 무모순성을 최초로 증명한 수학자가 되었다. 그리고 쌍곡기하학의 모형 속에서 Euclid 기하학의 모형을 만들 수 있음도 알려진다. 결국 Euclid 기하학와 쌍곡기하학의 무모순성이 증명되지는 않았지만 어느 하나가 무모순이라면 다른 하나도 무모순이라는 상대적 무모순성(equiconsistency)만 증명되었다. 그러므로 Kant가 말한 선험적 지식으로 2000년 이상 절대적 위치를 차지하고 있던 Euclid 기하학은 다양한 기하학 중의 하나일 뿐으로 쌍곡기하학과 대등하게 되었다.

12.2 Poincaré 원판모형 $(\mathbb{D}^2, d_{\mathbb{D}^2})$의 거리

Poincaré는 쌍곡평면기하학의 모형으로서 원판모형을 제안하였다. 우선 원판 $\mathbb{D}^2 = \{P \in \mathbb{R}^2 \mid |P| < 1\}$ 위의 두 점 P, Q 사이의 거리 $d_{\mathbb{D}^2}(P, Q)$를 정의하기 위하여 $\mathbb{R}^2$에서 거리가 어떻게 정의되었는지 살펴보자.

제 7장에서 $\mathbb{R}^2$의 두 점 P, Q 사이의 거리 $d(P, Q)$를 선분 $\overline{PQ}$의 길이로 정의하였다. 한편, 선분 $\overline{PQ}$은 두 점 P, Q를 연결하는 곡선 중 곡선의 길이가 가장 짧은 곡선이라는 특징을 갖고 있다. $\mathbb{R}^2$의 곡선 $\alpha(t)$, $(a \leq t \leq b)$의 길이 $L(\alpha)$는 속력의 적

분 $\int_a^b |\alpha'(t)|dt$으로 정의할 수 있다. 그러므로 $\mathbb{R}^2$의 두 점 P, Q 사이의 거리 $d(P, Q)$는 곡선의 길이에 의하여 결정되고 곡선의 길이는 각 점에서 그 점을 시점으로 갖는 모든 벡터의 노옴에 의하여 주어진다. 이 방법대로 $\mathbb{D}^2$에서의 거리를 정의하자.

정의 12.2.1. (I) $\mathbb{D}^2$ 위의 임의의 점 P에서의 벡터 v_P의 길이 $\|v_P\|$를

$$\|v_P\| = \frac{2}{1 - |P|^2}|v|$$

로 정의하고 이 길이 $\|\cdot\|$ 또는 $\|\cdot\|_P$를 $\mathbb{D}^2$에서의 Poincaré 노옴(Poincaré norm 또는 Poincaré metric)이라고 한다.

여기서 v_P는 P를 시점으로 갖는 벡터이고 $|P|$와 $|v|$는 Euclid 노옴이다.

(II) $\mathbb{D}^2$ 위의 곡선 $\alpha(t)$, $(a \leq t \leq b)$의 길이 $L(\alpha)$를

$$L(\alpha) = \int_a^b \|\alpha'(t)\|dt$$

로 정의한다.

(III) $\mathbb{D}^2$ 위의 두 점 P와 Q 사이의 거리 $d_{\mathbb{D}^2}(P, Q)$를

$$d_{\mathbb{D}^2}(P, Q) = \inf\{L(\alpha) \mid \alpha : [a, b] \longrightarrow \mathbb{D}^2, \alpha(a) = P, \alpha(b) = Q\}$$

로 정의하고 이를 $\mathbb{D}^2$ 위의 Poincaré 거리(Poincaré distance)라고 한다.

주 . $v = (v_1, v_2)$는 원점을 시점으로 하는 벡터이고 이를 점 P로 평행이동한 점을 $Q = v + P$라 하면 P에서의 벡터 v_P는 유향선분 $\overrightarrow{PQ}$ 와 동일시할 수 있다. P에서의 벡터들의 집합을 P에서의 접평면(tangent plane at P)이라 하고 $T_P(\mathbb{R}^2)$로 표기한다. 즉,

$$T_P(\mathbb{R}^2) = \{v_P \mid v \in \mathbb{R}^2\}$$

이고 $T_P(\mathbb{R}^2)$는 $\mathbb{R}^2$과 벡터공간으로서 동형(isomorphic)이다.

보기 12.2.1. $\mathbb{D}^2$ 위의 점 $P = (r_1 \cos\theta_1, r_1 \sin\theta_1)$, $0 < r_1 < 1$에 대하여 원점과 P를 지나는 직선의 길이를 구해보자.

(1) 원점과 P를 지나는 직선을 매개변수를 사용하여 표현하면

$$\alpha(t) = tP, \; 0 \leq t \leq 1$$

이다.

(2) α의 속도벡터 $\alpha'(t) = P$이고 이것의 Poincaré 노옴은

$$\|\alpha'(t)\|_{\alpha(t)} = \frac{2}{1-|\alpha(t)|^2}|\alpha'(t)| = \frac{2r_1}{1-(r_1 t)^2}$$

이다.

(3) 따라서 곡선 $\alpha(t)\,(0 \le t \le 1)$의 길이는

$$L(\alpha) = \int_0^1 \frac{2r_1}{1-(r_1 t)^2}dt = \int_0^{r_1} \frac{2}{1-u^2}du = \ln\frac{1+r_1}{1-r_1}$$

이다.

보기 12.2.2. 이제 원점과 점 $P(\neq O)$ 사이의 Poincaré 거리 $d(O,P)$를 계산해 보자.

(1) 두 점을 연결하는 곡선을 극좌표를 이용하여 $\alpha(t) = (r(t)\cos\theta(t), r(t)\sin\theta(t))$라고 하자.

(2) $\alpha(O) = O, \alpha(1) = P$이고 α의 속도벡터는

$$\alpha'(t) = (r'(t)\cos\theta(t) - r(t)\sin\theta(t)\theta'(t), r'(t)\sin\theta(t) + r(t)\cos\theta(t)\theta'(t))$$

이다.

(3) $\alpha'(t)$의 Euclid 노옴 $|\alpha'(t)|$과 Poincaré 노옴 $\|\alpha'(t)\|_{\alpha(t)}$는

$$|\alpha'(t)| = \sqrt{r'(t)^2 + r(t)^2\theta'(t)^2}$$
$$\|\alpha'(t)\|_{\alpha(t)} = \frac{2}{1-r(t)^2}\sqrt{r'(t)^2 + r(t)^2\theta'(t)^2}$$

이다.

(4) 그러므로 곡선 $\alpha(t)$의 길이는

$$\begin{aligned} L(\alpha) &= \int_0^1 \frac{2}{1-r(t)^2}\sqrt{r'(t)^2 + r(t)^2\theta'(t)^2}dt \\ &\geq \int_0^1 \frac{2}{1-r(t)^2}\sqrt{r'(t)^2}dt \\ &\geq \int_0^1 \frac{2r'(t)}{1-r(t)^2}dt \\ &= \int_0^{r_1} \frac{2}{1-r^2}dr \\ &= \ln\frac{1+r(1)}{1-r(1)} = \ln\frac{1+|P|}{1-|P|} \end{aligned}$$

이다.

(5) 보기 12.2.1에 의하여 O와 P를 지나는 직선이 가장 짧은 곡선이고

$$d(O,P) = \ln\frac{1+|P|}{1-|P|}$$

이다.

주 . (1) 단계 (4)의 두 부등식에서 등호가 성립하려면 $r(t)^2\theta'(t)^2 = 0$이고 $r'(t) \geq 0$이어야 한다. 즉, $\theta(t) = \theta(t_1) =$ 상수이고 $r(t)$는 증가함수이므로 α가 직선일 때 등호가 성립함을 알 수도 있다.

(2) 점 P를 경계 $\partial\mathbb{D}^2$쪽으로 보낸다면 $dO,P)$는 무한이 커지므로 경계 $\partial\mathbb{D}^2$에 속하는 점을 무한원점이라고 부른다.

문제 12.2.1. Euclid 평면 $\mathbb{R}^2$의 두 점 P,Q를 연결하는 가장 짧은 곡선이 직선임을 극좌표를 이용하여 증명하시오.

이제 원점이 아닌 두 점 P,Q 사이의 거리 $d(P,Q)$를 계산하는 방법을 알아보자. 두 점 중 한 점 P을 원점으로 보내는 등장사상 F가 존재한다면, $d(P,Q) = d(O,F(Q))$를 이용하여 두 점 P,Q 사이의 거리를 구할 수 있다. 그러므로 먼저 $\mathbb{D}^2$에서 거리 $d_{\mathbb{D}^2}$를 보존하는 등장사상에는 어떤 것들이 있는지 공부하자. 두 점 사이의 거리거리가 곡선의 길이와 벡터의 노옴에 의하여 정의되었으므로, 거리를 보존하는 등장사상은 곡선의 길이와 노옴을 보존하고 역도 성립한다. 따라서 다음 정리가 성립한다.

정리 12.2.1. (등장사상) $\mathbb{D}^2$ 위의 Poincaré 거리 $d_{\mathbb{D}^2}$가 주어졌을 때 $\mathbb{D}^2$에서의 미분동형사상 $F : \mathbb{D}^2 \to \mathbb{D}^2$에 대하여 다음 명제들은 동치이다.

(I) 미분동형사상 F가 Poincaré 거리 $d_{\mathbb{D}^2}$를 보존하는 등장사상이다.

(II) $\mathbb{D}^2$의 곡선 α에 대하여, $L(F(\alpha)) = L(\alpha)$이다.

(III) $\mathbb{D}^2$ 위의 점 P에서의 벡터 v_P에 대하여 $\|dF_P(v_P)\|_{F(P)} = \|v_P\|_P$이다. 여기서 $\mathbb{D}^2$ 위의 곡선 $\alpha(t)$가 $\alpha(t_0) = P$이고 $\alpha'(t_0) = v_P$일 때

$$dF_P(v_P) = \frac{d}{dt} F(\alpha(t))\,|_{t=t_0}$$

이다.

주 . 사상 $F : \mathbb{D}^2 \longrightarrow \mathbb{D}^2$를 이변수 벡터함수로서 $F(x, y) = (u(x, y), v(x, y))$이므로 $\frac{d}{dt}F(\alpha(t))\,|_{t=t_0}$는 일변수 벡터함수의 미분으로 기울기 벡터(gradient vector) $\nabla F(\alpha(t_0))$가 된다. 한편 다변수 벡터함수인 경우 미분계수 역할를 하는 Jacobi 행렬 $J_P F$이

$$J_P F = \begin{pmatrix} u_x & u_y \\ v_x & v_y \end{pmatrix}$$

로 정의되고 기울기 벡터 $\nabla F(\alpha(t_0))$가 Jacobi 행렬 $J_P F$과 벡터 v_P의 곱이 된다.

문제 12.2.2. $dF_P(v_P) = J_P F \cdot v_P$를 증명하고 $dF_P(v_P)$가 곡선 α의 선택에 상관없이 잘 정의되었음을 보이시오.

Poincaré 모형 $(\mathbb{D}^2, d_{\mathbb{D}^2})$의 등장사상을 표현하기 위하여 $\mathbb{D}^2$의 점 (x, y)를 복소수 $z = x + yi$로 생각하자. 점 $P = (x, y)$를 $p = x + yi$로 표기한다. 이제부터 점 P, Q, R 등에 대응되는 복소수를 p, q, r 등으로 놓는다. 이변수 벡터함수 $F : \mathbb{D}^2 \longrightarrow \mathbb{D}^2, F(x, y) = (u(x, y), v(x, y))$에 대하여 (x, y)를 복소수 $z = x + yi$로, $(u(x, y), v(x, y))$를 $w = u(x, y) + v(x, y)i$로 쓰면 이변수 벡터함수 F를 복소함수 $f(z) = w$로 볼 수 있다.

정의 12.2.2. 함수 $f : \mathbb{D}^2 \longrightarrow \mathbb{D}^2$와 $\mathbb{D}^2$의 한 점 z_0에 대하여

$$f'(z_0) = \lim_{z \to z_0} \frac{f(z) - f(z_0)}{z - z_0}$$

가 존재할 때, 함수 $f(z)$가 $z = z_0$에 미분가능하다라고 하고 이 극한값 $f'(z_0)$를 z_0에서의 미분계수라고 한다.

정리 12.2.2. 함수 $f(z) = u(x, y) + v(x, y)i$가 $z_0 = x_0 + y_0 i$에서 미분가능할 때 함수 u, v의 편도함수가 존재하고

$$\begin{aligned} \frac{\partial u}{\partial x}(x_0, y_0) &= \frac{\partial v}{\partial y}(x_0, y_0), \\ \frac{\partial v}{\partial x}(x_0, y_0) &= -\frac{\partial u}{\partial y}(x_0, y_0) \end{aligned} \tag{2.1}$$

이다. (2.1)을 Cauchy-Riemann 방정식이라고 한다.

증명 (1) $f'(z_0) = \lim_{z \to z_0} \frac{f(z) - f(z_0)}{z - z_0}$가 존재한다고 하자.

(2) z_0를 포함하는 수평 직선을 따라 $z = x + y_0 i$를 z_0로 접근시킨다면

$$\begin{aligned} f'(z_0) &= \lim_{x \to x_0} \frac{f(x + y_0 i) - f(x_0 + y_0 i)}{x - x_0} \\ &= \lim_{x \to x_0} \frac{u(x, y_0) - u(x_0, y_0)}{x - x_0} + i \lim_{x \to x_0} \frac{v(x, y_0) - v(x_0, y_0)}{x - x_0} \\ &= \frac{\partial u}{\partial x}(x_0, y_0) + i \frac{\partial v}{\partial x}(x_0, y_0) \end{aligned}$$

이다.

(3) 따라서 $f'(x_0 + y_0 i) = \frac{\partial f}{\partial x}(x_0, y_0) = \frac{\partial u}{\partial x}(x_0, y_0) + i \frac{\partial v}{\partial x}(x_0, y_0)$이다.

(4) 점 z_0를 지나고 허수축에 나란한 직선을 따라서 z를 z_0에 접근시키면

$$\begin{aligned} f'(z_0) &= \lim_{y \to y_0} \frac{f(x_0 + iy) - f(x_0 + iy_0)}{i(y - y_0)} \\ &= \lim_{y \to y_0} \frac{v(x_0, y) - v(x_0, y_0)}{y - y_0} - i \lim_{y \to y_0} \frac{u(x_0, y) - u(x_0, y_0)}{y - y_0} \\ &= \frac{\partial v}{\partial y}(x_0, y_0) - i \frac{\partial u}{\partial y}(x_0, y_0) \end{aligned}$$

이 된다.

(5) 따라서 $f'(x_0 + iy_0) = -i \frac{\partial f}{\partial y}(x_0, y_0) = \frac{\partial v}{\partial y}(x_0, y_0) - i \frac{\partial u}{\partial y}(x_0, y_0)$이 성립한다.

(6) 단계 (3)과 (5)에 의하여 (2.1)이 성립한다. □

점 P에서의 벡터 $v_P = (v_1, v_2)_P$도 복소수 $v_1 + iv_2$로 대응시켜 v_p로 표기하자. 마찬가지로 점 $F(P)$에서의 벡터 $dF_P(v_P)$도 복소수로 대응시킨다. 이때 p에서의 미분계수 $f'(p)$와 v_p의 복소수 곱은 $dF_P(v_P)$으로 대응된다.

문제 12.2.3. Cauchy-Riemann 방정식을 이용하여 점 $F(P)$에서의 벡터 $dF_P(v_P)$를 복소수로 대응시킨 값이 p에서의 미분계수 $f'(p)$와 v_p의 복소수 곱이 됨을 보이시오.

Descartes 평면 $\mathbb{R}^2$에서 복소평면 $\mathbb{C}$ 위로의 일대일 대응을 주는 또 다른 방법을 살펴보자. Descartes 평면의 직교좌표 (x, y)는 $z = x + iy$로 대응되므로 Descartes 평면의 극좌표 (r, θ)는 $z = r\cos\theta + ir\sin\theta$으로 대응이 된다. 그리고 Euler(1707–1783)의 식

$$e^{i\theta} = \cos\theta + i\sin\theta$$

에 의하여

$$z = re^{i\theta}$$

로 표현된다. 이때 $r = |z|$은 z의 크기(magnitude) 또는 길이(length)라고 하고 $\theta = \arg z$는 z의 편각(argument)이라고 한다. $z = re^{i\theta}$를 이용하면 복소수의 곱을 쉽게 계산할 수 있다.

$$z_1 \cdot z_2 = r_1 e^{i\theta_1} \cdot r_2 e^{i\theta_2} = (r_1 r_2) e^{i(\theta_1 + \theta_2)} \tag{2.2}$$

를 이용하면

$$\begin{aligned} \arg(z_1 \cdot z_2) &= \arg z_1 + \arg z_2 \\ \arg\left(\frac{z_1}{z_2}\right) &= \arg z_1 - \arg z_2 \end{aligned}$$

성립함을 보일 수 있다.

문제 12.2.4. 식 (2.2)을 증명하시오

문제 12.2.5. $T(z) = e^{i\theta}z$로 정의된 사상 $T : \mathbb{C} \longrightarrow \mathbb{C}$가 원점을 중심으로 θ 만큼 회전변환 ρ_θ과 같음을 보이시오.

명제 12.2.3. 원점을 중심으로 θ 만큼 회전변환 $T : \mathbb{D}^2 \longrightarrow \mathbb{D}^2, T(z) = e^{i\theta}$가 Poincaré 모형 $(\mathbb{D}^2, d_{\mathbb{D}^2})$의 등장사상이다.

증명 (1) $\mathbb{D}^2$ 위의 곡선 $\alpha : (a,b) \longrightarrow \mathbb{D}^2$가 $\alpha(t_0) = P$이고 $\alpha'(t_0) = v_P$일 때, $T(\alpha(t)) = e^{i\theta}\alpha(t)$이다.

(2) 정의에 의하여

$$dT_P(v_P) = \frac{d}{dt}T(\alpha(t))\,|_{t=t_0} = \frac{d}{dt}e^{i\theta}\alpha(t)\,|_{t=t_0} = e^{i\theta}v_P$$

이다.

(3) 점 $T(P) = e^{i\theta}P$에서 $dT_P(v_P) = e^{i\theta}v_P$의 Poincaré 노옴은

$$\|dT_P(v_P)\|_{T(P)} = \frac{2}{1-|e^{i\theta}P|^2}|e^{i\theta}v_P| = \frac{2}{1-|P|^2}|v|$$

이다.

(4) $\|v_P\|_P = \frac{2}{1-|P|^2}|v|$이므로 $\|v_P\|_P = \|dT_P(v_P)\|_{T(P)}$이다. 즉, T는 등장사상이다. □

복소해석학에서 중요한 변환 중에 선형분수변환이 있는데 그 중 변환 $T(z) = \frac{z+p}{\overline{p}z+1}$에 대하여 원점에서의 벡터 v_0와 점 $T(O) = P$에서의 벡터 $dT_p(v_0)$의 노옴이 같도록 조정하면 Poincaré 노옴이 나온다.

(1) Gauss 곡률이 $K = -1$이 되도록 원점에서의 벡터 v_0의 노옴을 $\|v_0\|_0 = 2|v_0|$으로 고정한다(제 14장에서 확인한다).

(2) $dT_0(v_0) = T'(0)\cdot v_0 = \frac{(\overline{p}z+1)-\overline{p}(z+p)}{(\overline{p}z+1)^2}\,|_{z=0}\cdot v_0 = (1-|p|^2)\cdot v_0$이다.

(3) $\|dT_0(v_0)\|_p = \|((1-|p|^2)v_0)\|_p = \|v_0\|_0 = 2|v_0|$이 되도록 하기 위하여, 점 P에서 벡터 v_p의 노옴을 $\|v_p\| = \frac{2}{1-|p|^2}|v|$라고 놓는다.

§12.4에서 $T(z) = \frac{z-p}{-\overline{p}z+1}$와 같은 선형분수변환이 원판 위에서의 Poincaré 거리 $d_{\mathbb{D}^2}(P,Q)$를 보존하는 등장사상임을 보인다. 이를 이용하여 원점이 아닌 두 점 P, Q 사이의 거리 $d_{\mathbb{D}^2}(P,Q)$를 구할 수 있다.

점 P를 원점으로 보내는 등장사상 $T(z) = \frac{z-p}{-\overline{p}z+1}$에 의하여

$$d_{\mathbb{D}^2}(P,Q) = d_{\mathbb{D}^2}(O,T(Q)) = \ln\frac{|\overline{p}q-1|+|q-p|}{|\overline{p}q-1|-|q-p|}$$

이다.

$T(Q) = Q'$이라고 하자. 원점과 Q'를 잇는 최단곡선이 Euclid의 선분 $\overline{OQ'}$이므로 P과 Q를 잇는 최단곡선은 $T^{-1}(\overline{OQ'})$이다. 이때 $T^{-1}(\overline{OQ'})$이 지름의 일부이거나 단위원과 직교하는 원호의 일부가 된다. 이 사실을 보이기 위하여 일반적인 선형분수변환의 성질들을 §12.3에서 공부한다.

12.3 선형분수변환

다양한 기하학을 연구할 때 그 기하학의 거리를 보존하는 등장사상이 중요한 역할을 한다. Poincaré의 원판모형에서 특별한 형태의 선형분수변환이 등장사상이다. 이 절에서는 복수해석학에서 다루는 선형분수변환을 정의하고 쌍곡기하학의 모형을 이해하는데 필요한 사실들을 알아본다.

정의 12.3.1. 확장된 복소평면 $\mathbb{C} \cup \{\infty\}$에서 정의된 유리함수 $T : \mathbb{C} \cup \{\infty\} \longrightarrow \mathbb{C} \cup \{\infty\}$가 $T(z) = \frac{az+b}{cz+d}$, $ad - bc \neq 0$으로 주어질 때 T를 선형분수변환(linear fractional transformaion) 또는 뫼비우스 변환(Möbius transformaion) 이라고 한다.

성질 12.3.1. 선형분수변환 $T = \frac{az+b}{cz+d}$의 역함수는 $T^{-1}(w) = \frac{dw-b}{-cw+a}$이다.

선형분수변환 $T(z) = \frac{az+b}{cz+d} = \frac{a}{c} - \frac{ad-bc}{c^2}\frac{1}{z+\frac{d}{c}}$이므로

$$f_1(z) = z + \frac{d}{c}, f_2(z) = \frac{1}{z}, f_3(z) = \frac{ad-bc}{c^2}z, f_4(z) = \frac{a}{c} - z$$

의 합성함수로 표현된다. 그러므로

$$T^{-1}(w) = (f_4 \circ f_3 \circ f_2 \circ f_1)^{-1}(w) = (f_1^{-1} \circ f_2^{-1} \circ f_3^{-1} \circ f_4^{-1})(w) = \frac{dw-b}{-cw+a}$$

이다.

성질 12.3.2. $\mathbb{C} \cup \{\infty\}$의 서로 다른 세 점 z_1, z_2, z_3를 각각 $\mathbb{C} \cup \{\infty\}$의 서로 다른 세 점 w_1, w_2, w_3로 보내는 선형분수변환 $w = T(z)$은 유일하게 존재한다.

선형분수변환 $w = T(z) = \frac{az+b}{cz+d}$가 $T(z_i) = w_i, i = 1, 2, 3$이므로 a, b, c, d에 대한 방정식의 개수가 3개인 일차연립방정식을 풀면 된다. 또는 선형분수변환이 복비를 보존함을 이용하여 구할 수도 있다. 여기서 복비(cross ratio)는

$$[z_1, z_2, z_3, z_4] = \frac{(z_1 - z_3)}{(z_1 - z_4)} \frac{(z_2 - z_4)}{(z_2 - z_3)}$$

이다.

$$[z_1, z_2, z_3, z_4] = [w_1, w_2, w_3, w_4]$$

$$\frac{(z - z_2)}{(z - z_3)} \frac{(z_1 - z_3)}{(z_1 - z_2)} = \frac{(w - w_2)}{(w - w_3)} \frac{(w_1 - w_3)}{(w_1 - w_2)}$$

이므로 이를 이용하여 유일한 선형분수변환 w를 구한다. 그리고 특별히 $z_3 = \infty$인 경우

$$\frac{(z - z_2)}{(z_1 - z_2)} = \frac{(w - w_2)}{(w - w_3)} \frac{(w_1 - w_3)}{(w_1 - w_2)}$$

이다.

문제 12.3.1. 선형분수변환 $T(z) = \frac{az+b}{cz+d}$가 복비를 보존함을 보이시오.

문제 12.3.2. 점 $z = -1, 0, 1$를 $w = -1, -i, 1$로 보내는 선형분수변환을 구하시오.

성질 12.3.3. 선형분수변환 T는 원과 직선을 원이나 직선으로 보낸다.

증명 (1) 선형분수변환 $T(z) = \frac{az+b}{cz+d} = \frac{a}{c} - \frac{ad-bc}{c^2} \frac{1}{z+\frac{d}{c}}$이므로

$$w_1(z) = \alpha z, w_2(z) = z + \beta, w_3(z) = \frac{1}{z}$$

꼴의 선형분수변환의 합성함수로 표현된다. 따라서 이 세가지 꼴의 선형분수변환이 원이나 직선을 보존함을 보이자.

(2) 직선 $z = p_0 + tv_0$는 w_1와 w_2가

$$w_1 = \alpha p_0 + \alpha t v_0, \quad w_2 = p_0 + \beta + tv_0$$

로 보내지므로 w_1와 w_2는 직선을 직선으로 보낸다.

(3) 원 $|z-c|=r$은 w_1와 w_2가 $|\frac{w_1}{\alpha}-c|=r, |w_2-(c+\beta)|=r$로 보내므로 w_1와 w_2는 원을 원으로 보낸다.

(4) 한편 원이나 직선을 일반적인 형태로 표현하면

$$A(x^2+y^2)+2Bx+2Cy+D=0, \quad B^2+C^2-AD>0$$

이다.

(5) $A\neq 0$이면 중심이 $-\frac{1}{A}(B,C)$이고 반지름이 $\sqrt{\frac{B^2+C^2-AD}{A^2}}$인 원이고, $A=0$이면 직선이 된다.

(6) 이 식을 $z=x+yi$로 놓고 복소수로 나타내면

$$Az\overline{z}+B(z+\overline{z})+iC(\overline{z}-z)+D=0$$

이다. 변환 $w_3=\frac{1}{z}$가 원이나 직선을

$$Dw\overline{w}+B(w+\overline{w})-iC(\overline{w}-w)+A=0$$

로 보내므로 D의 값에 따라 원 또는 직선이 된다. 즉, $D\neq 0$인 경우는 원이고 $D=0$인 경우는 직선이 된다.

(7) 따라서 모든 선형분수변환은 원과 직선을 원이나 직선으로 보낸다. □

이제부터 직선은 반지름이 무한대인 원 또는 점 ∞를 지나는 원으로 생각하여 원과 직선을 확장된 원(extended circle)이라고 한다. 성질 12.3.3을 다음 명제로부터 증명할 수도 있다.

문제 12.3.3. 네 점 $z_1,z_2,z_3,z_4\in\mathbb{C}\cup\{\infty\}$에 대하여 복비 $[z_1,z_2,z_3,z_4]$가 실수일 필요충분조건이 네 점 z_1,z_2,z_3,z_4를 모두 포함하는 확장된 원이 존재하는 것임을 보이고 이를 이용하여 성질 12.3.3을 증명하시오.

복소함수의 경우, $f'(z_0)\neq 0$이면 z_0를 지나는 두 곡선이 만드는 각과 두 곡선의 상이 만드는 각이 같다는 것을 증명할 수 있다. 이처럼 각을 보존하는 사상을 등각사상(conformal mapping)이라고 한다. 특별히 선형분수변환이 등각사상임을 보이자.

성질 12.3.4. $T(z) = \frac{az+b}{cz+d}$의 미분계수가 $T'(z) = \frac{ad-bc}{(cz+d)^2} \neq 0$이므로 T는 등각사상이다.

증명 (1) 두 곡선 $\alpha(t), \beta(t)$가 $z_0 = \alpha(t_0) = \beta(t_0)$에서 만난다고 하자. 두 곡선이 이루는 각은

$$\angle(\alpha'(t_0), \beta'(t_0)) = \arg(\alpha'(t_0)) - \arg(\beta'(t_0))$$

이다.

(2) 두 곡선의 T에 의한 상을 $\tilde{\alpha}(t) = T(\alpha(t)), \tilde{\beta}(t) = T(\beta(t))$라고 하면

$$\tilde{\alpha}'(t) = T'(z_0) \cdot \alpha'(t_0), \quad \tilde{\beta}'(t) = T'(z_0) \cdot \beta'(t_0)$$

이다.

(3) $T(z_0) = z_1$에서 두 곡선 $\tilde{\alpha}, \tilde{\beta}$가 이루는 각은

$$\begin{aligned}
\angle(\tilde{\alpha}(t_0), \tilde{\beta}(t_0)) &= \arg(\tilde{\alpha}'(t_0)) - \arg(\tilde{\beta}'(t_0)) \\
&= \arg\left(\frac{ad-bc}{(cz_0+d)^2} \cdot \alpha'(t_0)\right) - \arg\left(\frac{ad-bc}{(cz_0+d)^2} \cdot \beta'(t_0)\right) \\
&= \arg\frac{ad-bc}{(cz_0+d)^2} + \arg(\alpha'(t_0)) - \arg\frac{ad-bc}{(cz_0+d)^2} - \arg(\beta'(t_0)) \\
&= \arg(\alpha'(t_0)) - \arg(\beta'(t_0))
\end{aligned}$$

이다.

(4) 따라서 단계 (1)과 (3)에 의하여 T는 각을 보존한다. □

직선에 대한 대칭이동을 확장된 원에 대한 대칭으로 일반화하는 개념을 소개하자. 성질 12.3.3은 원과 직선을 포함한 확장된 원이 선형분수변환 T에 의하여 보존되는 것을 의미하였다. 이제 다음 성질 12.3.5는 선형분수변환 T가 대칭 관계도 보존하는 것을 보이자.

정의 12.3.2. 주어진 원 또는 직선을 Γ라 하고 Γ 위의 임의의 세 점 z_2, z_3, z_4에 대

하여 두 점 z와 z^*이

$$[z^*, z_2, z_3, z_4] = \overline{[z, z_2, z_3, z_4]} \tag{3.3}$$

를 만족할 때 z와 z^*는 Γ에 대하여 대칭(conjugate symmetric) 또는 반전(inversion)이라고 한다.

> (I) Γ에 속하는 점은 자기 자신과 대칭이다.
>
> (II) 직선 L에 대한 대칭(conjugate symmetric)은 직선 L에 대한 대칭이동(Reflection) R_L과 같다.
>
> (III) 원에 대한 대칭(conjugate symmetric)은 원에 대한 반전(inversion)이다.

증명 ((I)의 증명)

만약 $z \in \Gamma$라면 문제 12.3.3에 의하여 $[z, z_2, z_3, z_4] \in R$이므로 $[z^*, z_2, z_3, z_4] = \overline{[z, z_2, z_3, z_4]} = [z, z_2, z_3, z_4]$ 이다. 즉, $z^* = z$이다. □

증명 ((II)의 증명)

(1) Γ가 직선 $L = \{z_0 + tv\}$, $v = e^{i\theta}$라고 하자. $z_1 = z_0, z_2 = z_0 - v, z_3 = \infty$라고 하면 식 (3.3)는

$$\frac{z^* - z_0 + v}{v} = \frac{\overline{z} - \overline{z}_0 + \overline{v}}{\overline{v}}$$

$$(z^* - z_0)\overline{v} = (\overline{z} - \overline{z}_0)v$$

$$z^* = e^{2\theta i}(\overline{z} - \overline{z}_0) + z_0$$

이다.

(2) L이 x-축이라면, $z_0 = 0, v = 1$이므로 $z^* = \overline{z}$이다. 즉, z의 x-축에 대한 대칭관계는 켤레 복소수인 $\overline{z}$이다.

(3) 일반적으로 수평 직선이 아닌 직선 L에 대하여 x 절편이 z_0라면, $\overline{z}_0 = z_0$이므로 $z^* = e^{2\theta i}(\overline{z} - z_0) + z_0$이다. 이는 $\mathbb{R}^2$의 등장사상인 직선 L에 대한 대칭이동

$\mathbb{R}_L$과 같다.

$$\begin{aligned} R_L(z) &= \rho_{z_0,\theta} \circ R_0 \circ \rho_{z_0,-\theta}(z) \\ &= T_{z_0} \circ \rho_\theta \circ T_{-z_0} \circ R_0 \circ T_{z_0} \circ \rho_{-\theta} \circ T_{-z_0}(z) \end{aligned}$$

이고 $R_0(z) = \overline{z}, \rho_\theta(z) = e^{i\theta} z$ 이므로 $z^* = R_L(z)$이다.

(4) 수평 직선 L이 $\{y = y_0\}$라면 $\theta = 0, z_0 = iy_0$이므로 $z^* = \overline{z} + 2iy_0$이다. 즉, $(x, y)^* = (x, -y) + (0, 2y_0) = (x, 2y_0 - y)$이므로 $z^* = R_L(z)$이다. □

증명 ((III)의 증명)

(1) Γ가 중심이 c이고 반지름이 r인 원이라 하자. 원 위의 세 점 z_2, z_3, z_4는

$$(z_i - c)(\overline{z_i - c}) = r^2, \quad i = 2, 3, 4$$

를 만족한다.

(2) 선형분수변환 $T(z) = z \pm c$와 $T(z) = \frac{r^2}{z}$가 복비를 보존하기 때문에

$$\begin{aligned} \overline{[z, z_2, z_3, z_4]} &= \overline{[z - c, z_2 - c, z_3 - c, z_4 - c]} \\ &= [\overline{z} - \overline{c}, \tfrac{r^2}{z_2 - c}, \tfrac{r^2}{z_3 - c}, \tfrac{r^2}{z_4 - c}] \\ &= [\tfrac{r^2}{\overline{z} - \overline{c}}, z_2 - c, z_3 - c, z_4 - c] \\ &= [\tfrac{r^2}{\overline{z} - \overline{c}} + c, z_2, z_3, z_4] \end{aligned}$$

이다.

(3) 따라서

$$\begin{aligned} z^* &= \frac{r^2}{\overline{z} - \overline{c}} + c \\ (z^* - c)(\overline{z} - \overline{c}) &= r^2 \end{aligned}$$

이다.

(4) 이제 $z - c = r_0 e^{i\theta}$라고 하면

$$z^* = c + \frac{r^2}{r_0} e^{i\theta}$$

이므로 z^*는 반직선 $\overrightarrow{cz}$ 위에 있다. 특히 $z = c$인 경우 $c^* = \infty$이다.

(5) 그러므로 원에 대한 대칭은 고전기하학에서 다루는 원에 대한 반전과 같다. □

이제 선형분수변환이 복비를 보존함을 이용하여 성질 12.3.5를 증명하자.

성질 12.3.5. 원 또는 직선인 Γ가 주어졌을 때, Γ에 대하여 대칭인 두 점은 선형분수변환 T에 의하여 $T(\Gamma)$에 대칭인 두 점으로 대응된다.

증명 (1) Γ에 대칭인 두 점을 z와 z^*라고 하자.

(2) Γ의 임의의 세 점을 z_2, z_3, z_4라고 하면 Γ에 대한 대칭의 정의에 의하여

$$[z^*, z_2, z_3, z_4] = \overline{[z, z_2, z_3, z_4]}$$

이다.

(3) T가 복비를 보존하므로

$$[z^*, z_2, z_3, z_4] = [T(z^*), T(z_2), T(z_3), T(z_4)]$$
$$\overline{[z, z_2, z_3, z_4]} = \overline{[T(z), T(z_2), T(z_3), T(z_4)]}$$

이고 단계 (2)에 의하여

$$[T(z^*), T(z_2), T(z_3), T(z_4)] = \overline{[T(z), T(z_2), T(z_3), T(z_4)]}$$

이다.

(4) 그러므로 $T(z)$와 $T(z^*)$는 $T(\Gamma)$에 대하여 대칭이다. □

이제부터 원점이 아닌 $\mathbb{D}^2$ 위의 두 점 P, Q를 고정하고 두 점을 연결하는 곡선 중에서 곡선의 거리가 가장 짧은 곡선의 특징에 대하여 살펴보자. 앞에서 원점과 점 P를 잇는 최단곡선이 직선임을 보였다. 이 사실과 등장사상을 이용하여 최단곡선이 지름 또는 $\partial\mathbb{D}^2$와 수직으로 만나는 원호임을 보이자.

> Poincaré 원판모형 $(\mathbb{D}^2, d_{\mathbb{D}^2})$위의 두 점 P, Q를 지나는 곡선 중 곡선의 Poincaré 노옴이 최소인 곡선은 지름의 일부이거나 $\partial\mathbb{D}^2$와 수직으로 만나는 원호의 일부이다. 따라서 Poincaré 원판모형 $(\mathbb{D}^2, d_{\mathbb{D}^2})$에서의 직선은 지름이나 $\partial\mathbb{D}^2$와 수직으로 만나는 원호이다.

증명 (1) 등장사상 $T(z) = \frac{z-p}{-\overline{p}z+1}$에 의하여 $T(p) = O$이므로

$$d(P, Q) = d(O, T(q)) = \ln \frac{|\overline{p}q + 1| + |q - p|}{|\overline{p}q + 1| - |q - p|}$$

이다.

(2) α가 원점과 $T(q)$를 잇는 지름의 일부라면, 곡선 $\beta = T^{-1}(\alpha)$는 P와 Q를 연결하는 가장 짧은 곡선이다.

(3) α를 포함하는 지름은 $\partial\mathbb{D}^2$와 수직으로 만난다. 한편 $T^{-1}(\partial\mathbb{D}^2) = \partial\mathbb{D}^2$이고 T^{-1}는 등각사상이므로 β도 $\partial\mathbb{D}^2$와 수직으로 만나는 직선이거나 원호가 된다.

(4) $\partial\mathbb{D}^2$와 수직으로 만나는 직선은 지름뿐이다.

(5) 따라서 Poincaré 거리가 주어진 원판에서 가장 짧은 곡선은 지름이거나 $\partial\mathbb{D}^2$와 수직인 원호가 된다. □

쌍곡평면기하학의 공리계에서 무정의 용어인 직선을 Poincaré 원판모형에서 지름 또는 $\partial\mathbb{D}^2$와 수직으로 만나는 원호로 놓았을 때 쌍곡기하학의 공리들을 만족함을 제 13장에서 보인다.

12.4 Poincaré 원판모형 $(\mathbb{D}^2, d_{\mathbb{D}^2})$에서의 등장사상

이제 $\mathbb{D}^2$ 위의 Poincaré 거리 $d_{\mathbb{D}^2}$를 보존하는 등장사상의 집합을 $\mathrm{ISOM}(\mathbb{D}^2, d_{\mathbb{D}^2})$라고 하자. 여기에 속하는 등장사상을 구하기 위하여 우선 $\mathbb{D}^2$ 위에서 일대일 대응인 선형분수변환들을 살펴보자.

보조정리 12.4.1. 선형분수변환 $T : \mathbb{D}^2 \longrightarrow \mathbb{D}^2$가 $T(0) = 0$라면 $T(z) = \lambda z$, $|\lambda| = 1$이다.

증명 (1) 단위원 $\partial\mathbb{D}^2$에 대하여 중심 0의 대칭은 ∞이고 $T(0) = 0$과 $T(\infty)$도 $T(\partial\mathbb{D}^2) = \partial\mathbb{D}^2$에 대하여 대칭이므로 $T(\infty) = \infty$이다.

(2) $T(1) = \lambda$라고 하면 $\partial\mathbb{D}^2$는 다시 $\partial\mathbb{D}^2$로 보내야 하므로 $|\lambda| = 1$이다.

(3) 성질 12.3.2에 의하여 $T(0) = 0, T(1) = \lambda, T(\infty) = \infty$이므로

$$[w, 0, \lambda, \infty] = [z, 0, 1, \infty]$$

이다. 즉,

$$w(z) = \lambda z$$

이다. □

보조정리 12.4.2. 선형분수변환 $T(z) = \frac{z+p}{\overline{p}z+1}$ $(|p| < 1)$은 $\mathbb{D}^2$에서 $\mathbb{D}^2$ 위로의 일대일 함수이다.

증명 (1) $|z+p|^2 - |\overline{p}z+1|^2 = (|p|^2 - 1)(1 - |z|^2)$이므로

$$\begin{aligned} |z| < 1 \quad \text{이면,} \quad & |T(z)| < 1 \\ |z| = 1 \quad \text{이면,} \quad & |T(z)| = 1 \\ |z| > 1 \quad \text{이면,} \quad & |T(z)| > 1 \end{aligned}$$

이다.

(2) 선형분수변환 $T : \mathbb{C} \cup \{\infty\} \longrightarrow \mathbb{C} \cup \{\infty\}$가 일대일 대응이고 단계 (1)에 의하여 T를 $\mathbb{D}^2$로 국한시킨 $T : \mathbb{D}^2 \longrightarrow \mathbb{D}^2$도 일대일 대응이다. □

정리 12.4.3. $\mathbb{D}^2$에서 일대일 대응인 선형분수변환 $T : \mathbb{D}^2 \longrightarrow \mathbb{D}^2$에 대하여

$$T(z) = e^{i\theta}\frac{z+p}{\overline{p}z+1}$$

을 만족하는 p, $(|p| < 1)$가 존재한다.

증명 (1) $T(0) = q, (|q| < 1)$라면 q를 0로 보내는 선형분수변환 $S(z) = \frac{z-q}{-\overline{q}z+1}$과의 합성 $S \circ T$를 생각해 보자.

(2) $S \circ T$는 $\mathbb{D}^2$에서 $\mathbb{D}^2$로의 선형분수변환이고 $S \circ T(0) = 0$이므로 보조정리 12.4.1에 의하여 $S \circ T(z) = \lambda z\, |\lambda| = 1$이다.

(3) 그러므로 $T(z) = S^{-1}(\lambda z)$이다. $S^{-1}(w) = \frac{w+q}{\overline{q}w+1}$이므로

$$T(z) = \frac{\lambda z + q}{\overline{q}\lambda z + 1} = \frac{\lambda(z + \overline{\lambda}q)}{(\overline{\overline{\lambda}q})z + 1} = \lambda \frac{z + p}{\overline{p}z + 1}$$

이다. 여기서 $p = \overline{\lambda}q, |p| = |q| < 1$이다. □

보기 12.4.1. $\mathbb{D}^2$ 위에서의 선형분수변환 $T(z) = e^{i\theta}\frac{z+p}{\overline{p}z+1}$가 Poincaré 원판모형 $(\mathbb{D}^2, d_{\mathbb{D}^2})$에서의 등장사상이다.

증명 (1) 임의의 $z \in \mathbb{D}^2$과 z에서의 벡터 v_z에 대하여

$$\|dT_z(v_z)\|_{T(z)} = \|v_z\|_z$$

임을 보이자.

(2) 점 $T(z)$에서 $dT_z(v_z)$의 Poincaré 노옴은

$$\begin{aligned}\|dT_z(v_z)\|_{T(z)} &= \left\| \frac{1-|p|^2}{(\overline{p}z+1)^2} v_z \right\|_{T(z)} = \frac{2}{1-|T(z)|^2} \left| \frac{1-|p|^2}{(\overline{p}z+1)^2} v_z \right| \\ &= \frac{2|\overline{p}z+1|^2}{(1-|z|^2)(1-|p|^2)} \cdot \frac{|1-|p|^2|}{|\overline{p}z+1|^2} |v_z| \\ &= \frac{2}{1-|z|^2} |v_z|\end{aligned}$$

이다.

(3) 점 z에서 v_z의 Poincaré 노옴은 $\|v_z\|_z = \frac{2}{1-|z|^2}|v_z|$이다.

(4) 따라서 T는 등장사상이다. □

보기 12.4.2. x-축에 대한 대칭이동(반전사상) $R_0 : \mathbb{D}^2 \longrightarrow \mathbb{D}^2, R_0(z) = \overline{z}$이 Poincaré 원판모형 $(\mathbb{D}^2, d_{\mathbb{D}^2})$에서의 등장사상이다.

증명 (1) $z \in \mathbb{D}^2$과 z에서의 벡터 v_z에 대하여, $\alpha(t_0) = z$이고 $\alpha'(t_0) = v_z$인 곡선 $\alpha(t) = u(t) + iv(t)$를 잡는다.

(2) $dR_{0_z}(v_z) = \frac{d}{dt}R_0(\alpha(t)) = \frac{d}{dt}\overline{\alpha(t)}\,|_{t=t_0} = \overline{\alpha'(t_0)} = \overline{v_z}$이다.

(3) $\|dR_{0_z}(v_z)\|_{\overline{z}} = \frac{2}{1-|\overline{z}|^2}|\overline{v_z}|$이고 Euclid 노옴은 $|\overline{z}| = |z|, |\overline{v_z}| = |v_z|$를 만족하므로 $\|dR_{0_z}(v_z)\|_{\overline{z}} = |v_z|_z$이다. □

보기 12.4.3. 모든 $\mathbb{D}$-직선에 대한 반전사상이 Poincaré 원판모형 $(\mathbb{D}^2, d_{\mathbb{D}^2})$에서의 등장사상이다.

증명 (1) 임의의 $\mathbb{D}$-직선을 L이라고 하고 L에 대한 반전사상을 $\xi(z) = z^*$라고 하자.

(2) L 위의 한 점을 p라고 하면 등장사상 $z \longmapsto \frac{z-p}{-\overline{p}z+1}$에 의하여 L은 원점을 지나는 지름으로 보내진다. 그리고 적당한 회전으로 x-축으로 보낼 수 있다. 즉, $T(z) = e^{i\theta}\frac{z-p}{-\overline{p}z+1}$이라면 $T(L)$은 x-축이다.

(3) $T(z)$와 $\overline{T(z)}$는 x-축에 대한 반전 R_0이고 성질 12.3.5에 의하여 $T(z)$와 $T(z^*)$이 $T(L)$에 대하여 대칭이므로 $T(z^*) = \overline{T(z)}$가 된다.

(4) 역으로 $T^{-1}(T(z)) = z$와 $T^{-1}(\overline{T(z)}) = T^{-1}(T(z^*)) = z^*$는 L에 대하여 대칭이다.

(5) 그러므로 $\xi(z) = z^* = T^{-1}(\overline{T(z)}) = T^{-1} \circ R_0 \circ T(z)$이고 $\xi = T^{-1} \circ R_0 \circ T$는 등장사상들의 합성이므로 등장사상이다. □

제 13 장

쌍곡기하학의 Poincaré 모형과 Klein 모형

제 12장에서 원판 $(\mathbb{D}^2, d_{\mathbb{D}^2})$ 위에 Poincaré 거리를 정의하고 무정의 용어인 직선과 원판 위의 등장사상에 대하여 공부하였다. 이제 §13.1에서는 Poincaré 원판모형 $(\mathbb{D}^2, d_{\mathbb{D}^2})$이 Hilbert의 결합 · 순서 · 합동 · 연속공리군과 쌍곡공리를 만족함을 증명하여 $(\mathbb{D}^2, d_{\mathbb{D}^2})$이 쌍곡평면기하학의 모형임을 보인다. §13.2에서 Poincaré 원판모형에서의 극한평행반직선과 평행각의 의미를 찾고 절대길이를 정의할 수 있는 식을 구한다.

§13.3에서는 원판모형과 상반평면 모형 사이의 일대일 대응인 특별한 선형분수변환을 구하고 이 변환이 등장사상이 되도록 원판 위의 Poincaré 거리로부터 상반평면 위의 거리를 유도해 낸다. 따라서 Poincaré의 상반평면모형도 쌍곡평면기하학의 모형임을 간접적으로 알 수 있다. 그리고 §13.4에서 Klein 원판모형도 Poincaré의 원판모형과의 등장사상을 구하여 쌍곡평면기하학의 모형임을 보인다.

13.1 Poincaré 원판모형 $(\mathbb{D}^2, d_{\mathbb{D}^2})$에서의 쌍곡기하학의 공리군

이 절에서는 Poincaré 원판모형 $(\mathbb{D}^2, d_{\mathbb{D}^2})$에서 정의한 직선, Poincaré 거리와 등장사상을 사용하여 무정의 용어인 결합, 순서, 합동의 개념에 의미를 부여한다. 이 의미를 가진 $\mathbb{D}^2$는 Hilbert의 결합 · 순서 · 합동 · 연속공리군과 쌍곡공리를 만족함을 보인다.

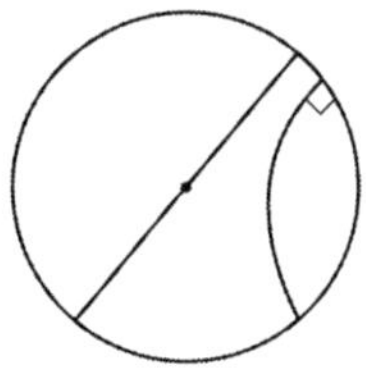

그림 13.1: 결합공리 I-1

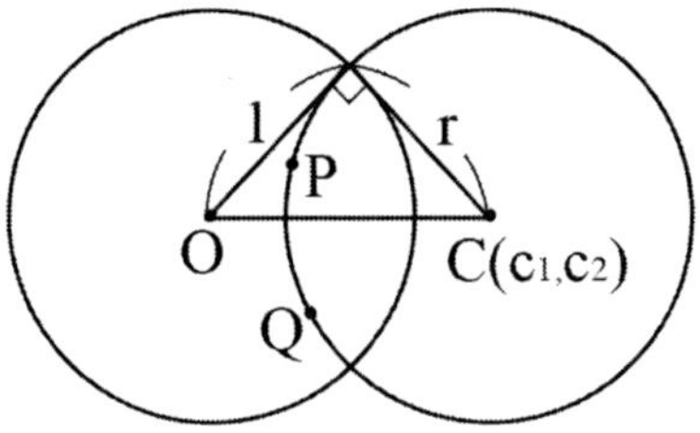

그림 13.2: 결합공리 I-1($\mathbb{D}$-직선)

이 모형에서의 점과 직선을 각각 $\mathbb{D}$-점, $\mathbb{D}$-직선이라고 하자. 편의상 Euclid의 직선은 E-직선이라 한다.

(결합공리군의 무정의 용어)

(I) $\mathbb{D}$-점은 원판 $\mathbb{D}^2$에 속하는 점이다.

(II) $\mathbb{D}^2$의 지름 또는 $\partial\mathbb{D}^2$와 수직으로 만나는 원호가 $\mathbb{D}$-직선이다(그림 13.1 참조).

(III) 결합은 집합과 원소의 포함 관계로 본다.

이제 $\mathbb{D}^2$에서 정의된 점과 직선이 결합공리군을 만족함을 보이자.

(결합공리 I-1) $\mathbb{D}^2$에 속하는 두 점을 지나는 $\mathbb{D}$-직선이 유일하게 존재한다.

증명 (1) 두 점 $P = (p_1, p_2), Q = (q_1, q_2)$를 고정하자.

(2) (경우 1) 두 점 P, Q를 지나는 E-직선이 원점을 포함한다면 우리가 구하는 $\mathbb{D}$-직선은 P, Q를 지나는 유일한 E-직선과 원판의 공통부분인 지름이다.

(3) $O \in \overleftrightarrow{PQ}$ 과 $(1-t)P + tQ = O$인 $t \in \mathbb{R}$가 존재한다는 것은 동치이다. 두 벡터 P와 Q가 1차 종속이므로 이것과 $\det \begin{pmatrix} p_1 & p_2 \\ q_1 & q_2 \end{pmatrix} = 0$ 도 동치명제이다.

(4) (경우 2) 두 점 P, Q를 지나는 E-직선이 원점을 포함하지 않는다고 하자(그림 13.2 참조).

(5) P, Q를 포함하고 $\partial\mathbb{D}^2$와 수직인 원이 존재한다고 가정하고 그 원의 중심을 $C = (c_1, c_2)$, 반지름을 r이라고 하고 그 원은 $\Gamma_{C,r}$로 하자.

$$\begin{aligned} &(p_1 - c_1)^2 + (p_2 - c_2)^2 = r^2 \\ &(q_1 - c_1)^2 + (q_2 - c_2)^2 = r^2 \\ &c_1^2 + c_2^2 = r^2 + 1 \end{aligned}$$

이고 이를 행렬의 곱으로 표현하면

$$\begin{pmatrix} p_1 & p_2 \\ q_1 & q_2 \end{pmatrix} \begin{pmatrix} c_1 \\ c_2 \end{pmatrix} = \frac{1}{2} \begin{pmatrix} p_1^2 + p_2^2 + 1 \\ q_1^2 + q_2^2 + 1 \end{pmatrix}$$

이다.

(6) 단계 (3)에 의하여 $\det \begin{pmatrix} p_1 & p_2 \\ q_1 & q_2 \end{pmatrix} \neq 0$이므로 $\begin{pmatrix} p_1 & p_2 \\ q_1 & q_2 \end{pmatrix}$의 역행렬이 존재하고

$$(1.1) \qquad \begin{pmatrix} c_1 \\ c_2 \end{pmatrix} = \frac{1}{2} \begin{pmatrix} p_1 & p_2 \\ q_1 & q_2 \end{pmatrix}^{-1} \begin{pmatrix} p_1^2 + p_2^2 + 1 \\ q_1^2 + q_2^2 + 1 \end{pmatrix}$$

이므로 중심과 반지름이 정해진다. 따라서 점 P, Q를 지나는 $\mathbb{D}$-직선은 $\mathbb{D}^2 \cap \Gamma_{C,r}$ 이다.

(7) 그러므로 모든 점 P, Q에 대하여 유일한 $\mathbb{D}$-직선이 존재한다. □

문제 13.1.1. 두 $\mathbb{D}$-점 $(0, \frac{1}{2})$과 $(\frac{1}{2}, \frac{1}{2})$를 지나는 $\mathbb{D}$-직선은 원호이다. 이 원호를 포함하는 원의 중심과 반지름을 구하시오.

$\mathbb{D}$-직선은 양 끝점을 포함하지 않는 Euclid의 선분이거나 원호이므로 결합공리 I-2는 자명하게 성립한다. 그리고 세 $\mathbb{D}$-점 $(0,0)$, $(\frac{1}{2},0)$, $(0,\frac{1}{2})$를 모두 포함하는 직선은 존재하지 않는다.

> (결합공리 I-2) 임의의 $\mathbb{D}$-직선 위에 적어도 두 개의 점이 존재한다.
>
> (결합공리 I-3) 어떠한 $\mathbb{D}$-직선도 동시에 모두 지날 수 없는 서로 다른 세 점이 존재한다.

무정의 관계인 순서를 $\mathbb{D}$-직선 위의 점들 사이에 정의하기 위하여 실수의 열린 구간과 $\mathbb{D}$-직선 사이의 일대일 대응을 보이고 이 대응이 실수의 순서를 보존 하면 $\mathbb{D}$-직선 위에 순서를 정의할 수 있다.

증명 (1) (경우 1) $\mathbb{D}$-직선이 지름 L인 경우, L의 방향벡터를 $e^{i\theta}$라고 하자.

(2) L의 식은 $\{te^{i\theta} \mid -1 < t < 1\}$이다.

(3) 그러므로 $\mathbb{D}$-직선 L은 $(-1,1)$과 일대일 대응이다.

(4) (경우 2) $\mathbb{D}$-직선이 $\partial\mathbb{D}^2$와 직교하는 원호인 경우, 직교하는 원이 중심이 C이고 반지름이 r인 원 Γ_{Cr}이라고 하자.

(5) 원호의 각 점 P에 대하여 $\frac{1}{r}(P-C)$의 방향각을 $\theta(P), -\pi < \theta(P) \le \pi$라고 하면 함수 $\theta : L \longrightarrow (-\pi,\pi]$는 일대일이고 $\theta^{-1}(\pi)$를 제외한 점에서 연속이다.

(6) θ의 치역 $\theta(L) = \{\theta(P) \in (-\pi,\pi] \mid P \in L\}$이 π를 포함하지 않는다면 $\mathbb{D}$-직선이 연결이고 열린 원호이므로 $\theta(L)$은 연결집합이고 열린구간 (θ_1,θ_2)이다.

(7) $\theta(L)$이 π를 포함한다면, $\theta(L) = (\theta_1,\pi] \cup (-\pi,\theta_2)$인 θ_1과 θ_2가 존재한다.

(8) $(-\pi,\theta_2)$에 속하는 임의의 θ를 $2\pi+\theta$로 바꾼다면 $\theta(L) = (\theta_1, 2\pi+\theta_2)$인 열린구간이 되어 L과 일대일 대응이 된다. □

그러므로 임의의 $\mathbb{D}$-직선 L과 열린 구간 $(a,b) \in \mathbb{R}$와의 일대일 대응 $f : L \to (a,b)$가 존재한다. 그리고 열린 구간 (a,b)와 실수 전체의 집합 $\mathbb{R}$과의 일대일 대응

$$g : (a,b) \to \mathbb{R}, \quad g(t) = \tan\left(\frac{\pi t}{(b-a)} - \frac{\pi(a+b)}{2(b-a)}\right)$$

에 의하여 사상 $h(P) = g \circ f(P)$는 $\mathbb{D}$-직선 L과 $\mathbb{R}$의 일대일 대응이다. 이 대응으로 $\mathbb{R}$ 위의 순서를 보존하는 방식으로 $\mathbb{D}$-직선 L 위에 순서를 준다.

(순서공리군의 무정의 용어: 순서)

$\mathbb{D}$-직선 L 위의 서로 다른 세 점 P, Q, R에 대하여 세 실수 $h(P)$, $h(Q)$, $h(R)$이 $h(P)*h(Q)*h(R)$를 만족할 때 $P*Q*R$이라고 한다. 이렇게 정의된 순서를 $\mathbb{D}$-순서라고 한다.

Hilbert의 순서공리 B-1, B-2, B-3는 한 직선 위의 순서에 관한 성질이고 이 직선과 대응되는 $\mathbb{R}$ 위에서 만족하므로 $\mathbb{D}$-직선 위에서도 만족한다. $\mathbb{D}$-순서에 의하여 $\mathbb{D}$-선분과 $\mathbb{D}$-반직선이 잘 정의된다.

주 . Euclid 평면 $\mathbb{R}^2$ 위의 한 점 P에서 시작하는 두 곡선도 확장된 각으로 간주하고 그 각의 크기는 P에서의 두 곡선의 접선이 만드는 각의 크기로 정의할 수 있다. 그리고 이같은 곡선각에 대하여 일반적인 각의 성질들이 그대로 성립한다.

두 $\mathbb{D}$-반직선의 합집합을 $\mathbb{D}$-각이라고 하자. 각의 변이 원호가 될 수가 있으므로 $\mathbb{D}$-각은 Euclid 평면 $\mathbb{R}^2$에서의 확장된 각에 속하고 각의 크기는 원호에 접하는 접선에 의한 Euclid 각의 크기와 같다.

'모든 선분은 양쪽으로 끝없이 연장할 수 있다'는 Euclid의 공리 2는 순서공리 B-2에 의하여 증명이 되었지만 직관적으로도 자명하도록 모든 $\mathbb{D}$-반직선이 무한거리를 가짐을 보이자.

모든 $\mathbb{D}$-반직선은 무한거리를 가지므로 모든 선분은 양쪽으로 끝없이 연장할 수 있다

증명 (1) (경우 1) 원점이 아닌 P에 대하여 $\mathbb{D}$-반직선 $\overrightarrow{OP}$의 길이가 무한임을 보이자.

(2) 임의의 점 $Q \in \overrightarrow{OP}$에 대하여 $d_{\mathbb{D}^2}(O, Q) = \frac{1+|Q|}{1-|Q|}$이고 점 Q를 $|Q| \to 1$으로 보내면 $d_{\mathbb{D}^2}(O, Q)$이 ∞이다. 따라서 $\mathbb{D}$-반직선 $\overrightarrow{OP}$의 길이가 무한이다.

(3) 반대쪽도 마찬가지이므로 지름의 일부인 $\mathbb{D}$-선분은 양쪽으로 얼마든지 늘릴 수 있다.

(4) (경우 2) $\mathbb{D}$-직선 L이 원호라고 하고 점 $z_0 \in L$를 고정하자.

(5) 점 z_0를 원점으로 보내는 등장변환 $T(z) = \frac{z-z_0}{-\overline{z}_0 z+1}$는 $\mathbb{D}$-직선 L을 원점을 지나는 $\mathbb{D}$-직선(지름)으로 보낸다.

(6) 단계 (2)에 의하여 반지름이 무한길이를 갖고 등장사상 T^{-1}이 길이를 보존하므로 점 z_0에 의하여 나누어지는 L의 두 반직선의 길이도 무한이다. □

$\mathbb{D}$-직선 L의 양쪽으로 향하여 가는 원판의 경계 $\partial\mathbb{D}^2$에 속하는 점을 직선 L의 무한원점(point at infinity)이라고 한다. Poincaré가 무한히 늘일 수 있는 직선을 원판 위에 $\mathbb{D}$-직선으로 넣을 때 거리를 왜곡하였다. 특히 경계로 갈수록 많이 축소시켰음을 알 수 있다.

문제 13.1.2. $0 < a < 1$인 a에 대하여 두 점 $(a, \pm\sqrt{1-a^2})$를 무한원점으로 갖는 $\mathbb{D}$-직선은 원호이다. 이 원호를 포함하는 원의 중심과 반지름을 구하시오.

$\mathbb{D}^2$에서 합동공리계의 무정의 관계인 합동의 의미를 등장사상을 이용하여 부여할 수 있다.

> (합동공리군의 무정의 용어: 합동)
> $\mathbb{D}^2$의 두 부분집합 S와 S'에 대하여 $F(S) = S'$이 되는 Poincaré 거리를 보존하는 등장사상 $F : (\mathbb{D}^2, d_{\mathbb{D}^2}) \longrightarrow (\mathbb{D}^2, d_{\mathbb{D}^2})$가 존재할 때 S과 S'이 합동이라고 하고 $S \simeq S'$라고 표기한다.

$\mathbb{D}^2$에서 $\mathbb{D}$-선분 $\overline{PQ}$는 두 점 P, Q를 잇는 곡선 중 최단곡선인 것으로 정의하였으므로 선분의 길이는 두 점 사이의 거리 $d_{\mathbb{D}^2}(P, Q)$와 같다. 선분의 Poincaré 노옴을 $\|\overline{PQ}\|$로 표기하자. 서로 합동인 선분 $\overline{PQ} \simeq \overline{ST}$에 대하여 $F(\overline{PQ}) = \overline{ST}$인 등장사상 F가 존재하고 $\|\overline{PQ}\| = \|\overline{ST}\|$이다. 역으로 두 선분의 길이가 같을 때 두 선분이 합동임을 보이자.

명제 13.1.1. 만약 $\|\overline{PQ}\| = \|\overline{ST}\|$이면 $\overline{PQ} \simeq \overline{ST}$이다.

증명 (1) 등장사상 $T_p(z) = e^{i\theta_1}\frac{z-p}{-\bar{p}z+1}$과 $T_s(z) = e^{i\theta_2}\frac{z-s}{-\bar{s}z+1}$에 의하여 $T_p(\overline{PQ}) = \overline{OQ'}$이고 $T_s(\overline{ST}) = \overline{OT'}$이고 $Q' = (q_1', 0), q_1' > 0$이고 $T' = (t_1', 0), t_1' > 0$인 θ_1, θ_2가 존재한다.

(2) 등장사상이 선분의 길이를 보존하고 가정에 의하여

$$\|OQ'\| = \|PQ\| = \|ST\| = \|OT'\|$$

이다.

(3) $\|OQ'\| = d_{\mathbb{D}^2}(O, Q') = \ln\frac{1+q_1'}{1-q_1'}$이고 $\|OT'\| = d_{\mathbb{D}^2}(O, T') = \ln\frac{1+t_1'}{1-t_1'}$이므로 $q_1' = t_1'$이고 $Q' = T'$이다.

(4) 그러므로 $T_s^{-1} \cdot T_p(\overline{PQ}) = \overline{ST}$이고 $\overline{PQ} \simeq \overline{ST}$이다. □

이제부터 Poincaré 원판모형 $(\mathbb{D}^2, d_{\mathbb{D}^2})$에서 원점이 꼭지점이고 $(\frac{1}{2}, 0)$를 지나는 $\mathbb{D}$-반직선을 $\overrightarrow{OE_1}$으로 표기한다.

(합동공리 C-1) 주어진 선분 $\overline{PQ}$와 반직선 $\overrightarrow{P'R'}$에 대하여, $\overline{PQ} \simeq \overline{P'Q'}$인 Q'이 반직선 $\overrightarrow{P'R'}$ 위에 유일하게 존재한다.

증명 (1) (존재성) 등장사상 $T_p(z) = e^{i\theta_1}\frac{z-p}{-\overline{p}z+1}$과 $S_{p'}(z) = e^{i\theta_2}\frac{z-p'}{-\overline{p'}z+1}$이

$$T_p(\overline{PQ}) \subset \overrightarrow{OE_1}, \quad S_{p'}(\overrightarrow{P'R'}) = \overrightarrow{OE_1}$$

을 만족하는 적당한 θ_1, θ_2가 존재한다.

(2) 이때 $S_{p'}^{-1}(T_p(Q)) = Q'$이라고 하면 $S_{p'}^{-1}(T(\overline{PQ})) = \overline{P'Q'}$이다.

(3) 따라서 $\overline{PQ} \simeq \overline{P'Q'}$이고 $\overline{P'Q'} \subseteq \overrightarrow{P'R'}$이다.

(4) (유일성) $\overline{PQ} \simeq \overline{P'Q'}$이고 $\overline{PQ} \simeq \overline{P'Q''}$인 점 Q'과 Q''이 반직선 $\overrightarrow{P'R'}$ 위에 있다고 하자.

(5) 단계 (1)에서 $S_{p'}(\overrightarrow{P'R'}) = \overrightarrow{OE_1}$이므로

$$S_{p'}(Q') = A = (a, 0), \quad S_{p'}(Q'') = B = (b, 0)$$

인 $a > 0$와 $b > 0$이 존재한다.

(6) 이때 $\|OA\| = \|P'Q'\| = \|PQ\| = \|P'Q''\| = \|OB\|$이므로

$$\|OA\| = \ln\frac{1+a}{1-a} = \ln\frac{1+b}{1-b} = \|OB\|$$

이다.

(7) 그러므로 $a = b$이고 $A = B$이다. 즉, $Q' = Q''$이다. □

합동공리 C-1을 이용하여 $\mathbb{D}^2$의 두 점 P, Q 사이의 거리를 직선 $\overleftrightarrow{PQ}$의 두 무한원점 A, B를 이용하여 구할 수도 있다(그림 13.3 참조) .

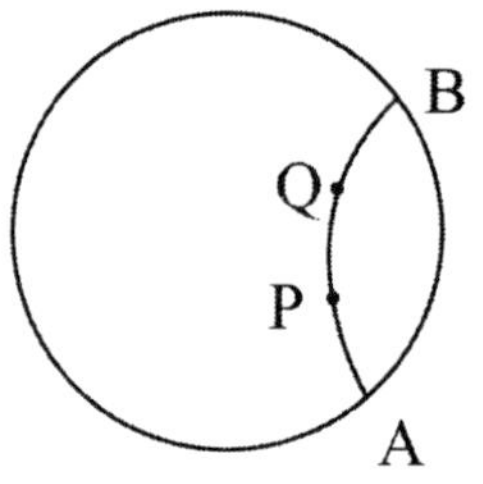

그림 13.3: $d_{\mathbb{D}^2}(P,Q) = |\ln[P,Q,A,B]|$

$\mathbb{D}^2$의 두 점 P, Q 사이의 거리는

$$d_{\mathbb{D}^2}(P,Q) = |\ln[P,Q,A,B]| \tag{1.2}$$

이다. 여기서 A, B는 직선 $\overleftrightarrow{PQ}$의 두 무한원점이다.

증명 (1) 합동공리 C-1에 의하여 $\overline{PQ}$를 반직선 $\overrightarrow{OE_1}$로 보내는 등장사상 T가 존재한다. 즉, $T(\overline{PQ}) = \overline{OQ'}$이고 여기서 Q'는 $\overrightarrow{OE_1}$에 속한다.

(2) T가 등장사상이고 $\frac{1+|Q'|}{1-|Q'|} = [0, Q', 1, -1]$이므로

$$d_{\mathbb{D}^2}(P,Q) = d_{\mathbb{D}^2}(O,Q') = \ln\frac{1+|Q'|}{1-|Q'|} = |\ln[0,Q',1,-1]|$$

이다.

(3) 선형분수변환 $T^{-1} : \mathbb{C}\cup\{\infty\} \to \mathbb{C}\cup\{\infty\}$는 복비를 보존하므로

$$[0, Q', 1, -1] = [T^{-1}(0), T^{-1}(Q'), T^{-1}(1), T^{-1}(-1)]$$

이다. 이때 $T^{-1}(1), T^{-1}(-1)$는 직선 $\overleftrightarrow{PQ}$의 두 무한원점 A, B이다.

(4) $|\ln[P,Q,A,B]| = |\ln[P,Q,B,A]|$이므로 $d_{\mathbb{D}^2}(P,Q) = |\ln[P,Q,A,B]|$이다.

□

명제 13.1.1에 의하여 두 $\mathbb{D}$-선분의 합동은 두 선분의 길이가 같다는 것과 동치이다. 이를 이용하면 합동공리 C-2가 자명하게 성립한다.

(합동공리 C-2)
(I) $\mathbb{D}$-선분은 자기 자신과 합동이다.
(II) $\overline{PQ} \simeq \overline{P'Q'}$이고 $\overline{PQ} \simeq \overline{P''Q''}$이면 $\overline{P'Q'} \simeq \overline{P''Q''}$이다.

(합동공리 C-3) $P * Q * R$이고 $P' * Q' * R'$이고 $\overline{PQ} \simeq \overline{P'Q'}, \overline{QR} \simeq \overline{Q'R'}$이면 $\overline{PR} \simeq \overline{P'R'}$이다.

증명 (1) 합동공리 C-1에 의하여 점 P를 O로 보내고 선분 $\overline{PQ}$를 반직선 $\overrightarrow{OE_1}$으로 보내는 등장사상 $T_p(z) = e^{i\theta}\frac{z-p}{-\overline{p}z+1}$가 존재한다.

(2) 등장사상은 선분을 선분으로, 반직선을 반직선으로 보내므로 $P * Q * R$은 순서를 보존하여 $T(Q) = Q_1, T(R) = R_1$이라면 $O * Q_1 * R_1$이다.

(3) $Q_1 = (q_1, 0), q_1 > 0, R_1 = (r_1, 0), r_1 > 0$라고 놓으면 식 (1.2)에 의하여

$$d_{\mathbb{D}^2}(O, Q_1) = \ln\frac{1+q_1}{1-q_1} = d_{\mathbb{D}^2}(P, Q)$$
$$d_{\mathbb{D}^2}(Q_1, R_1) = \ln\frac{(1-q_1)(1+r_1)}{(1+q_1)(1-r_1)} = d_{\mathbb{D}^2}(Q, R)$$

이다.

(4) 한편 적당한 ϕ에 대하여 $S_{p'}(z) = e^{i\phi}\frac{z-p'}{-\overline{p}'z+1}$가 세 점 P', Q', R'을 $S_{p'}(P') = 0, S_{p'}(Q') = {Q_1}', S_{p'}(R') = {R_1}'$으로 보낸다면 $O * {Q_1}' * {R_1}'$이다.

(5) 단계 (3)에서와 같이 $Q_1' = (q_1', 0), q_1' > 0, R_1' = (r_1', 0), r_1' > 0$이라 놓으면 식 1.2에 의하여

$$d_{\mathbb{D}^2}(O, Q_1') = \ln\frac{1+q_1'}{1-q_1'} = d_{\mathbb{D}^2}(P', Q')$$
$$d_{\mathbb{D}^2}(Q_1', R_1') = \ln\frac{(1-q_1')(1+r_1')}{(1+q_1')(1-r_1')} = d_{\mathbb{D}^2}(Q', R')$$

이다.

(6) 가정에 의하여 $d_{\mathbb{D}^2}(P, Q) = d_{\mathbb{D}^2}(P', Q')$이고 $d_{\mathbb{D}^2}(Q, R) = d_{\mathbb{D}^2}(Q', R')$이므로 단계 (3)과 (5)에 의하여 $q_1 = {q_1}'$이고 $r_1 = {r_1}'$이다. 따라서 $Q_1 = {Q_1}'$이고 $R_1 = {R_1}'$이다. 즉, $\overline{OR} = \overline{OR'}$이다.

(7) 따라서

$$\overline{PR} = T_p^{-1}(\overline{OR}) = T_p^{-1}(\overline{OR'}) = T_p^{-1}(S_{p'}(\overline{P'R'}))$$

이므로 $\overline{PR} \simeq \overline{P'R'}$이다. □

다음으로 Poincaré 원판모형 $(\mathbb{D}^2, d_{\mathbb{D}^2})$의 각에 대한 합동공리들을 살펴보자.

(합동공리 C-4) 주어진 각 $\angle QPR$, 반직선 $\overrightarrow{P'Q'}$, 직선 $P'Q'$에 대한 반평면 $\mathbb{H}$에 대하여 $\angle QPR \simeq \angle Q'P'R'$인 반직선 $\overrightarrow{P'R'}$이 반평면 $\mathbb{H}$ 쪽으로 유일하게 존재한다.

증명 (1) (존재성) 등장사상 $T_p(z) = e^{i\theta_1}\frac{z-p}{-\overline{p}z+1}$와 $S_{p'}(z) = e^{i\theta_2}\frac{z-p'}{-\overline{p'}z+1}$이

$$T_p(Q) = A = (a,0), \quad T_p(\overrightarrow{PQ}) = \overrightarrow{OA}, \quad S_{p'}(\overrightarrow{P'Q'}) = \overrightarrow{OA}$$

를 만족하는 적당한 θ_1, θ_2와 $a > 0$가 존재한다.

(2) $S_{p'}(\overleftrightarrow{P'Q'})$는 x-축이므로 $S_{p'}(\mathbb{H}) = \mathbb{H}'$라고 하면 $\mathbb{H}'$는 x-축에 대한 반평면이다.

(3) (경우 1) 점 $T_p(R) = B$가 반평면 $S_{p'}(\mathbb{H}) = \mathbb{H}'$에 속한다고 하고 $S_{p'}^{-1}(B) = R'$이라 하자. $R' \in \mathbb{H}$이고

$$S_{p'}^{-1} \circ T_p(\angle QPR) = S_{p'}^{-1}(\angle AOB) = \angle Q'P'R'$$

인데 등장사상은 등각사상이므로 $\angle QPR \simeq \angle Q'P'R'$이다.

(4) (경우 2) 점 $T_p(R) = B$가 $\mathbb{H}'$에 속하지 않는다고 하자. 등장사상 $T_0(z) = \overline{z}$에 의하여 $T_0(B) = \overline{B}$, $S_{p'}^{-1}(\overline{B}) = R'$이라면 $R' \in \mathbb{H}$이고

$$S_{p'}^{-1} \circ T_0 \circ T_p(\angle QPR) = S_{p'}^{-1}(\angle AO\overline{B}) = \angle Q'P'R'$$

이다.

(5) 따라서 모든 경우에 임의의 각을 주어진 변을 포함하고 원하는 쪽으로 옮기는 것이 가능하다.

(6) (유일성) 조건을 만족하는 각이 $\angle Q'P'R'$과 $\angle Q'P'R''$이라고 하자.

(7) 등장사상은 등각사상이므로 가정에 의하여

$$|\angle Q'P'R'| = |\angle QPR| = |\angle Q'P'R''|$$

이다.

(8) 난계 (1)에서와 같은 $T_{p'}$에 의하여 $S_{p'}^{-1}(R') = X, S_{p'}^{-1}(R'') = Y$라고 하면 $|\angle AOX| = |\angle AOY|$이다.

(9) 두 각$\angle AOX$와 $\angle AOY$의 꼭지점이 원점이므로 두 각은 Euclid의 직선각과 같다. $\mathbb{R}^2$가 합동공리 C-4을 만족하고 X와 Y는 x-축에 대하여 같은 쪽에 있으므로 반직선 $\overrightarrow{OX} = \overrightarrow{OY}$이다.

(10) 그러므로 $\overrightarrow{P'R'} = S_{p'}^{-1}(\overrightarrow{OX}) = S_{p'}^{-1}(\overrightarrow{OY}) = \overrightarrow{P'R''}$이다. □

Poincaré 원판모형 $(\mathbb{D}^2, d_{\mathbb{D}^2})$ 위의 항등사상은 등장사상이고 등장사상의 합성도 등장사상으므로 다음을 보일 수 있다.

(합동공리 C-5)

(I) 임의의 각은 자기 자신과 합동이다.

(II) $\angle QPR \simeq \angle Q'P'R'$이고 $\angle QPR \simeq \angle Q''P''R''$이면 $\angle Q'P'R' \simeq \angle Q''P''R''$이다.

다음으로 Poincaré 원판모형 $(\mathbb{D}^2, d_{\mathbb{D}^2})$에서 SAS 합동공리가 성립함을 보이자.

(SAS 합동공리 C-6) Poincaré 원판모형 $(\mathbb{D}^2, d_{\mathbb{D}^2})$ 위에 있는 두 삼각형 PQR과 삼각형 $P'Q'R'$에 대하여

$$\overline{PQ} \simeq \overline{P'Q'}, \quad \angle P \simeq \angle P', \quad \overline{PR} \simeq \overline{P'R'}$$

이면 두 삼각형 PQR과 삼각형 $P'Q'R'$는 합동이다.

증명 (1) 합동공리 C-1에 의하여 $F(\overline{PQ}) = \overline{OA}, A \in \overrightarrow{OE_1}$인 등장사상 F가 존재한다. 이때 $F(P) = O, F(Q) = A, F(R) = B$이라 하자.

(2) 합동공리 C-1에 의하여 $G(\overline{P'Q'}) = \overline{OA'}, A' \in \overrightarrow{OE_1}$인 등장사상 G가 존재한다. 이때 $G(P') = O, G(Q') = A', G(R') = B'$이라 하자.

(3) $\overline{PQ} \simeq \overline{P'Q'}$이므로 $d_{\mathbb{D}^2}(O, A) = d_{\mathbb{D}^2}(O, A')$이고 $A,\ A' \in \overrightarrow{OE_1}$이므로 합동공리 C-1에 의하여 $A = A'$이다.

(4) (경우 1) $B \sim_{\overleftrightarrow{OA}} B'$이라면 $\angle AOB \simeq \angle A'O'B'$이므로 합동공리 C-4의 유일성에 의하여 $\overrightarrow{OB} = \overrightarrow{OB'}$이다.

(5) 합동공리 C-1에 의하여 $\overline{OB} \simeq \overline{OB'}$이고 $B, B' \in \overrightarrow{OB}$이므로 $B = B'$이다.

(6) 따라서 $\triangle OAB = \triangle OA'B'$이므로

$$F(\triangle PQR) = G(\triangle P'Q'R'), \quad G^{-1} \circ F(\triangle PQR) = \triangle P'Q'R'$$

이다.

(7) (경우 2) $B \not\sim_{\overleftrightarrow{OA}} B'$이라면 직선 $\overleftrightarrow{OA}$에 대한 대칭이동 $R_{\overleftrightarrow{OA}}$는 점 B를 점 B_1으로 보낸다. 이때 $B_1 \sim_{\overleftrightarrow{OA}} B'$이므로 $\triangle OAB_1 = \triangle OA'B'$이다.

(8) 따라서 $G^{-1} \circ R_{\overleftrightarrow{OA}} \circ F(\triangle PQR) = \triangle P'Q'R'$이 된다.

(9) 그러므로 어느 경우든 $\triangle PQR \simeq \triangle P'Q'R'$이다. □

우리는 Poincaré 원판모형에서 순서의 의미를 부여할 때 $\mathbb{D}$-직선과 $\mathbb{R}^2$의 x-축과 일대일 대응이 되는 것을 이용하였다. 그러므로 x-축처럼 $\mathbb{D}$-직선도 직선의 완비성 공리와 Dedekind의 공리를 만족한다. 즉, Poincaré 원판 모형이 연속공리를 만족한다. 다음으로 Poincaré 원판모형 $(\mathbb{D}^2, d_{\mathbb{D}^2})$가 Euclid의 평행선공리를 부정한 쌍곡공리를 만족함을 보인다.

> (쌍곡공리) 적당한 직선 L_0과 적당한 점 $P_0 \notin L_0$가 존재하여 P_0를 지나고 L_0와 평행한 직선이 두 개 이상 존재한다.

Poincaré 모형 $(\mathbb{D}^2, d_{\mathbb{D}^2})$의 직선 $L_0 = x$-축과 점 $P_0 = (0, \frac{1}{2})$과 $P_1 = \left(\frac{1}{2}, \frac{1}{2}\right), P_2 = (-\frac{1}{2}, \frac{1}{2})$에 대하여 결합공리 I-1의 증명에서 구한 식 (1.1)에 의하여

$$\overleftrightarrow{P_0P_1} = \left\{\left(x - \frac{1}{4}\right)^2 + \left(y - \frac{5}{4}\right)^2 = \frac{10}{16}\right\} \bigcap \mathbb{D}^2$$
$$\overleftrightarrow{P_0P_2} = \left\{\left(x + \frac{1}{4}\right)^2 + \left(y - \frac{5}{4}\right)^2 = \frac{10}{16}\right\} \bigcap \mathbb{D}^2$$

이고 이 두 직선은 P_0를 지나고 직선 L_0에 평행인 직선이다. 그러므로 Poincaré 모형은 쌍곡공리를 만족한다. 중립기하학에서 쌍곡공리는 보편 쌍곡정리를 함의하는 것을 증명하였다.

> (보편 쌍곡정리) 임의의 직선 L과 임의의 점 $P \notin L$에 대하여 P를 지나고 L과 평행인 직선이 2개 이상 존재한다.

이로써 Poincaré 원판모형이 쌍곡평면기하학의 모형이 됨을 증명하였다.

13.2 Poincaré 원판모형 $(\mathbb{D}^2, d_{\mathbb{D}^2})$에서의 평행선과 평행각

Lambert는 Euclid의 평행선공리를 증명하려는 시도에서 평행선공리를 부정하였을 때 절대길이를 갖는다는 것을 알아내고 그것을 모순이라고 하였다. Euclid 기하학에서는 단위길이를 기하학 내에서 결정할 수 있는 방법이 없다. 그러나 쌍곡기하학에서는 평행각과 거리의 관계식을 이용하여 단위길이를 정할 수 있음을 §11.3에서 다루었다. 이 절에서는 Poincaré 원판모형에서 직선 L의 극한평행반직선과 직선 L에 대한 점 $P \notin L$에서의 평행각이 어떻게 표현되는지 먼저 살펴보고 평행각과 $d_{\mathbb{D}^2}(P, L)$과의 관계를 구해 보자.

> (L의 극한평행반직선) $\mathbb{D}$-직선 L에 대하여 L의 무한원점 중의 하나를 무한원점으로 갖는 반직선이 L의 극한평행반직선이 된다.

> (L에 대한 점 P에서의 평행각) $\mathbb{D}$-직선 L과 L 위에 있지 않은 점 P에 대하여, L의 무한원점을 A, B라 하고 P로부터 L에 내린 수선의 발을 Q라고 하자. A와 B를 무한원점으로 갖는 두 극한평행반직선을 $\overrightarrow{PA'}, \overrightarrow{PB'}$라고 하면 $\angle QPA' \simeq \angle QPB'$의 크기를 L에 대한 점 P에서의 평행각(angle of parallelism) $\Pi(d_{\mathbb{D}^2}(\overline{PQ}))$이다.

주 . 평행각 $\Pi(d)$는 $d_{\mathbb{D}^2}(P, L) = d$에 의하여 결정된다는 것을 정리 11.3.3에서 보였다. 이제 평행각 $\Pi(d)$와 $d_{\mathbb{D}^2}(P, L)$과의 관계를 원판모형에서 구해보자. 그러나 Lobachevsky와 Bolyai가 모형 없이 연역적으로 이 관계식을 구한 것을 고려할 때 그들의 결과는 위대한 업적이다.

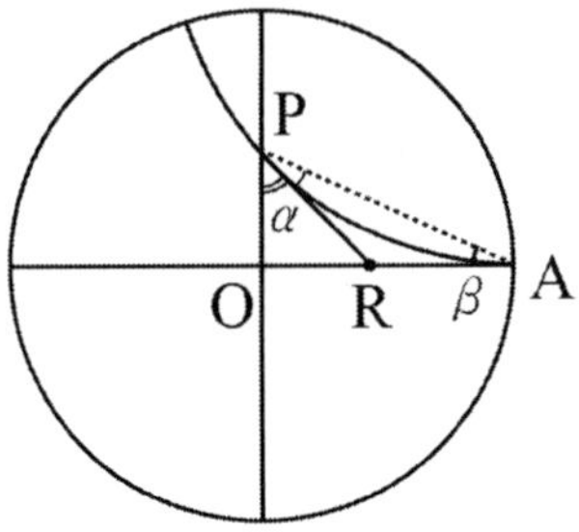

그림 13.4: 정리 13.2.1($e^{-d} = \tan\frac{\Pi(d)}{2}$)

우리가 다루는 Poincaré 원판모형 $(\mathbb{D}^2, d_{\mathbb{D}^2})$의 Gauss 곡률은 -1이다.

정리 13.2.1. 직선 L에 대한 점 P에서의 평행각 $\Pi(d)$는

$$e^{-d} = \tan\frac{\Pi(d)}{2}$$

를 만족한다. 여기서 d는 점 P와 직선 L 사이의 거리 $d_{\mathbb{D}^2}(P, L)$이다.

증명 (1) 일반성을 잃지 않고 임의의 직선 L을 x-축이라 하고 점 P는 y-축 위에 있다고 할 수 있다(그림 13.4 참조).

(2) L의 무한원점 A를 무한원점으로 가지는 극한평행반직선을 Γ라고 하고 Γ의 중심을 C라고 하자.

(3) P에서의 Γ의 접선이 x-축과 만나는 점을 R이라고 하면

$$\overleftrightarrow{CP} \perp \overleftrightarrow{PR}, \quad \overleftrightarrow{CA} \perp \overleftrightarrow{AR}$$

이므로 삼각형 CPR과 삼각형 CAR은 직각삼각형이다.

(4) 직각삼각형의 SSS 합동성질에 의하여 두 삼각형 CPR과 삼각형 CAR는 합동이므로 두 대응변 $\overline{PR}$과 $\overline{RA}$은 합동이다.

(5) 삼각형 PRA는 이등변삼각형이고 밑각의 크기를 β라고 하면 $|\angle PRO| = 2\beta$이다.

(6) $\angle OPR$의 크기인 평행각 $\Pi(d)$를 $\Pi(d) = \alpha$라고 하면 $\alpha + 2\beta = \frac{\pi}{2}$이다.

(7) Euclid의 삼각형 POA로부터 $\tan\beta$는 선분 $\overline{OP}$의 Euclid 길이이다. 그러므로 $\tan\beta = |P|$이고

$$\tan\beta = \tan\left(\frac{\pi}{4} - \frac{\alpha}{2}\right) = \frac{1-\tan\frac{\alpha}{2}}{1+\tan\frac{\alpha}{2}} = |P|$$

이다.

(8) 이제 $d_{\mathbb{D}^2}(O,P) = \ln\frac{1+|P|}{1-|P|} = d$이므로

$$e^d = \frac{1+|P|}{1-|P|} = \frac{1+\frac{1-\tan\frac{\alpha}{2}}{1+\tan\frac{\alpha}{2}}}{1-\frac{1-\tan\frac{\alpha}{2}}{1+\tan\frac{\alpha}{2}}} = \frac{1}{\tan\frac{\alpha}{2}}$$

이다. □

마지막으로 Poincaré 원판 모형에서 $\mathbb{D}$-원이 어떤 형태를 갖는지를 살펴보자.

명제 13.2.2. Poincaré 원판 모형에서의 $\mathbb{D}$-원은 E-원이고 반대로 E-원은 $\mathbb{D}$ 원이다.

증명 (1) Poincaré 원판 모형에서 $\mathbb{D}$-원을 Γ라고 하고 중심을 C, 반지름을 r이라 놓자.

(2) 등장사상 $T(z) = \frac{z-c}{-\bar{c}z+1}$에 의하여 중심 C는 원점으로 보내지고 임의의 점 $P \in \Gamma$에 대하여 $T(P) = Q$라고 하면

$$d_{\mathbb{D}^2}(C,P) = d_{\mathbb{D}^2}(O,Q) = \ln\frac{1+|Q|}{1-|Q|} = r$$

이다. 즉, O와 $T(P) = Q$ 사이의 Euclid 거리는 $|Q| = \frac{e^r-1}{e^r+1} = \kappa$이다.

(3) 따라서 $T(\Gamma)$는 E-원 $S^1_\kappa = \{(x,y) \mid x^2+y^2 = \kappa^2\}$에 속한다. 즉, $T(\Gamma) \subseteq S^1_\kappa$이다.

(4) 역으로 점 $Q \in S^1_\kappa$에 대하여

$$d_{\mathbb{D}^2}(O,Q) = \ln\frac{1+|Q|}{1-|Q|} = r = d_{\mathbb{D}^2}(C, T^{-1}(Q))$$

이므로 $T^{-1}(Q) \in \Gamma$이고 $Q \in T(\Gamma)$이다. 따라서 $S^1_\kappa \subseteq T(\Gamma)$이다. 그러므로 단계 (3)에 의하여 $T(\Gamma) = S^1_\kappa$이다.

(5) 성질 12.3.3에 의하여 선형분수변환 T^{-1}는 E-원 S^1_κ을 E-원이나 E-직선으로 보내고 $T^{-1}(S^1_\kappa) = \Gamma \subseteq \mathbb{D}^2$이므로 Γ는 E-원이다.

(6) 역으로 원점이 중심인 E-원을 $S^1_\kappa = \{(x,y) \mid x^2+y^2=\kappa^2\}$이라고 하자. 임의의 점 $P \in S^1_\kappa$에 대하여 $d_{\mathbb{D}^2}(O,P) = \ln\frac{1+|P|}{1-|P|} = \ln\frac{1+\kappa}{1-\kappa}$이므로 S^1_κ은 반지름이 $r = \ln\frac{1+\kappa}{1-\kappa}$이고 중심이 원점인 $\mathbb{D}$-원도 된다.

(7) 일반성을 잃지 않고 중심이 x-축 위에 있는 E-원

$$S^1_\kappa(a) = \{(x,y) \mid (x-a)^2 + (y)^2 = \kappa^2\}$$

에 대하여 $P = (a-\kappa, 0)$, $Q = (a+\kappa, 0)$라면 $\mathbb{D}$-선분 $\overline{PQ}$의 $\mathbb{D}$-중점 $R = (b,0)$를 잡는다. 즉, $d_{\mathbb{D}^2}(P,R) = d_{\mathbb{D}^2}(R,Q)$이므로 식 (1.2)에 의하여

$$d_{\mathbb{D}^2}(P,R) = |\ln[a-k, b, 1, -1]| = |\ln[b, a+k, 1, -1]| = d_{\mathbb{D}^2}(R,Q)$$

이다.

(8) 점 R를 원점으로 보내는 선형분수변환 T는 E-원 $S^1_\kappa(a)$을 E-원이나 E-직선으로 보내는데 단위원에 포함되어야하므로 $T(S^1_\kappa(a))$은 E-원이다.

(9) 단계 (6)에 의하여 원점이 중심인 E-원 $G(S^1_\kappa(a))$은 $\mathbb{D}$-원이 되고 등장사상 T^{-1}이 Poincaré 거리를 보존하므로 원 $T^{-1}(S^1_\kappa(a)) = S^1_\kappa(a)$도 $\mathbb{D}$-원이다.

(10) 그러므로 Poincaré 원판 모형에서의 $\mathbb{D}$-원과 E-원은 일치한다. □

정리하면 $\mathbb{D}^2$의 모든 E-원은 쌍곡기하학의 의미로도 원이 되지만 중심이 원점이 아닌 경우는 Poincaré의 원의 중심이 E-원의 중심보다 $\mathbb{D}^2$의 경계쪽으로 치우쳐 있다.

13.3 Poincaré 상반평면모형 $(\mathbb{H}^+, d_{\mathbb{H}^+})$

Poincaré는 쌍곡평면기하학의 모형을 $\mathbb{D}^2 = \{z = x + yi \mid x^2 + y^2 < 1\}$뿐만 아니라 상반평면(upper half plane)

$$\mathbb{H}^+ = \{w = u + vi \mid v > 0\}$$

에서도 구현하였다. 선형분수변환

$$T : \mathbb{C} \cup \{\infty\} \to \mathbb{C} \cup \{\infty\}, \quad T(z) = -i\frac{z+i}{z-i}$$

를 $\mathbb{D}^2$로 국한시키면 $T_0 = T\,|_{\mathbb{D}^2} : \mathbb{D}^2 \to \mathbb{H}^+$은 일대일 대응이다. 그리고 선형분수변환 T는 $\partial\mathbb{D}^2$를 x-축과 ∞로 대응하므로 $\mathbb{H}^+$모형에서의 무한원점은 x-축과 ∞이다. 특히 T에 의해 $z = i$는 $w = \infty$로 대응된다. 이제 선형분수변환 $T_0 : (\mathbb{D}^2, d_{\mathbb{D}^2}) \to (\mathbb{H}^+, d_{\mathbb{H}^+})$가 등장사상이 되도록 상반평면 $\mathbb{H}^+$에 Poincaré 거리 $d_{\mathbb{H}^+}$를 정의하자.

> 선형분수변환 $T(z) = (-i)\frac{z+i}{z-i}$를 $\mathbb{D}^2$로 국한시킨
>
> $$T_0 : (\mathbb{D}^2, d_{\mathbb{D}}) \longrightarrow (\mathbb{H}^+, d_{\mathbb{H}^+})$$
>
> 는 Poincaré 원판모형과 Poincaré 상반평면모형 사이의 등장사상이다.

증명 (1) $z_0 = \alpha(t_0) \in \mathbb{D}^2$를 지나는 곡선 $\alpha(t)$에 대하여 곡선 $\beta(t) = T(\alpha(t))$가 점 $\beta(t_0) = T(z_0) = w_0$를 지나고 이 점에서의 속도벡터 $\beta'(t_0)$는

$$\beta'(t_0) = dT_{z_0}(\alpha'(t_0)) = -\frac{2}{(z_0 - i)^2}\alpha'(t_0)$$

이다.

(2) T_0가 등장사상이기 위하여

$$\|\alpha'(t_0)\|_{\mathbb{D}^2} = \frac{2|\alpha'(t_0)|}{1 - |z_0|^2} = \left\| \frac{-2}{(z_0 - i)^2}\alpha'(t_0) \right\|_{\mathbb{H}^+} = \|\beta'(t_0)\|_{\mathbb{H}^+}$$

이 성립해야 한다.

(3) 이제 $\|\eta_{w_0}\|_{\mathbb{H}^+} = \frac{|z_0 - i|^2}{1 - |z_0|^2}|\eta_{w_0}|$로 정의하자. 이 식을 단계 (2)에 대입하면 등식이 성립한다.

(4) T_0의 역사상 $T_0^{-1}(w) = z = \frac{i(w-i)}{w+i}$로부터

$$1 - |z|^2 = \frac{4v}{|w + i|^2}, \quad |z - i|^2 = \frac{4}{|w + i|^2}$$

이므로 $w = u + vi \in \mathbb{H}^+$에서 접벡터 η_w의 Poincaré 노옴은

$$\|\eta_w\|_{\mathbb{H}^+} = \frac{1}{v}|\eta| = \frac{1}{\operatorname{Im} w}|\eta|$$

이다. □

이 접벡터의 노옴으로부터 $\mathbb{H}^+$의 거리 $d_{\mathbb{H}^+}$가 정의된다. 따라서 $T_0 : (\mathbb{D}^2, d_{\mathbb{D}}) \longrightarrow (\mathbb{H}^+, d_{\mathbb{H}^+})$가 등장사상인 것은 자명하다.

$\mathbb{H}^+$ 위의 두 점 w_1과 w_2 사이의 거리를 구해보자. $T_0{}^{-1}(w_k) = \frac{i(w_k - i)}{w_k + i}, k = 1, 2$ 이므로

$$d_{\mathbb{H}^+}(w_1, w_2) = d_{\mathbb{D}^2}\left(\frac{i(w_1 - i)}{w_1 + i}, \frac{i(w_2 - i)}{w_2 + i}\right)$$

이다. $\mathbb{H}^+$에서의 직선을 $\mathbb{H}$-직선이라고 하자. T_0가 등장사상이므로 $\mathbb{D}$-직선에 대한 T_0의 상이 $\mathbb{H}$-직선이 될 것이고 역도 성립한다. T_0가 선형분수변환이므로 확장된 원을 보존하고 등각사상이다. $\mathbb{H}$-직선은 $T_0(\partial\mathbb{D}^2)$인 x-축에 수직인 원호이거나 직선이어야 한다. x-축과 수직한 원은 중심이 x-축에 있는 반원뿐이다. 그러므로 $\mathbb{H}$-직선은 x-축과 수직인 직선이거나 중심이 x-축에 있는 반원이다.

> (Poincaré 상반평면모형 $(\mathbb{H}^+, d_{\mathbb{H}^+})$)
> 점 $w \in \mathbb{H}^+$에서 접벡터 η_w의 Poincaré 노옴은
>
> $$\|\eta_w\|_{\mathbb{H}^+} = \frac{1}{\operatorname{Im} w}|\eta|$$
>
> 이고 $\mathbb{H}$-직선은 x-축과 수직인 반직선이거나 중심이 x-축에 있는 반원이다.

T_0가 등장사상이므로 $\mathbb{H}^+$ 위에 있는 두 점 $P' = T_0(P), Q' = T_0(Q)$ 사이의 거리는

$$d_{\mathbb{H}^+}(P', Q') = d_{\mathbb{D}}(P, Q)$$

이다. 한편 $d_{\mathbb{D}}(P, Q) = |\ln[P, Q, A, B]|$이고 T_0가 복비를 보존하므로

$$[P, Q, A, B] = [T_0(P), T_0(Q), T_0(A), T_0(B)]$$

이다. 따라서

$$d_{\mathbb{H}^+}(P', Q') = |\ln[P', Q', A', B']|$$

이다. 여기서 A', B'은 $\mathbb{H}$-직선 $\overleftrightarrow{P'Q'}$의 무한원점이다.

> $\mathbb{H}^+$ 위의 두 점 P, Q 사이의 거리 $d_{\mathbb{H}^+}(P, Q)$은
>
> $$d_{\mathbb{H}^+}(P, Q) = |\ln[P, Q, A, B]|$$
>
> 이다. 여기서 A, B은 $\mathbb{H}$-직선 $\overleftrightarrow{PQ}$의 무한원점이다.
>
> 특별히 $\mathbb{H}$-직선 $\overleftrightarrow{PQ}$가 x-축과 수직인 직선인 경우
>
> $$d_{\mathbb{H}^+}(P, Q) = \left|\ln \frac{\operatorname{Im} P}{\operatorname{Im} Q}\right|$$
>
> 이다.

다음 보기에서 상반평면 $\mathbb{H}^+$의 Poincaré 거리를 Poincaré 노옴을 이용하여 직접 구하고 그 결과를 위의 식과 비교해 보자.

보기 13.3.1. $\mathbb{H}^+$ 위에의 두 점이 $w_1 = x_0 + y_1 i$과 $w_2 = x_0 + y_2 i$, $(y_1 < y_2)$일 때 w_1과 w_2 사이의 거리 $d_{\mathbb{H}^+}(w_1, w_2)$를 구해 보자.

(1) 두 점 w_1과 w_2를 연결하는 $\mathbb{H}$-직선은 매개변수를 이용하면 $\alpha(t) = x_0 + ti, (y_1 \le t \le y_2)$로 표현된다.

(2) $\alpha'(t) = i$이고 이것의 Poincaré 노옴은 $\|\alpha'(t)\|_{\mathbb{H}^+} = \frac{1}{t}$이다.

(3) 그러므로

$$\begin{aligned} d_{\mathbb{H}^+}(w_1, w_2) &= \int_{y_1}^{y_2} \|\alpha'(t)\|_{\mathbb{H}^+} dt \\ &= \int_{y_1}^{y_2} \frac{1}{t} dt \\ &= \ln \frac{y_2}{y_1} \end{aligned}$$

이다.

보기 13.3.2. $w_1 = c + re^{i\theta_1}, w_2 = c + re^{i\theta_2},\ c \in \mathbb{R}$일 때 w_1과 w_2 사이의 거리 $d_{\mathbb{H}^+}(w_1, w_2)$를 구해 보자.

(1) 두 점 w_1과 w_2를 연결하는 $\mathbb{H}$-직선은 매개변수를 이용하면

$$\alpha(t) = c + re^{it} = c + r\cos t + ir\sin t, \quad \theta_1 \le t \le \theta_2$$

로 표현된다.

(2) $\alpha'(t) = ire^{i\theta}$이고 이것의 Poincaré 노옴은 $\|\alpha'(t)\|_{\mathbb{H}^+} = \frac{|\alpha'(t)|}{\operatorname{Im}\alpha(t)} = \frac{1}{\sin t}$이다.

(3) 그러므로

$$\begin{aligned} d_{\mathbb{H}^+}(w_1, w_2) &= \int_{\theta_1}^{\theta_2} \|\alpha'(t)\|_{\mathbb{H}^+} dt \\ &= \int_{\theta_1}^{\theta_2} \frac{1}{\sin t} dt \\ &= \int_{\theta_1}^{\theta_2} \csc t dt \\ &= \ln \frac{\csc\theta_2 - \cot\theta_2}{\csc\theta_1 - \cot\theta_1} \end{aligned}$$

이다.

주 . (1) 한편 $d_{\mathbb{H}^+}(P, Q) = |\ln[P, Q, A, B]|$를 이용하면

$$\begin{aligned} d_{\mathbb{H}^+}(c + re^{i\theta_1}, c + re^{i\theta_2}) &= |\ln[c + re^{i\theta_1}, c + re^{i\theta_2}, c + r, c - r]| \\ &= \ln \frac{\csc\theta_2 - \cot\theta_2}{\csc\theta_1 - \cot\theta_1} \end{aligned}$$

으로 단계 (3)에서와 같은 결과를 얻는다.

(2) 두 점 $w_1 = c + re^{i\theta_1}, w_2 = c + re^{i\theta_2}$ 사이의 거리

$$d_{\mathbb{H}^+}(w_1, w_2) = \ln \tfrac{\csc\theta_2 - \cot\theta_2}{\csc\theta_1 - \cot\theta_1}$$

는 $\mathbb{H}$-직선의 중심 c과 반지름 r에 무관하게 결정되었다(그림 13.5 참조).

(3) 보기 13.3.1과 보기 13.3.2에서처럼 x-축에 평행한 벡터에 의한 평행이동은 등장사상임을 쉽게 알 수 있다. 왜냐하면 점 P에서의 Poincaré 노옴이 P의 x-좌표와는 무관하기 때문이다.

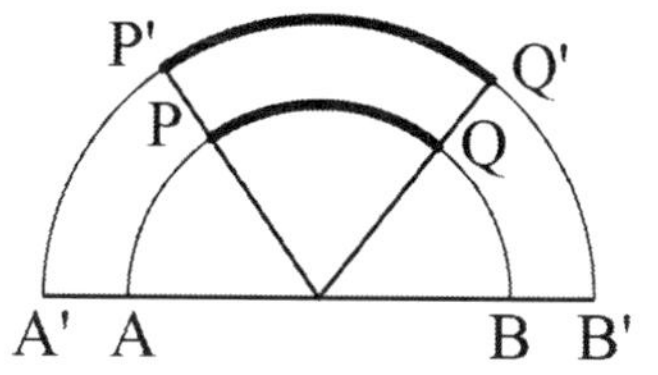

그림 13.5: $d_{\mathbb{H}^+}(P,Q) = d_{\mathbb{H}^+}(P',Q')$

문제 13.3.1. 점 $P_n = (1/n)e^{i\theta_1}, Q_n = (1/n)e^{i\theta_2}$에 대하여 $\lim_{n\to\infty} d_{\mathbb{H}^+}(P_n, Q_n)$을 구하시오.

문제 13.3.2. Poincaré 상반평면모형 $(\mathbb{H}^+, d_{\mathbb{H}^+})$에서 수렴평행선의 거리가 영임을 보기 13.3.2를 이용하여 증명하시오.

주 . T_0가 거리를 보존하므로 원판모형 $\mathbb{D}^2$의 $\mathbb{D}$-원은 T_0에 의하여 $\mathbb{H}^+$에서도 $\mathbb{H}$-원으로 보낸다. 역도 성립한다. 그리고 선형분수변환 T_0는 임의의 E-원을 다시 E-원이나 E-직선으로 보내는데 $T_0(i) = \infty$이므로, T_0는 $\mathbb{D}^2$에 있는 모든 E-원을 E-원으로 보낸다. 명제 13.2.2에서 $\mathbb{D}^2$의 $\mathbb{D}$-원이 E-원이 되고 역도 성립하므로 $\mathbb{H}^+$에서의 $\mathbb{H}$-원은 E-원이 되고 역도 성립한다.

다음으로 일반성을 잃지 않고 중심이 y-축에 있는 E-원을 $\mathbb{H}$-원으로 봤을 때의 관계들을 살펴보자.

> 중심이 ci이고 E-반지름이 $\kappa\,(c > \kappa)$인 E-원
>
> $$S^1_\kappa(ci) = \{(x,y) \mid x^2 + (y-c)^2 = \kappa^2\}$$
>
> 을 $\mathbb{H}$-원으로 생각할 때 Γ라 하고 Γ의 $\mathbb{H}$-중심을 C_Γ와 $\mathbb{H}$-반지름을 r이라 하면
>
> $$c_\gamma = \sqrt{c^2 - \kappa^2}, \qquad r = \frac{1}{2}\ln\frac{c+\kappa}{c-\kappa}$$
> $$c = c_\gamma \cosh r, \qquad \kappa = c_\gamma \sinh r$$
>
> 이다. 여기서 $C_\Gamma = c_\gamma i$이다.

증명 (1) $\mathbb{H}$-원이 y-축에 대하여 대칭이므로 C_Γ는 y-축 위에 있다. 그러므로 C_Γ를 $c_\gamma i$라고 놓을 수 있다.

(2) 중심 $c_\gamma i$는 $d_{\mathbb{H}^+}((c-\kappa)i, c_\gamma i) = d_{\mathbb{H}^+}(c_\gamma i, (c+\kappa)i)$를 만족하므로

$$d_{\mathbb{H}^+}((c-\kappa)i, c_\gamma i) = \ln \frac{c_\gamma}{c-\kappa} = \ln \frac{c+\kappa}{c_\gamma} = d_{\mathbb{H}^+}(c_\gamma i, (c+\kappa)i)$$

이고 $c_\gamma = \sqrt{c^2-\kappa^2}$이다.

(3) $\mathbb{H}$-반지름 r은

$$r = d_{\mathbb{H}^+}((c-\kappa)i, c_\gamma i) = \ln \frac{\sqrt{c^2-\kappa^2}}{c-\kappa} = \frac{1}{2} \ln \frac{c+\kappa}{c-\kappa}$$

이다.

(4) 역으로 중심이 $c_\gamma i$이고 반지름이 r인 $\mathbb{H}$-원 Γ으로부터 E-중심 ci와 E-반지름 $\kappa\,(c>\kappa)$를 구해 보자.

(5) 단계 (2)와 (3)의 식으로부터

$${c_\gamma}^2 = c^2 - \kappa^2 = (c+\kappa)(c-\kappa), \quad e^{2r} = \frac{c+\kappa}{c-\kappa}$$

이다.

(6) 단계 (5)의 식에 의하여 $c+\kappa = c_\gamma e^r, \quad c-\kappa = c_\gamma e^{-r}$이다. 그러므로

$$c = c_\gamma \cosh r, \quad \kappa = c_\gamma \sinh r$$

이다. □

13.4 Klein 모형 $(\mathbb{D}_K, d_K)$과 입체사영

이제부터 $\mathbb{R}^2$의 단위원판 $\mathbb{D}^2 = \{(x,y) \mid x^2+y^2<1\}$ 위에서 쌍곡기하학의 모형인 Klein 모형 $\mathbb{D}_K$를 공부하자. 이 모형을 $\mathbb{D}_K$로 표기하고 Poincaré 원판모형은 $\mathbb{D}_P$로 구분한다. Klein 모형 $\mathbb{D}_K$에서의 점, 직선, 거리를 각각 K-점, K-직선, K-거리라고 하자.

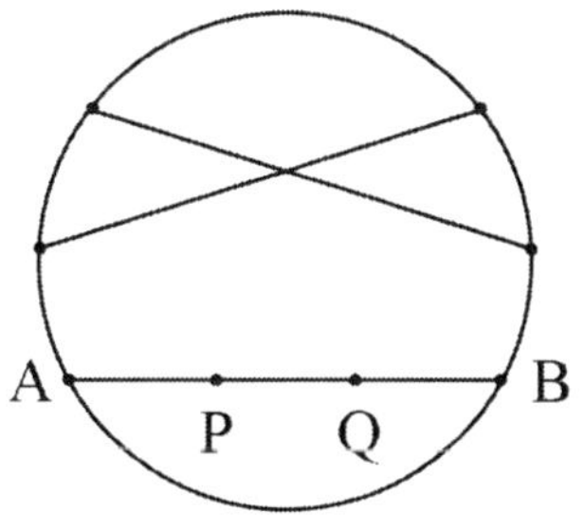

그림 13.6: K-직선

(Klein 모형 $\mathbb{D}_K$)

(I) 원판 $\mathbb{D}_K$에 속하는 점이 K-점이다.

(II) Euclid의 직선과 $\mathbb{D}_K$와의 공통부분으로 끝점을 포함하지 않는 Euclid의 선분이 K-직선이다.

(III) Klein 모형에서 두 점 P, Q 사이의 K-거리는

$$d_K(P, Q) = \frac{1}{2}|\ln[p, q, a, b]| \tag{4.3}$$

이다. P, Q를 지나는 Euclid의 직선이 단위원과 만나는 두 점을 A, B라고 하고 이 네 점을 복소수 p, q, a, b로 대응시키면 $[p, q, a, b]$는 실수이다(그림 13.6 참조).

문제 13.4.1. 식 (4.3)에서 복비 $[p, q, a, b]$가 양의 실수임을 보이시오.

이제 Klein 모형 $\mathbb{D}_K$에서 Poincaré 원판모형 $\mathbb{D}_P$ 위로의 일대일 대응으로 직선을 보존하는 사상을 공부하자. 그리고 이 대응이 등장사상임을 보여 $\mathbb{D}_K$가 쌍곡평면기하학의 모형이 됨을 간접적으로 보인다. 이 대응은 입체사영을 통하여 정의되므로 먼저 입체사영에 대하여 살펴보자.

$\mathbb{R}^3$에서 단위구면

$$S^2 = \{(u, v, h) \in \mathbb{R}^3 \mid u^2 + v^2 + h^2 = 1\}$$

에 대하여

$$\begin{aligned} S^2_+ &= \{(u,v,h) \in \mathbb{S}^2 : h > 0\} \\ S^2_0 &= \{(u,v,h) \in \mathbb{S}^2 : h = 0\} \\ S^2_- &= \{(u,v,h) \in \mathbb{S}^2 : h < 0\} \\ S^2_{v>0} &= \{(u,v,h) \in \mathbb{S}^2 : v > 0\} \\ N &= (0,0,1) \end{aligned}$$

를 각각 북반구, 적도, 남반구, 동반구, 북극이라고 하자.

> 입체사영 (stereographic projection)
>
> $$\varphi : S^2 \setminus \{N\} \longrightarrow \mathbb{R}^2 \subset \mathbb{R}^3$$
>
> 을 다음과 같이 정의한다. $S^2 \setminus \{N\}$ 위의 점 $P = (u,v,h)$에 대하여 직선 $\overleftrightarrow{NP}$와 평면 $\{(x,y,0) \mid (x,y) \in \mathbb{R}^2\}$의 교점 Q로 대응시킨다. 그리고 점 $Q = (x,y,0)$을 (x,y)로 보낸다. 이때
>
> $$\varphi(u,v,h) = \left(\frac{u}{1-h}, \frac{v}{1-h}\right)$$
>
> 이고 이것의 역사상은
>
> $$\varphi^{-1}(x,y) = \left(\frac{2x}{1+x^2+y^2}, \frac{2y}{1+x^2+y^2}, \frac{x^2+y^2-1}{x^2+y^2+1}\right)$$
>
> 이다(그림 13.7 참조).

이때 입체사영 φ에 의하여 북반구가 단위원의 외부로, 적도가 단위원으로, 남반구가 단위원의 내부로, 동반구가 상반평면으로 대응된다.

정리 13.4.1. 입체사영 φ는 등각사상이다.

증명 (1) $\mathbb{R}^2 \times \{0\}$의 위의 두 직선 L과 L'이 점 A에서 θ의 각으로 만난다고 하자.

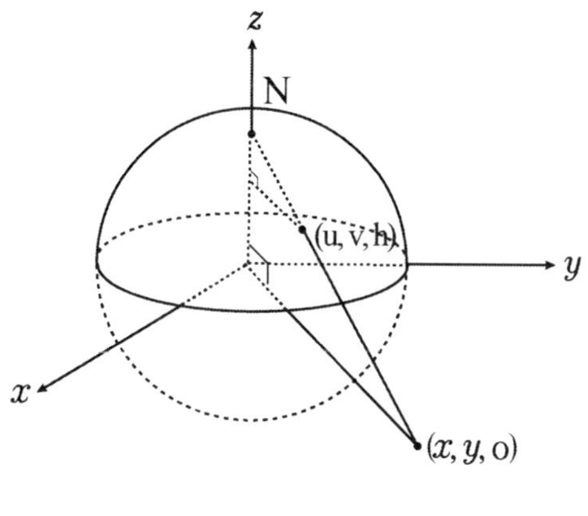

그림 13.7: 입체사영 φ

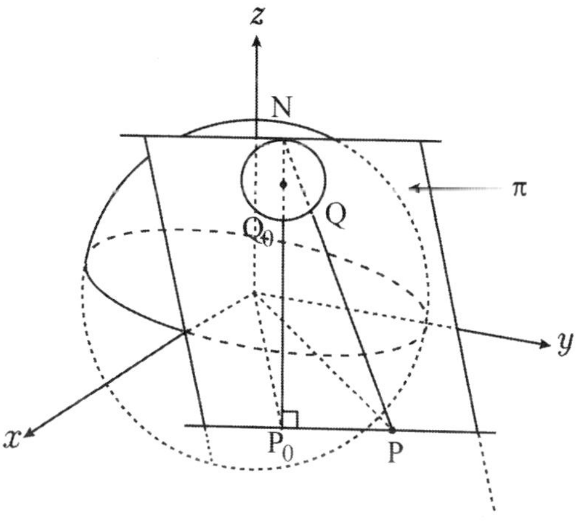

그림 13.8: 등각사상 φ

(2) 직선 L과 북극 N을 포함하는 평면을 π라고 하면 $\varphi^{-1}(L) = \pi \cap S^2$은 N과 $\varphi^{-1}(A)$를 지나는 원 C_1이다.

(3) N으로부터 L에 수선을 내리고 그 수선의 발을 P_0라고 하자. P_0가 아닌 L의 점 P에 대하여

$$|N - \varphi^{-1}(P_0)| < |N - \varphi^{-1}(P)|$$

이므로 원 C_1의 중심은 수선 위에 있다.

(4) N에서 원 C_1의 접선은 반지름과 수직이고 반지름은 수선과 같은 방향이므로 접선은 L과 평행하다.

(5) 마찬가지로 L'도 N과 $\varphi^{-1}(A)$를 지나는 원 C_2에 대응되고, N에서의 C_2의

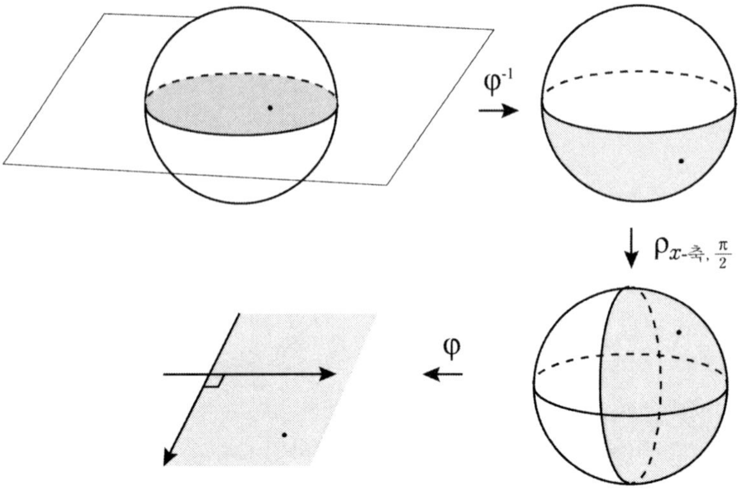

그림 13.9: $\mathbb{D}^2 \longrightarrow \mathbb{H}^+$로 보내는 $T_0(z) = -i\frac{z+i}{z-i}$

접선도 L'과 평행하다.

(6) 그러므로 두 원 C_1과 C_2가 N에서 θ의 각도로 만난다.

(7) 두 원이 두 점에서 만날 때 두 점에서 만나는 각은 같으므로 $\varphi^{-1}(A)$에서도 θ의 각도로 만난다. □

문제 13.4.2. 단계 (3)에서 이용한 $|N - \varphi^{-1}(P_0)| < |N - \varphi^{-1}(P)|$을 증명하시오.

문제 13.4.3. 단계 (7)에서 이용한 공간 $\mathbb{R}^3$에 있는 두 원이 두 점에서 만날 때 두 원에서 만나는 각이 두 점에서 같음을 보이시오.

이 입체사영을 통하여 $\mathbb{D}^2 \longrightarrow \mathbb{H}^+$로 보내는 등장사상 $T_0(z) = -i\frac{z+i}{z-i}$를 설명할 수 있다.

> Poincaré 원판모형과 Poincaré 상반평면모형 사이의 등장사상
>
> $$T_0 : (\mathbb{D}^2, d_{\mathbb{D}}) \longrightarrow (\mathbb{H}^+, d_{\mathbb{H}^+}) \quad T_0(z) = -i\frac{z+i}{z-i}$$
>
> 는 $\varphi \circ \rho_{x\text{-축},\frac{\pi}{2}} \circ \varphi^{-1}$이다. 여기서 φ는 N으로부터의 입체사영이고 $\rho_{x\text{-축},\frac{\pi}{2}}$는 x-축을 중심으로 $\frac{\pi}{2}$ 만큼 회전변환이다.

증명 (1) $\varphi^{-1} : \mathbb{R}^2 \longrightarrow S^2 \setminus \{N\}$를 통하여 원판의 점 (x, y)를 남반구의 (u, v, h)로 보낸다고 하자(그림 13.9 참조).

(2) 남반구 S^2_-의 점 $(u, v, h), h < 0$을 x-축을 중심으로 $\frac{\pi}{2}$ 만큼 회전변환 $\rho_{x\text{-축}, \frac{\pi}{2}}$을 이용하여

$$\begin{pmatrix} 1 & 0 & 0 \\ 0 & \cos\frac{\pi}{2} & -\sin\frac{\pi}{2} \\ 0 & \sin\frac{\pi}{2} & \cos\frac{\pi}{2} \end{pmatrix} \begin{pmatrix} u \\ v \\ h \end{pmatrix} = \begin{pmatrix} u \\ -h \\ v \end{pmatrix}$$

로 보낸다. 이때 $-h > 0$이므로 $(u, -h, v)$는 동반구의 점이 된다.

(3) 동반구의 점 $(u, -h, v)$를 φ를 이용하여 $\left(\frac{u}{1-v}, \frac{-h}{1-v}\right)$로 보내자.

(4) $r^2 = x^2 + y^2$라 하면

$$\begin{aligned} \varphi \circ \rho_{x\text{-축}, \frac{\pi}{2}} \circ \varphi^{-1}(x, y) &= \left(\frac{\frac{2x}{1+r^2}}{1 - \frac{2y}{1+r^2}}, \frac{\frac{1-r^2}{1+r^2}}{1 - \frac{2y}{1+r^2}} \right) \\ &= \left(\frac{2x}{1 + r^2 - 2y}, \frac{1 - r^2}{1 + r^2 - 2y} \right) \end{aligned}$$

이다.

(5) $z = x + yi, w(z) = \frac{2x}{1+r^2-2y} + i\frac{1-r^2}{1+r^2-2y}$라 놓으면 $w(z) = -i\frac{z+i}{z-i}$이다. □

이제 Poincaré 원판모형과 Klein 원판모형 위로의 일대일 대응을 주고 이 대응이 두 모형의 직선을 보존함을 보이자.

Klein 원판모형과 Poincaré 원판모형 사이의 사상

$$\psi_K : (\mathbb{D}_K, d_{\mathbb{D}_K}) \longrightarrow (\mathbb{D}_P, d_{\mathbb{D}}) \quad \psi_K(u, v) = \varphi \circ \pi^{-1}(u, v) = \frac{(u, v)}{1 + \sqrt{1 - u^2 - v^2}}$$

은 일대일 대응이고 이의 역함수는

$$\psi_K^{-1}(x, y) = \pi \circ \varphi^{-1}(x, y) = \frac{2(x, y)}{1 + x^2 + y^2}$$

이다. 여기서 φ는 입체사영이고 $\pi : S^2_- \longrightarrow \mathbb{D}^2$는 점 (u, v, h)를 (u, v)로 보내는 수직사영이다. 그리고 사상 ψ_K에 의하여 $\mathbb{D}_K$의 직선이 $\mathbb{D}_P$의 직선이 되고 역도 성립한다.

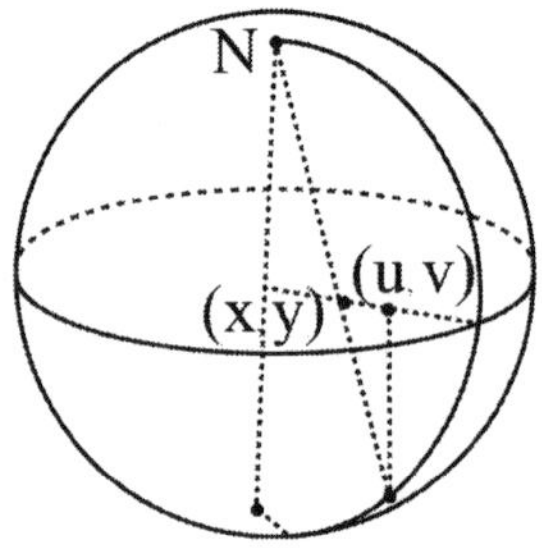

그림 13.10: $(\mathbb{D}_K, d_{\mathbb{D}_K}) \longrightarrow (\mathbb{D}_P, d_{\mathbb{D}})$로 보내는 $\psi_K(u,v) = \varphi \circ \pi^{-1}(u,v) = (x,y)$

증명 (1) 수직사영 $\pi : S^2_- \longrightarrow \mathbb{D}^2$의 역사상 π^{-1}은 $\mathbb{D}_K$ 위의 점 (u,v)를 남반구 S^2_-의 점 $(u,v,-\sqrt{1-u^2-v^2})$로 보낸다(그림 13.10 참조).

(2) 그리고 입체사영 φ는 남반구 S^2_-의 점 $(u,v,-\sqrt{1-u^2-v^2})$를 Poincaré 원판모형 $\mathbb{D}_P$의 점 $\frac{(u,v)}{1+\sqrt{1-u^2-v^2}}$로 보낸다.

(3) 따라서 $\psi_K(u,v) = \varphi \circ \pi^{-1}(u,v) = \frac{(u,v)}{1+\sqrt{1-u^2-v^2}}$이다.

(4) 이것의 역사상은 $\psi_K^{-1}(x,y) = \pi \circ \varphi^{-1}(x,y) = \frac{2(x,y)}{1+x^2+y^2}$이다.

(5) ψ_K에 의하여 $\mathbb{D}_K$의 직선이 $\mathbb{D}_P$의 직선이 되고 역도 성립함을 보이자. 일반성을 잃지 않고 $\mathbb{D}_K$의 직선 L을 $u = a (0 \le a < 1)$라고 할 수 있다.

(6) $a = 0$인 경우, $\psi_K(L)$은 $x = 0$로 대응되므로 $\mathbb{D}_p$에서 직선이 된다.

(7) $a \neq 0$인 경우, $\psi_K(L)$ 위의 점을 (x,y)라고 하면

$$x = \frac{a}{1+\sqrt{1-a^2-v^2}}, \quad y = \frac{v}{1+\sqrt{1-a^2-v^2}}$$

이다. 이제 $\psi_K(L)$이 $(a, \pm\sqrt{1-a^2})$에서 단위원과 직교하는 원호임을 보이자.

(8) 문제 13.1.2에 의하여 $(a, \pm\sqrt{1-a^2})$에서 단위원과 직교하는 원의 식은 $(x-\frac{1}{a})^2 + y^2 = \frac{1-a^2}{a^2}$임을 구하였다.

(9) $\frac{y}{x} = \frac{v}{a}$이므로 $v = \frac{ay}{x}$를 $x = \frac{a}{1+\sqrt{1-a^2-v^2}}$에 대입하면 $\left(x - \frac{1}{a}\right)^2 + y^2 = \frac{1-a^2}{a^2}$이다.

(10) 역으로 $\mathbb{D}_P$에서 단위원과 직교하는 원호가 $\mathbb{D}_K$의 직선으로 대응되는 것도 위의 계산을 거꾸로 따라가면 확인할 수 있다. □

다음으로 사상 ψ_K가 Klein 원판모형과 Poincaré 원판모형 사이의 거리를 보존

하는 등장사상이 됨을 보이고 이로부터 직선을 보존하는 것을 확인할 수도 있다.

> Klein 원판모형과 Poincaré 원판모형 사이의 사상
>
> $$\psi_K : (\mathbb{D}_K, d_K) \longrightarrow (\mathbb{D}_P, d_{\mathbb{D}^2})$$
>
> 는 등장사상이다. 따라서 Klein 모형도 쌍곡기하학의 모형이다.

증명 (1) 일반성을 잃지 않고 $\mathbb{D}_K$ 위의 두 점 P, Q를 실수축에 있는 점이라고 하고 $P = (p, 0)$, $\quad Q = (q, 0)$라고 놓자.

(2) $\psi_K(P) = \frac{(p,0)}{1+\sqrt{1-p^2}}, \psi_K(Q) = \frac{(q,0)}{1+\sqrt{1-q^2}}$이므로

$$[\psi_K(P), \psi_K(Q), -1, 1] = \sqrt{\frac{1+p}{1-p} \cdot \frac{1-q}{1+q}}$$

이고 $d_{\mathbb{D}^2}(\psi_K(P), \psi_K(Q)) = |\ln[\psi_K(P), \psi_K(Q), -1, 1]|$이다.

(3) 한편

$$\begin{aligned} d_K(P, Q) &= \frac{1}{2}|\ln[P, Q, -1, 1]| = \frac{1}{2}\left|\ln \frac{1+p}{1-p} \cdot \frac{1-q}{1+q}\right| \\ &= \left|\ln \sqrt{\frac{1+p}{1-p} \cdot \frac{1-q}{1+q}}\right| \\ &= |\ln[\psi_K(P), \psi_K(Q), -1, 1]| \\ &= d_{\mathbb{D}^2}(\psi_K(P), \psi_K(Q)) \end{aligned}$$

이므로 ψ_K는 거리 d_K와 $d_{\mathbb{D}^2}$를 보존하는 등장사상이다.

(4) 그러므로 Poincaré 모형 $(D_P, d_{\mathbb{D}^2})$와 Klein 모형 (D_K, d_K) 사이의 등장사상 ψ_K를 통하여 간접적으로 Klein 모형도 쌍곡기하학의 모형임을 알 수 있다. □

지금까지 우리는 쌍곡평면기하학의 모형으로 Poincaré의 원판모형과 Poincaré의 상반평면모형과 Klein 모형을 공부하였고 서로 등장적인 것도 확인하였다. 즉, 이들이 쌍곡평면기하학의 모형으로서 동형인 것이다. Euclid의 평면기하학처럼 쌍곡평면기하학도 범주적임은 잘 알려져 있다([12]참조). 그러므로 제 14장에서 쌍곡

평면기하학의 세 모형 중에서 계산이 용이한 모형을 선택하여 쌍곡평면기하학에서의 중요한 결과를 얻을 것이다.

제 14 장

Euclid 기하학 · 쌍곡기하학 · 구면기하학의 비교

이 장에서는 구면 위의 기하학을 간략히 살펴보고 쌍곡기하학 · Euclid 기하학 · 구면기하학들의 중요한 성질들을 비교하여 본다. 특히 삼각형의 넓이와 세 내각의 합, Gauss 곡률, 원의 지름에 대한 둘레의 비인 원주율에 대하여 살펴본다.

14.1 구면기하학에서의 직선과 삼각형의 넓이

이번 절에서는 구면 위에 있는 두 점 P, Q를 잇는 최단곡선이 대원임을 보이고 이로부터 구면 위에서는 평행선이 존재하지 않음을 보인다. 그리고 구면 위의 세 점 P, Q, R이 만드는 삼각형의 넓이와 세 내각의 합과의 관계를 살펴본다. 반지름이 r인 구면 $\mathbb{S}_r^2 = \{(x, y, z) \mid x^2 + y^2 + z^2 = r^2\}$ 위의 두 점 P, Q를 연결하는 곡선 중 최단곡선은 대원의 일부임을 증명하자. 여기서 대원은 원점과 P, Q를 포함하는 평면과 구면과의 교차곡선을 의미한다.

	반지름이 ri인 쌍곡기하학	Euclid 기하학	반지름이 r인 구면 기하학
모형	Poincaré의 원판모형	$\mathbb{R}^2$	구면
직선	지름 또는 경계와 직교하는 원호	$\{(x, y) \mid ax + by = c\}$	대원
평행선의 개수	두 개 이상	한 개	없음
삼각형의 세 내각의 합	$< \pi$	$= \pi$	$> \pi$
삼각형의 넓이	$r^2 \cdot (\pi - (\theta_1 + \theta_2 + \theta_3))$	$(1/2)$·밑변 · 높이	$r^2 \cdot ((\theta_1 + \theta_2 + \theta_3) - \pi)$
반지름이 ρ인 원의 넓이	$4\pi \sinh^2(\rho/2)$	$\pi\rho^2$	$4\pi \sin^2(\rho/2)$
반지름이 ρ인 원의 원주율	$(\pi \sinh \rho)/\rho$	π	$(\pi \sin \rho)/\rho$
Gauss 곡률	$-1/r^2$	0	$1/r^2$

구면기하학 $\mathbb{S}_r^2$에서의 직선은 대원이다.

증명 (1) 일반성을 잃지 않고 $P = (0, 0, r)$로 놓자.

(2) P와 Q를 연결하는 매개변수곡선 $\alpha(t)$를 구면좌표계를 사용하여

$$\alpha(t) = (r\sin\phi(t)\cos\theta(t), r\sin\phi(t)\sin\theta(t), r\cos\phi(t)), \ \alpha(0) = P, \ \alpha(1) = Q$$

라고 하자.

(3) 곡선 α의 길이는

$$\begin{aligned} L(\alpha) &= \int_0^1 r\sqrt{\phi'(t)^2 + \theta'(t)^2 \sin^2\phi(t)}dt \\ &\geq \int r\phi'(t)dt \\ &= [r(\phi(1) - \phi(0))] \\ &= L(\widehat{PQ}) \end{aligned}$$

여기서 $L(\widehat{PQ})$는 반지름이 r이고 중심각이 $\phi(1) - \phi(0)$인 원호의 길이이다.

(4) 등호는 $\phi' \geq 0$이고 $\theta'(t)^2 \sin^2\phi(t) = 0$일 때 성립한다. 즉, $\phi(t)$는 증가함수이고 $\theta(t) = \theta_0$인 경우이다.

(5) $Q = (r\sin\phi_0\cos\theta_0, r\sin\phi_0\sin\phi_0, -r\cos\theta_0)$라면

$$\alpha(t) = (r\sin(\phi_0 t)\cos\theta_0, r\sin(\phi_0 t)\sin\theta_0, r\cos(\phi_0 t)), \ 0 \leq t \leq 1$$

이다.

(6) α의 상은 구면좌표계에서 $\rho = r, \theta = \theta_0, 0 \leq \phi \leq \phi_0$이므로 x-축의 양의 방향과 이루는 각도가 $\theta = \theta_0$인 평면과 구면과의 교차곡선인 대원의 일부이다.

(7) 그리고 이 평면은 세 점 P, Q와 원점을 포함하고 만약 $P \neq -Q$라면 유일하게 결정되므로 P와 Q를 지나는 대원은 유일하다.

(8) $Q = -P = (0, 0, -r)$라고 하면 θ_0는 $[0, \pi]$의 임의의 값이 모두 가능하므로 P와 Q를 지나는 대원은 무수히 많이 존재한다. 그러므로 구면기하학은 결합공리 I-1을 만족하지 않는다. □

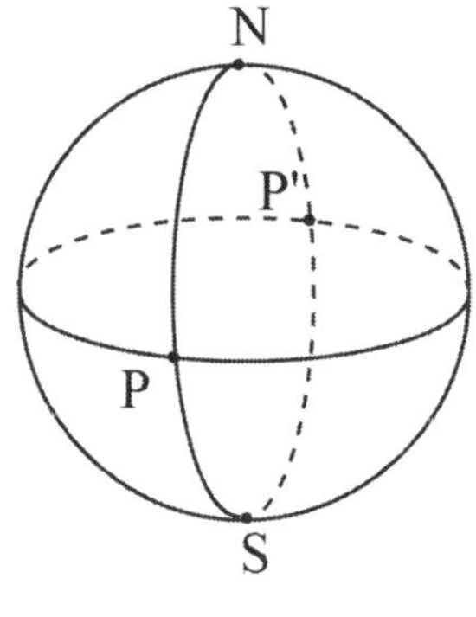

그림 14.1: 보기 14.1.1(측지선과 최단곡선)

지금까지 두 점을 잇는 최단곡선을 그 기하학에서의 직선(straight line)이라고 하였는데 이를 좀 더 일반화한 개념인 측지선을 정의하자.

정의 14.1.1. 거리 공간 X에서 어떤 곡선이 국소적으로 두 점을 잇는 최단곡선이 되는 경우 그 곡선을 X에서의 측지선(geodesic)이라고 한다. 즉 모든 t에 대하여 $L(\alpha\,|_{[t-\epsilon,t+\epsilon]}) = d_X\,(\alpha(t-\epsilon), \alpha(t+\epsilon))$를 만족하는 $\epsilon = \epsilon(t) > 0$이 존재할 때 곡선 α를 측지선이라고 한다.

보기 14.1.1. 단위구면 위의 네 점 $N = (0,0,1), P = (1,0,0), S = (0,0,-1), P' = (-1,0,0)$에 대하여 N, P, S, P'를 포함하는 대원을 따른 원호 $\widehat{NP}, \widehat{NPS}, \widehat{NP'}$는 직선이지만 $\widehat{NPSP'}$는 N과 P'를 잇는 최단곡선이 아니다(그림 14.1 참조). 그러나 국소적으로 $\widehat{NPS}$와 $\widehat{SP'}$는 최단곡선이므로 $\widehat{NPSP'}$도 측지선이 된다. 짧은 거리인 경우 측지선은 최단곡선이지만 먼 거리인 경우에는 아닐 수도 있다.

이제부터 직선을 최단경로로 국한시키지 않고 측지선과 같은 의미로 사용하자. 구면기하학에서의 직선은 대원이며 임의의 두 직선은 항상 두 점에서 만나고 평행인 직선은 존재하지 않음을 보이자.

구면 위의 임의의 두 직선은 두 점에서 만나므로 구면기하학는 타원 평행선 성질을 만족한다.

증명 (1) 구면의 중심은 원점이고 반지름을 1이라고 하자.

(2) 각각의 대원에 대하여 대원을 포함하는 평면에 수직인 단위법벡터를 대응시킨다. 서로 방향이 반대인 두 개의 단위법벡터가 존재한다.

(3) 임의의 두 대원 $\Gamma_1 \neq \Gamma_2$에 대한 단위법벡터를 N_1과 N_2라고 하면 즉,

$$\Gamma_i = \{v \in \mathbb{S}^2 \mid v \perp N_i\}, \quad i = 1, 2$$

이다.

(4) N_1과 N_2는 서로 반대 방향이 아니므로 1차독립이다.

(5) N_1과 N_2가 1차독립이므로 $N_1 \times N_2 \neq O$이고 외적의 정의에 의하여

$$N_1 \times N_2 \perp N_1, \quad N_1 \times N_2 \perp N_2$$

이다.

(6) 단계 (3)에 의하여 $\pm(N_1 \times N_2) \in \Gamma_1 \cap \Gamma_2$이므로 두 대원은 적어도 두 점에서 만난다.

(7) 만약 $v \in \Gamma_1 \cap \Gamma_2$라면 $v \perp N_1$이고 $v \perp N_2$이어야 한다. 따라서 v는 N_1과 N_2가 생성하는 평면과 수직이어야 하는데 $\mathbb{R}^3$에서 이 평면과 수직인 단위벡터는 $\pm(N_1 \times N_2)$뿐이므로 $v = \pm(N_1 \times N_2)$이다.

(8) 그러므로 Γ_1과 Γ_2는 오직 두 점에서만 만난다. □

문제 14.1.1. 단위구면 위의 두 점 $P = (1, 0, 0)$과 $P' = (\cos\theta_0, \sin\theta_0, 0)$에 대하여 $\overline{PP'}$을 공통수선으로 갖는 두 직선 L과 L'이 존재한다. L 위의 점 $Q = (\sin(\frac{\pi}{2} - \phi), 0, \cos(\frac{\pi}{2} - \phi))$, $(0 \leq \phi \leq \frac{\pi}{2})$에 대하여 Q와 L' 사이의 거리를 구하고 두 직선 L과 L'이 결국 만나는 것을 보이시오.

공통수선 $\overline{PP'}$을 갖는 두 직선 L과 L'들의 성질을 세 기하학에서 비교해 보자 (그림 14.2 참조).

공통수선 $\overline{PP'}$을 갖는 두 직선 L과 L'에 대하여

(I) Euclid 평면기하학에서 L과 L'은 등거리인 평행선이다(정리 11.1.6 참조).

(II) 쌍곡평면기하학에서 L 위의 점 Q가 점 P로부터 점점 멀어지면 Q와 L'과의 거리도 더 커지는 평행선이다(문제 11.3.2 참조).

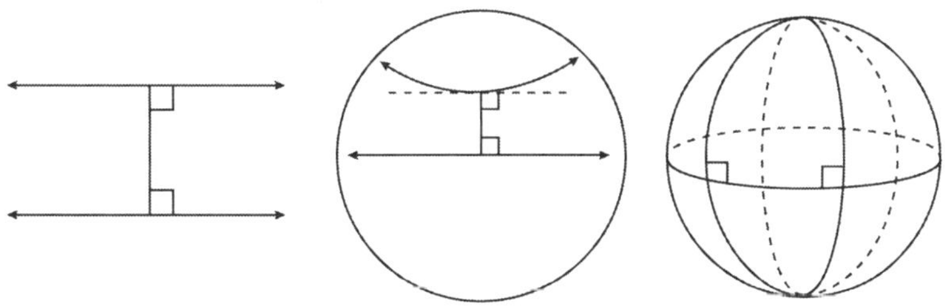

그림 14.2: 공통수선을 가진 두 직선

(III) 구면기하학에서 L 위의 점 Q가 점 P로부터 점점 멀어지면 Q와 L'과의 거리가 점점 작아지며 결국 만난다(문제 14.1.1 참조).

구면 위에서 두 점을 연결하는 직선이 유일하지 않으므로 삼각형을 정의할 때 주의하여야 한다. 특별히 서로 대척점이 아닌 임의의 세 점에 대하여 각각의 두 점을 길이가 짧은 측지선으로 연결하여 생기는 삼각형을 측지삼각형이라고 한다. 반지름이 r인 구면 위의 세 점 $P = (r, 0, 0)$, $Q = (0, r, 0)$, $R = (0, 0, r)$에 대하여 측지삼각형 PQR의 넓이는 전체 구면 넓이의 $\frac{1}{8}$인 $\frac{\pi}{2} \cdot r^2$이다. 이는 삼각형 PQR의 세 내각의 합 $\frac{3\pi}{2}$와 π와의 차이인 $\frac{\pi}{2}$의 r^2배이다. 이제 이를 일반화하여 구면 위의 임의의 측지삼각형의 넓이를 구하여 보자.

반지름이 r인 구면 위의 측지삼각형 PQR의 세 내각을 α, β, γ라고 하면 삼각형 PQR의 넓이는

$$\text{Area}(\triangle PQR) = r^2((\alpha + \beta + \gamma) - \pi)$$

이다.

증명 (1) $P' = -P, Q' = -Q, R' = -R$이라고 하고 편의상 P, Q, P', Q'이 적도에 놓여 있다고 하자(그림 14.3 참조).

(2) 대원호 PQP'과 PRP'을 경계로 갖는 영역 R_1의 넓이는 $\frac{\alpha}{2\pi} \cdot 4\pi r^2$이다.

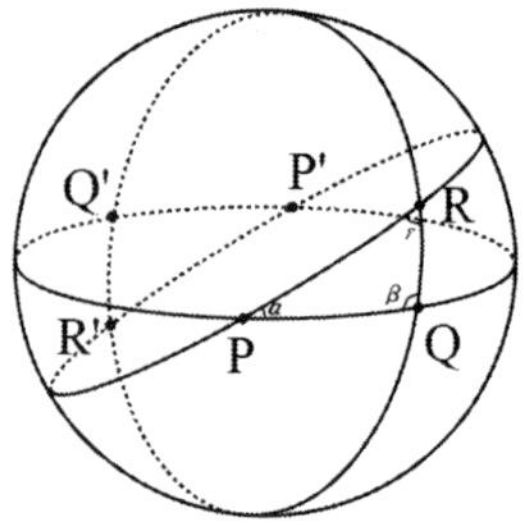

그림 14.3: 구면 위의 측지삼각형의 넓이

(3) 대원호 QPQ'과 QRQ'을 경계로 갖는 영역 R_2의 넓이는 $\frac{\beta}{2\pi}\cdot 4\pi r^2$이다.

(4) 대원호 RPR'과 RQR'을 경계로 갖는 영역 R_3의 넓이는 $\frac{\gamma}{2\pi}\cdot 4\pi r^2$이다.

(5) R_1은 삼각형 PQR과 삼각형 $P'QR$의 합집합이고 R_2는 삼각형 PQR과 삼각형 $PQ'R$의 합집합이다.

(6) R_3는 삼각형 PQR과 삼각형 PQR'으로 이루어졌고 삼각형 PQR'과 삼각형 $P'Q'R$은 원점에 대하여 대칭이므로 넓이가 같다.

(7) $R_3' = \triangle PQR \cup \triangle P'Q'R$로 놓으면 영역 $R_1 \cup R_2 \cup R_3'$는 북반구가 된다.

(8) 따라서

$$\begin{aligned}\text{Area}(R_1) + \text{Area}(R_2) + \text{Area}(R_3) &= \frac{\alpha+\beta+\gamma}{2\pi}\cdot(4\pi r^2)\\ &= \text{Area}(\text{북반구}) + 2\,\text{Area}(\triangle PQR)\end{aligned}$$

이다.

(9) 그러므로 $\text{Area}(\triangle PQR) = r^2((\alpha+\beta+\gamma)-\pi)$가 된다. □

넓이는 항상 양의 값을 가지므로 다음이 성립한다.

> 구면 위의 모든 삼각형의 세 내각의 합은 항상 π보다 크다. 그 차이를 삼각형의 초과(excess)라고 한다. 이는 삼각형의 넓이에 비례한다. 그러므로 합동이 아닌 닮음 삼각형은 존재하지 않는다.

문제 14.1.2. 구면 위의 어떤 영역도 평평한 종이 위에 거리를 보존하도록 하면서 지도로 그릴 수 없음을 보이시오.

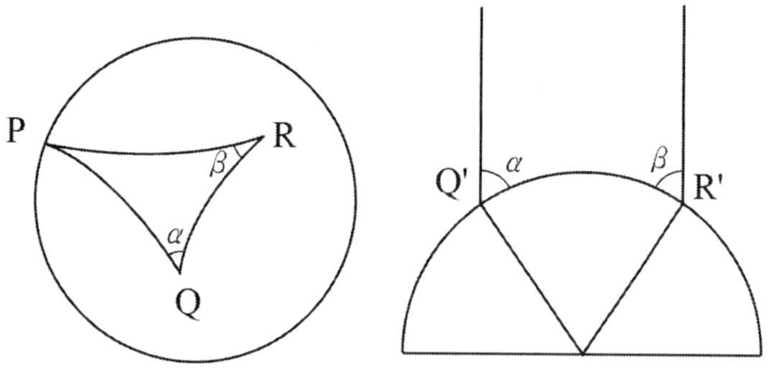

그림 14.4: 쌍곡기하학의 두 모형에서 무한삼각형의 넓이

14.2 쌍곡평면기하학에서 삼각형의 넓이과 결손

Poincaré 모형 $(D_P, d_{\mathbb{D}^2})$에서 무한원점 P를 한 꼭지점으로 하는 측지삼각형 PQR를 무한삼각형 또는 점근삼각형이라고 하고 변 $\overline{PQ}$와 $\overline{PR}$을 섬근변이라고 한나. 이제 원판모형에서 P가 무한원점인 무한삼각형 PQR의 넓이를 구하여 보자.

> Poincaré 모형 $(D_P, d_{\mathbb{D}^2})$에서 P가 무한원점이고 $|\angle Q| = \alpha$, $|\angle R| = \beta$인 무한삼각형 PQR의 넓이는 $\pi - (\alpha + \beta)$이다.

증명 (1) 일반성을 잃지 않고 무한원점 P를 i라고 가장하자. 만약 아니라면 무한원점 P를 i로 보내는 회전을 하면 된다(그림 14.4 참조).

(2) Poincaré의 원판모형과 Poincaré 상반평면 모형 사이의 등장사상

$$T_0(z) = i\frac{z+i}{z-i}$$

이 삼각형 PQR을 상반평면의 삼각형으로 보낼 때 점 $P = i$는 점 $P' = \infty$로 보내고 점근변 $\overline{PQ}$와 $\overline{PR}$은 다시 점근변인 수직반직선으로 보낸다.

(3) T_0는 등각사상이므로 T_0가 삼각형 PQR을 두 내각이 α와 β인 무한삼각형 $P'Q'R'$으로 보낸다.

(4) 필요하다면 평행이동을 하여 원호 $Q'R'$의 중심을 원점이라고 하고 반지름을 r이라고 하자.

(5) 상반평면 $(\mathbb{H}^+, \|\cdot\|_{\mathbb{H}}^+)$에서 넓이요소(area element) dA는 직교좌표를 사용한다면 Euclid의 넓이요소처럼 가로, 세로가 dx, dy인 무한소 직사각형이다. Poincaré 거리로 가로 길이는 $\frac{dx}{y}$, 세로 길이는 $\frac{dy}{y}$가 되어

$$dA = \frac{1}{y^2}dxdy$$

이다.

(6) 무한삼각형 $P'Q'R'$에 대한 이중적분을 위하여 x-좌표의 적분영역을 구하여 보자. 영역 (I)은 $\{re^{i\theta} \mid 0 < \theta \leq \frac{\pi}{2}\}$이고 영역 (II)는 $\{re^{i\theta} \mid \frac{\pi}{2} < \theta < \pi\}$이라고 하자.

(7) 점 Q'과 R'이 영역 (I)에 속한다면

$$r\cos(\pi - \alpha) \leq x \leq r\cos\beta$$

이고, 점 Q'은 영역 (I)에 속하고 R'이 영역 (II)에 속한다면

$$-r\cos\alpha = r\cos(\pi - \alpha) \leq x \leq r\cos\beta$$

이고, 점 Q'과 R'이 영역 (II)에 속한다면

$$-r\cos\alpha = r\cos(\pi - \alpha) \leq x \leq -r\cos(\pi - \beta) = r\cos\beta$$

이다.

(8) 따라서

$$\begin{aligned}
\text{Area}(\triangle P'Q'R') &= \iint_{\triangle P'Q'R'} 1dA \\
&= \int_{r\cos(\pi-\alpha)}^{r\cos\beta} \int_{\sqrt{r^2-x^2}}^{\infty} \frac{1}{y^2}dydx \\
&= \int_{r\cos(\pi-\alpha)}^{r\cos\beta} \frac{1}{\sqrt{r^2 - x^2}}dx \\
&= \int_{\pi-\alpha}^{\beta} \frac{-r\sin\theta}{r\sin\theta}d\theta \\
&= \pi - (\alpha + \beta)
\end{aligned}$$

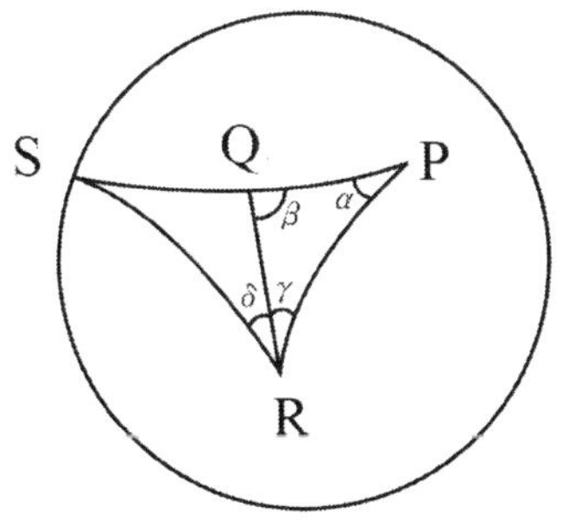

그림 14.5: Poincaré 모형 $(D_P, d_{\mathbb{D}^2})$에서 삼각형의 넓이

이다.

(9) 그러므로 모든 변환이 등장사상이므로 원판 위의 무한삼각형 PQR의 넓이는 $\pi - (\alpha + \beta)$이다. □

> 측지삼각형 PQR의 세 내각 $\angle P$, $\angle Q$, $\angle R$을 각각 α, β, γ라고 할 때 삼각형 PQR의 넓이는 $\pi - (\alpha + \beta + \gamma)$이다.

증명 (1) 반직선 $\overrightarrow{PQ}$의 무한원점을 S라고 하자(그림 14.5 참조).

(2) 무한삼각형 SPR과 무한삼각형 SQR의 넓이의 차로 삼각형 PQR의 넓이를 구하자.

(3) $|\angle SRQ| = \delta$라고 하면

$$\begin{aligned}\text{Area}(\triangle PQR) &= \text{Area}(\triangle SPR) - \text{Area}(\triangle SQR)\\ &= \pi - (\alpha + \gamma + \delta) - \{\pi - (\pi - \beta + \delta)\}\\ &= \pi - (\alpha + \beta + \gamma)\end{aligned}$$

이다. □

넓이는 항상 양수이므로 다음과 같은 따름정리가 성립한다.

> 쌍곡기하학에서 삼각형의 세 내각의 합은 항상 π보다 작다. 그 차이를 삼각형의 결손(defect)라고 한다. 이는 삼각형의 넓이에 비례한다. 그러므로 합동이 아닌 닮음 삼각형은 존재하지 않는다.

주 . 삼각형의 결손에 비례하여 넓이가 결정되므로 합동이 아닌 닮음 삼각형은 존재하지 않는다. 예를 들어 변의 길이가 모두 a인 삼각형과 $2a$인 삼각형을 비교해 보자. 넓이가 큰 삼각형은 결손이 커야 하므로 세 내각이 작아져야 한다. 그러므로 합동이 아닌 세 내각이 같은 닮음 삼각형은 있을 수가 없다.

Euclid 기하학에서 다룬 영역의 넓이는 단위 정사각형을 가지고 영역을 타일 붙이기처럼 메꾸어 나가는 방식으로 정의할 수 있었으나 쌍곡기하학이나 구면기하학에서는 뜻밖의 결과를 얻게 되었다. 그럼 도대체 기하학에서 넓이라는 개념은 무엇인가라는 의구심을 갖게 된다. 일반적으로 수학에서 다루는 넓이의 정의를 살펴보자.

정의 14.2.1. 평면에 속하는 모든 다각형의 집합을 $\mathcal{M}$이라고 하자. 다음 조건을 만족하는 함수 $A : \mathcal{M} \to \mathbb{R}$를 그 평면에서의 넓이(area)라고 한다.

(1) 임의의 $S \in \mathcal{M}$이고 $A(S) \geq 0$이다.

(2) 임의의 $S, T \in \mathcal{M}$에 대하여 $S \cup T$와 $S \cap T$도 $\mathcal{M}$의 원소이고

$$A(S \cup T) = A(S) + A(T) - A(S \cap T)$$

이다.

(3) S와 T가 합동이라면 $A(S) = A(T)$이다.

모든 다각형은 삼각분할이 가능하므로 각각의 기하학에서 삼각형의 넓이를 구할 수 있다면 넓이는 잘 정의된다. 그리고 구면기하학와 쌍곡기하학에서 삼각형의 초과와 결손이 넓이의 정의를 만족함을 확인할 수 있다.

14.3 Gauss 곡률의 비교

Gauss는 곡면의 모양을 연구하기 위하여 천정점의 개념을 고안하였다. 곡선의 모양을 각 점에서의 접선의 변화를 통하여 알 수 있듯이 곡면의 모양은 각 점 P에서의

접평면 T_PS의 변화에 의해서 결정된다. 접평면의 변화는 접평면에 수직한 단위법벡터의 변화와 같은데 이 법벡터가 바로 천정점에 해당된다.

> 곡면 S의 각 점에 단위법벡터을 대응시키는 사상 $N : S \longrightarrow S^2$를 Gauss 사상이라고 한다. 여기서 곡면는 Gauss 사상을 곡면 전체에서 미분가능하게 잡을 수 있는 곡면(유향곡면)으로 국한한다. 그리고 이 사상의 점 P에서의 미분인 선형 사상
>
> $$dN_P : T_PS \longrightarrow T_PS^2 \simeq T_PS$$
>
> 를 형태작용소(shape operator)라고 한다. Gauss 곡률 $K(P)$은 형태작용소의 행렬식으로 정의한다.

이제 이 Gauss 곡률을 구하는 직관적인 방법을 두가지 알아보자. Gauss 사상 N을 가진 유향 곡면 (S, N) 위의 한 점 P와 P의 접평면 T_PS에 속하는 단위접벡터 v가 주어졌다고 하자. $\{v, N(P)\}$를 포함하고 P를 지나는 평면과 S와의 교차곡선을 법단면(normal section)이라고 한다. 점 P에서 법단면의 접촉원이 존재하여 중심이 C이고 반지름을 r이라면 P에서 v 방향의 법곡률 $\kappa_n(v)$을 $\pm\frac{1}{r}$ 이라고 하자 (그림 14.6 참조).

> 유향 곡면 (S, N)의 점 P에서 v 방향의 법곡률 $\kappa_n(v)$는
>
> (1) 접촉원의 반지름 $\overrightarrow{PC}$이 $N(P)$와 같은 방향이면 $\kappa_n(v) = +\frac{1}{r}$이다.
>
> (2) 접촉원의 반지름 $\overrightarrow{PC}$이 $N(P)$와 반대 방향이면 $\kappa_n(v) = -\frac{1}{r}$이다.
>
> (3) 접촉원이 존재하지 않으면 $\kappa_n(v) = 0$이다.

주어진 점 P에서 κ_n을 함수 $\kappa_n : \{v \in T_PS \mid |v| = 1\} \longrightarrow \mathbb{R}$로 본다면 κ_n은 연속함수이다. 그리고 정의역 $\{v \in T_PS \mid |v| = 1\}$은 옹골찬 집합이므로 κ_n의 최댓값과 최솟값 $\kappa_1(P), \kappa_2(P)$가 존재한다. 이 두 값의 곱이 앞에서 정의한 Gauss 곡률과 같다.

두 번째 방법으로 점 P 근방의 영역에 대한 Gauss 사상 N의 상의 넓이를 이용하여 Gauss 곡률을 구할 수 있다. P를 포함하는 영역 $\mathbf{R}$에 대하여 다음

$$K(P) = \lim_{\mathbf{R}\to P} \frac{\text{Signed Area}\, N(\mathbf{R})}{\text{Area}\, \mathbf{R}}$$

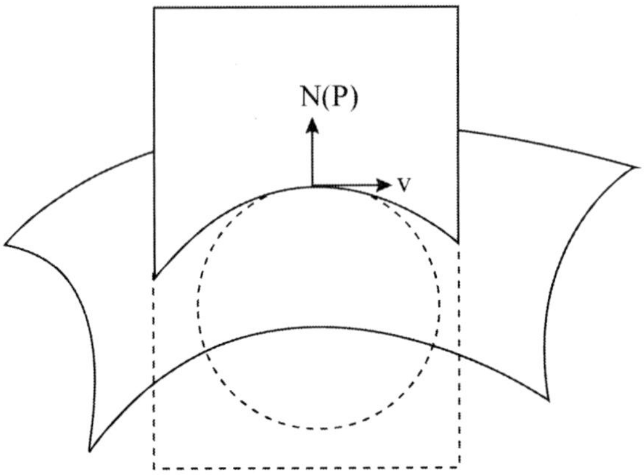

그림 14.6: 유향곡면에서의 법곡률

이다. 여기서 부호가 있는 넓이(signed area)를 다음과 같이 정의한다. P를 포함하는 충분히 작은 영역 R에 대하여 R의 경계를 양의 방향으로 돌 때 Gauss 사상 N의 상도 양(음)의 방향이면 양(음)의 넓이를 갖는다고 정의한다. 우리가 R의 경계에서 천정점인 N의 방향으로 서서 경계를 따라 걸을 때 우리의 왼쪽에 영역 R의 내부가 있다면 그 방향을 양의 방향이라고 한다.

곡면에서 Gauss 곡률을 구하는 세 가지 방법을 정리하면 다음과 같다.

> 유향 곡면 (S, N) 위의 점 P에서의 Gauss 곡률 $K(P)$는 다음과 같다.
>
> (1) 점 P에서의 형태작용소 $dN_P : T_PS \longrightarrow T_PS$의 행렬식과 같다. 즉,
>
> $$K(P) = \det[dN_P]$$
>
> 이다.
>
> (2) 점 P에서의 법곡률 κ_n의 최댓값과 최솟값 $\kappa_1(P), \kappa_2(P)$의 곱이다. 즉,
>
> $$K(P) = \kappa_1(P) \cdot \kappa_2(P)$$
>
> 이다.

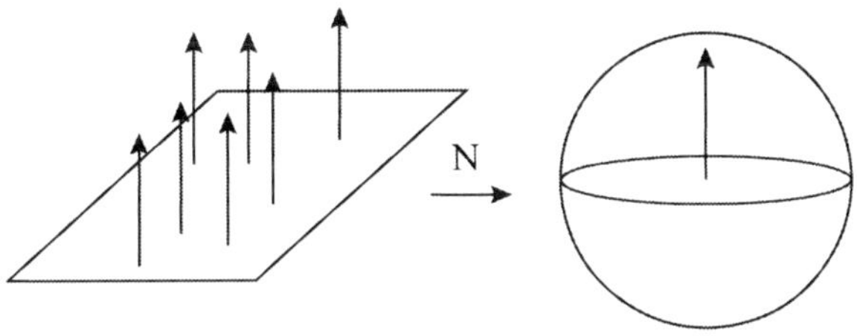

그림 14.7: 평면의 Gauss 사상

(3) P를 포함하는 영역 $\mathbf{R}$에 대하여

$$K(P) = \lim_{\mathbf{R}\to P} \frac{\text{Signed Area}\, N(\mathbf{R})}{\text{Area}\, \mathbf{R}}$$

이다.

보기 14.3.1. Euclid 평면 $\mathcal{P}^2 = \{(x, y, 0) \mid (x, y) \in \mathbb{R}^2\}$에서 모든 점 P에 대하여 $N(P) \longmapsto (0, 0, 1)$인 Gauss 사상을 생각하자.

(1) Gauss 사상이 상수벡터이므로 이것의 미분인 형태작용소 $dN_P = \mathbf{0}$이고 $K(P) = \det[dN_P] = 0$이다(그림 14.7 참조).

(2) 임의의 점 P와 임의의 접벡터 $v \in T_PS$에 대하여 P를 지나고 방향이 v인 법단면은 직선이므로 법곡률이 0이다. 그러므로 $\kappa_1(P) = \kappa_2(P) = 0$이고 $K(P) = \kappa_1(P) \cdot \kappa_2(P) = 0$이다.

(3) P를 포함하는 영역 $\mathbf{R}$에 대하여 $N(\mathbf{R}) = \{(0, 0, 1)\}$이므로 $\text{Area}\, N(\mathbf{R}) = 0$이어서

$$K(P) = \lim_{\mathbf{R}\to P} \frac{\text{Signed Area}\, N(\mathbf{R})}{\text{Area}\, \mathbf{R}} = 0$$

이다.

보기 14.3.2. 원기둥면(circular cylinder) $S = \{(x, y, z) \mid x^2 + y^2 = r^2\}$의 Gauss 사상 N을

$$N(x, y, z) = \frac{1}{r}(x, y, 0)$$

로 생각하자. 이때 N의 상은 단위구면의 적도이다.

(1) 주어진 점 $P = (x, y, z)$와 단위접벡터 $v_1 = \frac{1}{r}(-y, x, 0) \in T_P S$에 대하여 법단면은 반지름이 r인 원이고 그 원은 P에서 접촉원도 된다. 그러므로 $\kappa_n(v_1) = -\frac{1}{r}$이 된다.

(2) 단위접벡터 $v_2 = (0, 0, 1) \in T_P S$에 대하여, 법단면이 직선이므로 $\kappa_n(v_2) = 0$이다.

(3) v_1, v_2가 아닌 임의의 접벡터 $v \in T_P S$의 법단면은 타원이 되고 점 P에서 법곡률 $\kappa_n(v)$은 $-\frac{1}{r} < \kappa_n(v) < 0$임을 직관적으로 알 수 있다.

(4) 그러므로 P에서의 Gauss 곡률은 $K(P) = -\frac{1}{r} \cdot 0 = 0$이다.

(5) 한편 P를 포함하는 영역 $\mathbf{R}$에 대하여 $N(\mathbf{R})$은 적도에 포함되므로 넓이가 0이고 $K(P) = 0$이다.

보기 14.3.3. 구면 $S_r^2 = \{(x, y, z) \mid x^2 + y^2 + z^2 = r^2\}$의 Gauss 사상을

$$N(x, y, z) = \frac{1}{r}(x, y, z)$$

로 생각해 보자.

(1) Gauss 사상이 $N = \frac{1}{r} Id$이므로 이것의 미분은 $dN_P = \frac{1}{r} Id$이고

$$K(P) = \det[dN_P] = \frac{1}{r^2}$$

이다.

(2) 임의의 점 P와 임의의 접벡터 $v \in T_P S$에 대하여 법단면은 반지름이 r인 원이므로 $\kappa_n(v) = -\frac{1}{r}$이고 Gauss 곡률 $K(P) = \frac{1}{r^2}$이다.

(3) P를 포함하는 영역 $\mathbf{R}$에 대하여

$$N(\mathbf{R}) = \left\{\frac{1}{r} Q \in S^2 \mid Q \in \mathbf{R} \subset S_r^2\right\}$$

이므로 $N(\mathbf{R})$과 $\mathbf{R}$은 닮음비가 $\frac{1}{r}$이고 넓이의 비는 $\frac{1}{r^2}$이다. 그러므로 Gauss 곡률은 $K(P) = \frac{1}{r^2}$이다.

보기 14.3.4. 말안장(saddle) 모양의 곡면

$$S = \{(x, y, z) \mid f(x, y, z) = z - x^2 + y^2 = 0\}$$

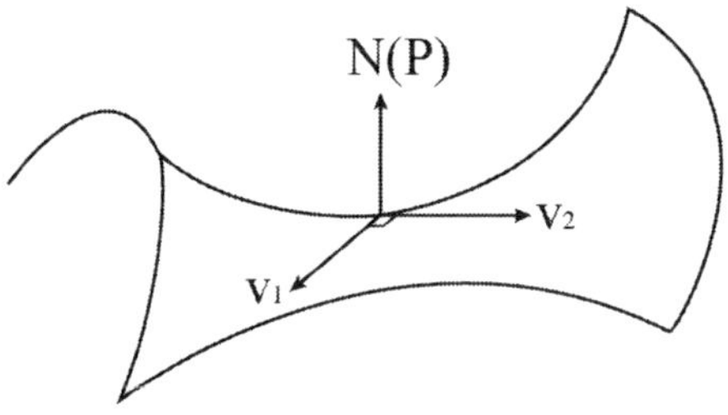

그림 14.8: 말안장점에서의 Gauss 곡률

의 Gauss 사상

$$N(x, y, z) = \frac{\nabla f}{|\nabla f|} = \frac{(-2x, +2y, 1)}{\sqrt{4x^2 + 4y^2 + 1}}$$

에 대하여 원점 $P = (0, 0, 0)$에서 Gauss 곡률을 구하여 보자.

(1) 접벡터 $v_1 = (1, 0, 0) \in T_P S$에 대하여 $N(P) = (0, 0, 1)$과 $v_1 = (1, 0, 0)$를 포함하는 평면은 $y = 0$이므로 법단면은 $z = x^2$이고 포물선 $z = x^2$의 원점에서의 접촉원의 반지름이 $\frac{1}{2}$이다. 따라서 법곡률은 $\kappa(v_1) = 2$이다(그림 14.8 참조).

(2) 접벡터 $v_2 = (0, 1, 0) \in T_P S$에 대하여 $N(P) = (0, 0, 1)$과 $v_1 = (0, 1, 0)$를 포함하는 평면은 $x = 0$이므로 법단면은 $z = -y^2$이고 법곡률은 $\kappa(v_1) = -2$이다.

(3) 그러므로 Gauss 곡률은 $K(P) = -4$이다.

곡선 위의 두 점 P와 Q를 지나는 직선을 $L(P, Q)$라고 할 때 Q를 P로 보낼 때 할선 $L(P, Q)$의 극한이 접선(tangent line)이다. 이번에는 곡선 위의 세 점 P, Q, R을 포함하는 원을 $C(P, Q, R)$라고 하고 Q와 R을 P로 보낼 때 $C(P, Q, R)$의 극한을 점 P에서의 곡선에 대한 접촉원(osculating circle)이라고 한다. Leibniz가 어떤 곡선과 무한히 가까운 두 점을 공유하는 직선을 그 곡선의 접선이라고 했듯이 접촉원은 그 곡선과 무한히 가까운 세 점을 공유하는 원인 것이다.

$$\text{점 } P\text{에서의 접촉원} = \lim_{Q,R \to P} C(P, Q, R)$$

문제 14.3.1. 포물선 $z = x^2$의 $(0, 0)$에서 접촉원의 반지름을 구하시오.

보기 14.3.5. 제 12장에서 쌍곡기하학의 Poincaré 원판모형에서 Poincaré 노음을

공부하였다. 이때 Poincaré 노옴을

$$\|v_P\| = \frac{2}{1-|p|^2}|v|$$

로 정의하면서 상수 2를 곱하여 Gauss 곡률이 -1이 되도록 하였다. 우선 원점에서 Gauss 곡률이 -1이 되는 것을 보이자.

(1) 원판모형 $\mathbb{D}^2$의 각 점 $P=(x,y)$에서 접평면 $T_P(\mathbb{D}^2)$의 기저

$$\{E_{1,p}=(1,0)_p, E_{2,p}=(0,1)_p\}$$

에 대하여 제 1기본형식

$$E(P) = g_{11}(P) = E_{1,p} \circ E_{1,p}$$
$$F(P) = g_{12}(P) = E_{1,p} \circ E_{2,p}$$
$$G(P) = g_{22}(P) = E_{2,p} \circ E_{2,p}$$

를 구하면

$$E(P) = \left(\frac{2}{1-(x^2+y^2)}\right)^2 = G(P), \quad F(P) = 0$$

이다.

(2) Gauss의 놀라운 정리(Gauss Theorema Egregium)에 의하여 $F(P)=0$일 때 Gauss 곡률 $K(P)$는

$$K = \frac{-1}{2\sqrt{EG}}\left\{\left(\frac{E_y}{\sqrt{EG}}\right)_y + \left(\frac{G_x}{\sqrt{EG}}\right)_x\right\}$$

이고 $P=O$일 때 계산을 하면 $K(O)=-1$이다.

(3) Poincaré 원판모형에서 Poincaré 노옴을

$$\|v_P\| = \frac{2r}{1-|p|^2}|v|$$

로 정의하면 Gauss 곡률은 $K(O) = -\frac{1}{r^2}$이다. 반지름이 r인 구면과 대비하여 이런 Poincaré 노옴을 가진 Poincaré 원판모형을 반지름이 허수 ri인 쌍곡면이라고 한다.

주 . (1) Gauss의 놀라운 정리는 Gauss 자신이 붙인 이름이다. Gauss 곡률은 곡면을 벗어난 개념인 천정점을 가지고 정의를 하였으므로 곡면의 모양에 따라 다른 값이 나올 것을 기대했었다. 그러나 이 정리는 Gauss 곡률이 곡면의 거리의 식으로 표현됨을 보인다. 즉, 곡면의 거리를 보존하는 등장사상에 대하여 Gauss 곡률이 보존됨을 의미한다. 곡면의 거리에 의하여 결정되는 기하학을 내재적 기하학(intrinsic geometry)이라고 하는데 Gauss 곡률이 내재적 성질이었다는 결론이 놀라웠던 것이다.

(2) 한 장의 종이로 평면, 원기둥면 또는 원뿔면을 만들 수 있으므로 세 곡면은 모양은 다르지만 국소적으로 서로 등장적이다. 따라서 Gauss의 놀라운 정리에 의하여 Gauss 곡률이 같다.

(3) 구면과 평면은 Gauss 곡률이 다르므로 구면인 지구의 어느 지역이든지 평면 위로 지도를 그릴 때 모든 상대적 거리를 보존하면서 그릴 수 없음을 알 수 있다.

거리 공간 X에서 임의의 두 점 P, Q에 대하여 P를 Q로 보내는 등장사상이 존재할 경우 X를 균질공간(homogeneous space)이라고 한다. 이는 모든 점에서 거리에 의하여 결정되는 기하학적 성질들이 같다는 것을 의미한다. 예를 들면 균질공간인 경우 모든 점에서 Gauss 곡률이 같다.

Euclid 평면기하학, 구면기하학, 쌍곡기하학은 균질공간이므로 모든 점에서 Gauss 곡률이 같다.

증명 (1) Euclid 평면기하학인 경우: $Q - P$만큼의 평행이동 $T_{(Q-P)}$은 등장사상이다.

(2) 구면기하학인 경우:

(a) 벡터 P를 포함하는 성규직교기저 P, P', P''를 잡는다.

(b) 벡터 Q를 포함하는 정규직교기서 Q, Q', Q''를 잡는다.

(c) P, P', P'를 각각 Q, Q', Q''로 보내는 직교변환 T가 존재하는데 이는 구면 위에서 등장사상이다.

(3) 쌍곡평면기하학인 경우:

(a) 등장사상 $T_p(z) = \frac{z-p}{-\bar{p}z+1}$에 의하여 P가 원점으로 대응된다.

(b) 등장사상 $S_q(z) = \frac{z+q}{\bar{q}z+1}$에 의하여 원점이 Q로 대응된다.

(c) 합성사상 $S_q \circ T_p$는 점 P를 점 Q로 대응시키는 등장사상이다.

(d) 보기 14.3.5에서 반지름이 ri인 쌍곡면의 원점에서 Gauss 곡률을 $K(\mathbf{0}) = -\frac{1}{r^2}$ 임을 보였으므로 모든 점 P에서 $K(P) = -\frac{1}{r^2}$이다.

(4) 그러므로 세 기하학은 모두 균질공간이므로 상수인 Gauss 곡률을 가진다.

□

(I) Euclid 평면기하학은 모든 점에서 Gauss 곡률이 $K = 0$이다.

(II) 반지름이 r인 구면기하학은 모든 점에서 Gauss 곡률이 $K = \frac{1}{r^2}$이다.

(III) 반지름이 ri인 쌍곡평면기하학는 모든 점에서 Gauss 곡률이 $K \equiv \frac{1}{(ri)^2} = -\frac{1}{r^2}$이다.

곡면에 대한 Gauss-Bonnet 정리를 특별히 세 기하학에 국한시키면 다음과 같은 결론을 얻을 수 있다.

곡면 위에서 측지삼각형 △의 세 내각의 크기를 $\theta_1, \theta_2, \theta_3$라고 하면

$$\int_{\triangle} K(P)dA = \theta_1 + \theta_2 + \theta_3 - \pi$$

이다. 곡면의 Gauss 곡률이 상수 c일 때,

(1) $c = 0$라면 $\theta_1 + \theta_2 + \theta_3 = \pi$이다.

(2) $c \neq 0$라면 측지삼각형의 넓이는

$$\text{Area}(\triangle) = \frac{1}{c} \cdot (\theta_1 + \theta_2 + \theta_3 - \pi)$$

이다.

이 정리에 의하여 14.1절과 14.2절에서 구한 삼각형의 세 내각의 합에 대한 결과와 같다(그림 14.9 참조).

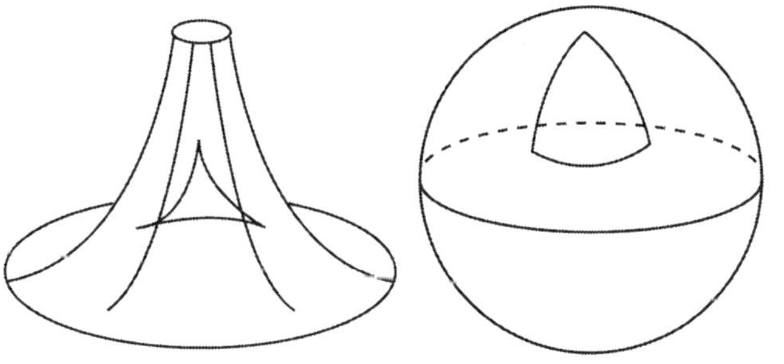

그림 14.9: 삼각형의 세 내각의 합

> (I) Euclid 평면기하학에서 모든 삼각형의 세 내각의 합은 π이다.
>
> (II) 구면기하학에서 모든 삼각형의 세 내각의 합은 π보다 크고 그 초과(excess)에 비례하여 삼각형의 넓이가 결정된다.
>
> (III) 쌍곡평면기하학에서 모든 삼각형의 세 내각의 합은 π보다 작고 그 결손(defect)에 비례하여 삼각형의 넓이가 결정된다.

14.4 원주율의 비교

이 절에서 우리는 세 기하학에서 원주율이 어떻게 변하는지 살펴본다. 우선 Euclid 평면기하학에서 어떤 성질 때문에 원주율이 상수 π가 되는지 공부한다. 고대 그리스의 Archimedes가 사용한 실진법에 의하여 둘레의 길이를 구하는 방법으로 시작하자.

(1) 반지름이 1과 ρ인 두 동심원 위에 각각 정 n각형 $P_1P_2P_3\cdots P_n$과 정 n각형 $Q_1Q_2Q_3\cdots Q_n$을 그린다. 이때 두 정 n각형의 둘레의 길이 $l_1(n)$과 $l_\rho(n)$은

$$l_1(n) = n \cdot |\overline{P_1P_2}|, \quad l_\rho(n) = n \cdot |\overline{Q_1Q_2}|$$

이다(그림 14.10 참조).

(2) 정리 8.2.18(닮음에 대한 기본정리)에 의하여 두 삼각형 OP_1P_2와 삼각형 OQ_1Q_2는 닮음비가 ρ인 닮음 삼각형이다. 즉, $|\overline{Q_1Q_2}| = \rho|P_1P_2|$이고 $l_\rho(n) = \rho l_1(n)$

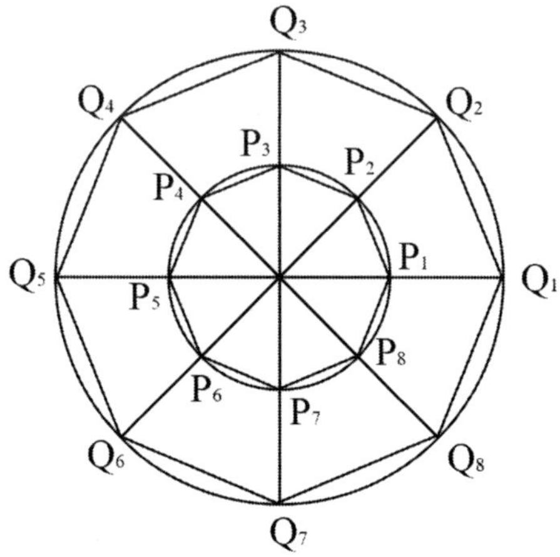

그림 14.10: Euclid 평면에서 원주율이 상수인 이유

이다.

(3) 실진법에 의하여 두 동심원의 둘레의 길이 l_1과 l_ρ는

$$\begin{aligned} l_\rho &= \lim_{n\to\infty} l_\rho(n) = \lim_{n\to\infty} \rho t l_1(n) \\ &= \rho \lim_{n\to\infty} l_1(n) = \rho l_1 \end{aligned}$$

이다.

(4) 그러므로 지름에 대한 원주의 비인 원주율은

$$\frac{l_\rho}{2\rho} = \frac{l_1}{2}$$

으로 상수가 된다.

결론적으로 닮음 삼각형의 존재가 증명에서 중요한 역할을 했다. 정리 11.1.3에 의하여 닮음 삼각형의 존재성은 Euclid의 평행선공리와 동치이다. 그러므로 쌍곡 평면과 구면에서는 원주율이 어떻게 될지는 연구할 필요가 있는 주제이다.

문제 14.4.1. 반지름이 r인 구면 위의 원을 생각해 보자. 반지름이 ρ, $0 < \rho \le \frac{\pi}{2}$일

때 원주율이 π보다 작은 $\pi\frac{\sin\rho}{\rho}$임을 보이시오. 그리고 반지름이 ρ인 원판의 넓이가 $4\pi\sin^2\frac{\rho}{2}$임을 보이시오.

Poincaré 원판 모형을 이용하여 쌍곡평면기하학에서 반지름이 ρ인 원의 지름에 대한 원주의 비인 원주율을 구하여 보자. 쌍곡평면이 균질공간이므로 일반성을 잃지 않고 원점을 중심으로 갖는 원에 대하여 생각해 보자.

(1) E-원 $S^1_{|P_0|} = \{x^2+y^2 = |P_0|^2\}$이 중심이 O이고 $P_0 = (x_0, y_0)$를 지나는 $\mathbb{D}$-원임을 보이자.

(2) $S^1_{|P_0|}$에 속하는 임의의 점 Q에 대하여

$$d_{\mathbb{D}^+}(O,Q) = \ln\frac{1+|Q|}{1-|Q|} = \ln\frac{1+|P_0|}{1-|P_0|} = d_{\mathbb{D}^+}(O,P_0)$$

이므로 $S^1_{|P_0|}$는 반지름이 $\ln\frac{1+|P_0|}{1-|P_0|}$인 $\mathbb{D}$-원이다.

(3) 원 $S^1_{|P_0|}$를 매개변수를 이용하여 표현하면

$$\alpha(t) = (|P_0|\cos t, |P_0|\sin t), \quad 0 \le t \le 2\pi$$

이고 $\alpha'(t) = (-|P_0|\sin t, |P_0|\cos t)$이므로 $|\alpha(t)| = |P_0| = |\alpha'(t)|$이다.

(4) 원의 둘레의 길이는 곡선 α의 길이와 같으므로

$$L(\alpha) = \int_0^{2\pi}\frac{2|\alpha'(t)|}{1-|\alpha(t)|^2}dt = \int_0^{2\pi}\frac{2|P_0|}{1-|P_0|^2}dt = \frac{4\pi|P_0|}{1-|P_0|^2}$$

이다.

(5) $\rho = \ln\frac{1+|P_0|}{1-|P_0|}$로부터 $|P_0| = \frac{e^\rho-1}{e^\rho+1}$이므로 $L(\alpha) = 2\pi\sinh\rho$이다.

(6) 그러므로 반지름이 ρ인 $\mathbb{D}$-원의 원주율은 $\pi\frac{\sinh\rho}{\rho}$이고 ρ이 커짐에 따라 원주율은 ∞로 증가한다.

주 . $\mathbb{R}^2$에서 영역 R의 넓이 Area(R)는 Area$(R) = \iint_R 1dxdy$로 구한다. 영역 R의 분할을

$$x_0 < \cdots < x_i < \cdots < x_n, \quad y_0 < \cdots < y_j < \cdots < y_n$$

이라고 하면 작은 직사각형 $R_{ij} = [x_i, x_{i+1}] \times [y_j, y_{j+1}]$의 넓이는

$$\text{Area}(R_{ij}) = \Delta x_i \cdot \Delta y_j$$

이다. 여기서 $\Delta x_i = x_{i+1} - x_i, \Delta y_j = y_{j+1} - y_j$이다. R과 만나는 작은 직사각형 R_{ij}의 넓이의 합으로 Riemann합을 구하고 분할을 세분화하여 Area(R)을 구한다.

마찬가지로 Poincaré 원판모형에서도 같은 분할에서 작은 Euclid-직사각형 R_{ij}의 넓이를 Poincaré 거리를 이용하여 구한다. R_{ij}가 직사각형 $PQRS$라면 점 P에서의 벡터 $\overrightarrow{PQ} = (\Delta x_i, 0)_P$와 $\overrightarrow{PS} = (0, \Delta y_j)_P$의 Poincaré 노옴은 각각

$$\frac{2\Delta x_i}{1 - |P|^2}, \quad \frac{2\Delta y_j}{1 - |P|^2}$$

이므로 Euclid-직사각형 R_{ij}의 Poincaré 넓이는

$$\frac{4\Delta x_i \Delta y_j}{(1 - |P|^2)^2}$$

이다.

이제 $\mathbb{D}$-반지름이 ρ인 원판 $D_\rho = \{x^2 + y^2 \le |P_0|^2\}$의 넓이를 구하여 보자.

(1) Poincaré 넓이요소는 $dA = \frac{4}{(1-|P|^2)^2} dxdy = \frac{4}{(1-(x^2+y^2))^2} dxdy$가 된다.

(2) 그러므로 $\text{Area}(D_\rho) = \iint_{D_\rho} 1dA = \iint_{D_\rho} \frac{4}{(1-(x^2+y^2))^2} dxdy$이다.

(3) 직교좌표의 이중적분을 극좌표로 바꾸어 계산하면

$$\text{Area}(D_\rho) = \int_0^{2\pi} \int_0^{|P_0|} \frac{4r}{(1 - r^2)^2} drd\theta = 4\pi \frac{|P_0|^2}{1 - |P_0|^2}$$

이다.

(4) $|P_0| = \frac{e^\rho - 1}{e^\rho + 1}$를 이용하여 $\text{Area}(D_\rho) = 4\pi \frac{|P_0|^2}{1-|P_0|^2} = 4\pi \sinh^2 \frac{\rho}{2}$이다.

(I) Euclid 평면기하학에서 지름에 대한 원주율은 반지름이 1인 원의 둘레의 길이의 반으로 상수이고 π로 표기한다. 반지름이 ρ인 원의 넓이는 $\pi\rho^2$이다.

(II) 반지름이 1인 구면기하학에서 반지름이 ρ인 원의 지름에 대한 원주율은 $\pi \frac{\sin \rho}{\rho}$이고 원의 넓이는 $4\pi \sin^2 \frac{\rho}{2}$이다.

(III) 곡률을 -1인 Poincaré 원판 모형에서 반지름이 ρ인 원의 지름에 대한 원주율은 $\pi\frac{\sinh\rho}{\rho}$이고 원의 넓이는 $4\pi\sinh^2\frac{\rho}{2}$이다.

문제 14.4.2. 위의 결과를 이용하여 세 기하학에서 원의 넓이를 반지름에 대하여 미분하면 원의 둘레의 길이가 되는 것을 확인하시오.

참고 문헌

[1] 계승혁, 김영원. 기초복소해석. 서울대학교출판부, 서울, 2014.

[2] 김강태. 미분기하학. 교우사, 서울, 2000.

[3] 원대연, 이난이. 미분기하학 입문. 경문사, 서울, 2014.

[4] 이무현. 기하학원론 해설서. 교우사, 서울, 1998.

[5] Euclid, 이무현(번역). 기하학원론. 교우사, 서울, 1998.

[6] S. Kobayashi, 김병학(번역). 곡선과 곡면의 미분기하학. 청문각, 서울, 1998.

[7] S. Kobayashi, 원대연(번역). 유클리드 기하에서 현대 기하로. 청문각, 서울, 1999.

[8] R. Bonola. *Non-Euclidean Geometry.* Dover, New York, NY, 1955.

[9] M. do Carmo. *Differential Geometry of Curves and Surfaces.* Prentice Hall, Upper Saddle River, NJ, 1976.

[10] M. J. Greenberg. *Euclidean and non-Euclidean Geometries.* Freeman, New York, NY, 1993.

[11] R. Hartshorne. *Companion to Euclid.* Berkeley Mathematics Lecture Notes. Amer. Math. Soc, Providence, RI, 1997.

[12] R. Hartshorne. *Geometry.* Undergraduate Texts in Mathematics. Springer–Verlag, New York, NY, 2000.

[13] I. Herstein. *Topics in Algebra.* John Wiley and Sons, New York, NY, 1975.

[14] D. Hilbert. *Foundations of Geometry.* Open Court, La Salle, IL, 1971(originally published in 1899).

[15] G. Jennings. *Modern Geometry with Applications.* Springer–Verlag, New York, NY, 1994.

[16] H. Silverman. *Complex Variables.* 경문사, 서울, 2010.

[17] S. Stahl. *The Poincaré Half-Plane.* Books in Mathematics. Jones and Barlett Publishers, Boston, MA, 1993.

찾아보기

이 난 이

서울시립대학교 자연과학대학 수학과 교수
서울대학교 자연과학대학 수학과 졸업 (학사, 석사)
University of California, Berkeley (Ph. D.)

유클리드 기하와 그 너머

초판발행 2018년 2월 26일

지은이 이난이
펴낸이 오판근
펴낸곳 (주) 교우
주 소 서울시 동대문구 약령시로 8 교우빌딩 2층 (주)교우
전 화 02-925-2861 / **팩 스** 02-925-2860, **편집부** 02-925-2825
홈페이지&북스토어 www.kyowoo.co.kr / 이메일 kyowoo@kyowoo.co.kr

등 록 1994년 3월 24일 제1994-000013호
ISBN 979-11-251-0216-8 (93410)

Published by Kyowoo Co., Ltd. Printed in Korea

(주) 교우는 보다 혁신적이고 참신한 도서를 다양하게 기획하고 있습니다.
책으로 펴내고자 하는 아이디어나 원고는 메일로 보내주세요.
(주) 교우는 전과정을 책임지고 최선을 다하겠습니다.

값 20,000원

교우미디어는 (주) 교우의 Imprint 사입니다.
수학정원·과학정원은 (주) 교우의 새로운 브랜드명입니다.

잘못된 책은 구입하신 서점에서 교환해 드립니다.